みんなの数学

ホップ・ステップ・ジャーンプ

松本孝芳 著

海青社

日本を元気にしよう

皆さんは数の概念がなくなった社会を想像できるであろうか。例えば牛 1 頭と 2 頭では何かが異なるという概念がなくなった状態を考えればよい。何一つ思考を進めることができないことに気づくであろう。皆さんは無意識の内に数を認識しているのである。このように数の概念なくしては、何一つ思惟し認識することは不可能であり、我々の日常生活や精神生活は成り立たないのである。これは極端な例であるが、方程式、三角関数、微積分等々、今日我々が普通に学んでいる数学の概念がなければ、それぞれのレベルにおいて同様な状態が想定でき、従って今日の文化的生活の享受もあり得ないであろう。

数学は基本的には広い意味で数を扱う学問であり、人類が 2000 年以上の長きにわたり延々と積み重ねてきた知恵である。数学は種々の事象を抽象化かつ一般化して扱う学問である故、全ての学問の基礎であると言える。例えば 1＋1＝2 は、1人＋1人＝2人にも、1km＋1km＝2 kmにも、1億円＋1億円＝2億円等々、あらゆる分野で使うことのできる普遍的概念である。従って程度の差はあるが、数学を抜きにしては、これらの学問を十分理解しさらに発展させ、他の関連する分野に応用することは困難である。言い換えれば数学を活用することによって、これらの学問の理解度と応用力をさらに深化させることができると言える。現にそのようにして現代社会は成り立っている。

近年大学生の学力低下が著しいと言われている。これにはいろいろな理由が考えられるが、この傾向は多くの大学・学部で観られており、学生による授業内容の理解に、大きな弊害となっている。さらに小中学校や高等学校の生徒の学力低下も、日本社会の大きな問題になっている。学力の基本は言うまでもなく“読み、書き、算盤”であるから、算盤即ち算数・数学は基礎学力中の基礎なのである。この学力が低下しているということは、日本社会の根底が劣化しつつあるということである。残念なことであるがこの影響は静かに、しかし確実に日本社会のあらゆる面に現れてくるであろうし、現に現れていると思われる。国際社会における我が国の立ち位置の相対的低下も、また近年日本社会の閉塞感や元気のなさの真因の一つはこの辺りにあると筆者は考えている。日本社会を元気にする大本は、小・中・高・大学において、基礎学力をつけるようしっかり教育することにある。

日本は幕末から明治にかけて、西欧の基礎学問、例えば数学、物理学、化学、医学等を多くの努力をもって取り入れることに成功した。これ自体は日本人のすぐれた素質によると言ってよいであろう。しかしこれらの学問は西欧において古代ギリシアの時代から積み重ねられてきたものであり、先人たちの実践と思考の繰り返しの歴史そのものでもある。この歴史こそがこれらの学問の背後にある真髄ともいえる。樹木に例えれば、地下深く大樹を支えている根であり、幹である。我が国はこれらの真髄までは、十分には取り入れることができなかった。以来百有余年になるが、筆者はこれが基礎学問の重要性の認識に対する彼我の差として、現在なお尾を引いていると考えている。我が国が欧米を追いかけているうちはこれで何とかやって行けたのであるが、欧米に追い付き、道の見えない未来に向かおうとしている今こそ、この基礎学問の重要性に対する認識の不足が顕現してきたと思われる。めまぐるしく変化する現代において、いつの時代にも変わらない、従って通用する基礎学力を身に着けることこそが大切である。それがあなたの力となり、そして社会の底力となり、結果として日本を元気にするのである。さあ、一歩を踏み出そう。

筆者は数学を専門として学んだ学徒ではない。しかし縁あってある大学で数学の授業を担当する機会を与えられた。本書はその講義内容を加筆、整理することによって成った書である。本書にはかなり初歩的な内容から、中学・高校で学ぶ内容、さらにはそれを一歩進めた内容が含まれている。従って本書の読者として中学生から大学生、一般社会人等、本格的学習から、昔学びそこなった箇所の再学習さらには頭の体操等を含め少しでも数学に親しんでみようと思う人々を想定している。また中学・高校の時期に数学に苦手意識を持った人も多いであろう。しかし大丈夫である。それは、学問はいろいろな分野で多かれ少かれ相互に関連を持ちながら進歩しており、また各分野で論理思考性という共通点を持っているので、ある分野が理解できれば他の分野も理解する力を持てるからである。従ってこのような方も読者の対象である。正に“みんなの数学”なのである。本書がいろいろな方面で、数学の大切さ、さらには基礎学力の大切さについて考えるきっかけの一助になれば、筆者として大変嬉しいことである。

本書では内容の本質を理解するため、かなり論理性に重点をおいて書いてある。また各章の初めに“いんとろ”を設け、楽しみながらその章に関連した話題に触れられるように、会話風に解説してある。また本書を自習書としても活用できるように、問題の解答も比較的丁寧に解説してある。

なお表紙カバーのデザインと本文中のイラストは、上記大学の漫画研究会会員の不知火泉氏の作品である。

末尾ながら、本書の出版を快諾していただいた海青社社長の宮内久氏、また編集担当の福井将人氏のお二人には、貴重なご意見とご尽力をいただいた。ここに深く感謝する次第である。

2011 年　立春　　　　大津市国分にて

松 本 孝 芳

みんなの数学

ホップ・ステップ・ジャーンプ

目　次

1章　序

いんとろ1　知るを知る、知らぬを知らぬ、是知る也

先聖小像(部分)、京都大学人文科学研究所所蔵

先　生：さあ、これからみんなと数学の勉強をしてゆくのだけれど、その前に学ぶということについて一緒に考えてみよう。

みんな：はーい、先生

翔　太：学ぶって勉強するということだろー。

先　生：そうだよ。この爺様が、なにやら呪文のようなものを唱えているよ。聞いてごらん。

ま　り：なにやら難しくてわかりません。

先　生：この爺様は今から2500年以上も前の古代中国の偉い儒学者で、孔子という人だよ。

り　さ：知ってまーす。『論語』を書いた人だよね*。

先　生：そうだ！よく知っているね。これは孔子が門弟の子路(しろ)に対し言っていることだよ。子路は勉学が雑なところもあり、また時々知ったかぶりをするから、それを注意しながら学ぶということについて教えているんだよ。孔子は知るということについて、知るを知ると為し、知らずを知らずと為す、是知るなり、と教えているんだよ(論語為政篇)。

翔　太：なんだか解らないなー。

先　生：これは知っていることは知っている、知らないことは知らない、それを区別することが知るということだ、という意味だよ。知るとは正確に理解するという意味だよ。

みんな：うーん、そうか。何(どこ)が理解できて、何(どこ)が理解できていないかを理解することが、理解するということなのかー。
(孔子の生きた時代と比べて、現在の学問の分岐・発展は著しく、学問の連続性と相互の関連を考慮すれば、物事を理解するためには、如何に広くかつ深い知識が必要になるか予想できるであろう、ということを理解することが、“知”をさらに深めるために、重要である)

先　生：さー、これからこのような意識を持って、数学を学んでいこう。

*孔子や弟子達の言行を、孔子の没後弟子達がまとめたものと言われている。

1.1　数について

皆さんは日常いろいろな数を目にし、使っているであろう。数は大きく分けて、実数(real number)と虚数(imaginary number)に分類される。皆さんが日常接する数、例えば距離や面積あるいは物の目方や値段等は実数と呼ばれる数である。実数は数として実感できる(例えば、どちらの数が大きいかという大小関係が存在する)数である。一方日常生活で虚数にあからさまに出会うことはほとんどないであろう。虚数はいわば想像上の数で、数としては実感できない(例えば大小関係はない、5 章参照)数である。しかしもし我々が虚数の概念を知ら(導入し)なければ、皆さんが今日の便利な生活を享受することはなかったであろう。実数も虚数もきわめて大切な数なのである。

1）実　数

実数の範囲では数は次のように分類される(**図 1-1**)。実数は数直線と呼ばれる一本の直線上の点と一つずつ対応が付く数である(**図 1-2**)。あらゆる実数はこの数直線上のどこかの点に対応している。ある点を 0 として、普通はその点より右にある数を正、左にある数を負とし、二つの数の大小の比較は、数直線上の右にある数を大とする。

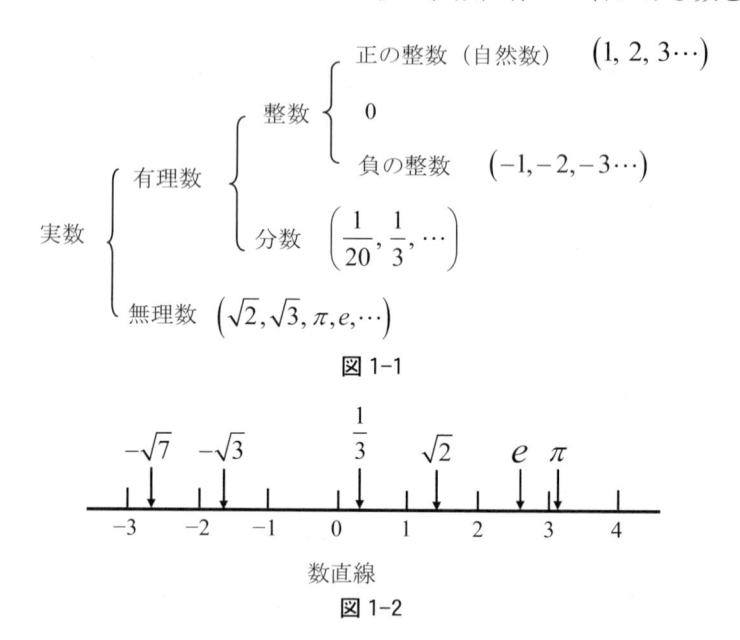

- 実数
  - 有理数
    - 整数
      - 正の整数（自然数）　$(1, 2, 3\cdots)$
      - 0
      - 負の整数　$(-1, -2, -3\cdots)$
    - 分数　$\left(\dfrac{1}{20}, \dfrac{1}{3}, \cdots\right)$
  - 無理数　$\left(\sqrt{2}, \sqrt{3}, \pi, e, \cdots\right)$

図 1-1

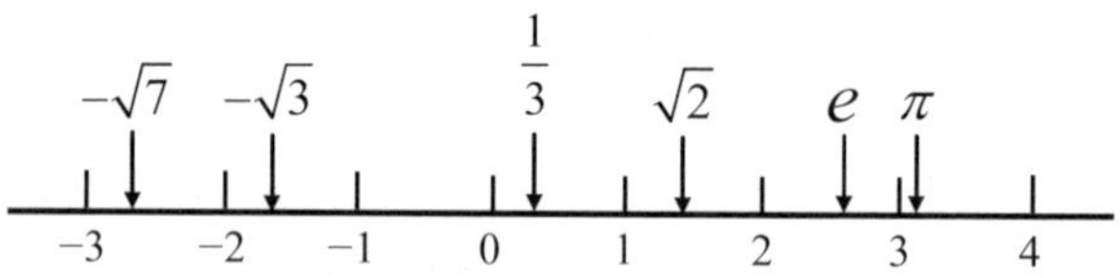

数直線

図 1-2

有理数：二つの整数 a, b によって分数 $\dfrac{a}{b}$ で表すことのできる数をいう。有理数は整数と分数を含む。

整数：自然数(正の整数) 1, 2, 3, ……、零 0、負の整数 –1, –2, –3,……を含む。

分数：有限小数(有限の桁数で表される少数)例えば、2.5、0.243 等及び循環小数(無限小数であるが、同じ数字の配列が繰り返される少数)例えば、

$$0.3333\cdots = 0.\dot{3},\ 1.205205205\cdots = 1.\dot{2}0\dot{5}$$

等を含む(ドット・のついている数字あるいは数字の範囲を繰り返す)。因みに循環小数は、$0.\dot{3} = \dfrac{1}{3}$, $1.\dot{2}0\dot{5} = \dfrac{1204}{999}$ のように、2 整数の分数で表示できる。

無理数：分子、分母共に整数である分数で表せない実数で、循環しない無限小数である。$\sqrt{2}$, $\sqrt{3}$, π, e(自然対数の底)等が含まれる。

2）虚　数

実数の範囲では、ある数にその数自身を掛ければ必ず正になり、負になる数は存在

しない。そこで同じ数同士を掛け合わせたとき、負になる数を考える。それが虚数である。虚数は虚数単位 i を用いて表される数である。i は二乗すれば -1 になる数

$$i=\sqrt{-1},\quad \therefore i^2=-1$$

と定義される。従って一般的に虚数は bi と表すことができる。ここで b は任意の実数である。虚数は **図 1-2** の数直線上に表すことができない数である。さらに任意の実数 a と虚数を合わせて $a+bi$ で表示される数を複素数(complex number)という。この意味で、$a=0$ に相当する bi を純虚数と呼ぶこともある。また、$a+bi$ は $b=0$ のとき実数になるので、複素数は実数と虚数を含むと考えられる(虚数や複素数については5章で詳しく述べる)。

1.2　分数の割り算――なぜひっくり返して掛けるの？――

次の問題を考えよう。

1) 20個のあめ玉を5人で平等に分けた。1人何個ずつになるか。

2) 20個のあめ玉を1人5個ずつに分けた。何人に分けられるか。

どちらも計算は $20\div5=4$ となるが、その内容は異なっていることに注意しよう。1)では、20 個／5 人=4 個／1 人である。これを等しく分ける割り算と言う意味で等分除という。2)では、$\dfrac{20\text{個}}{5\text{個}/1\text{人}}=4\text{人}$となり、20 の中に 5 がいくつあるかと言う意味で包含除という。20 を 5 を単位として分ける意味である（ここで個や人を、m や kg のような単位のように扱っているが単位ではない。単なる呼称である。$5\text{ m}\times4\text{ m}=20\text{ m}^2$ であるが、5 個×4 個=20 個^2 ではない。しかし呼称も大切である。例えば 5 人+4 人=9 人であるが、5 人+4 匹=？ という計算は答に窮する。もし 9 人と言えば、誰かが猫(例えば)と一緒にするな、と言うであろうし、9 匹と言えば、さらに私は猫かと文句が出るであろう)。

さて分数で割ることについて考えよう。$10\div\dfrac{1}{2}$は等分除としては意味をなさないから、包含除として考えよう。これは 10 の中に$\dfrac{1}{2}$がいくつあるか、あるいは 10 を$\dfrac{1}{2}$を単位として分ける意味になる。$10\div\dfrac{1}{2}=20$となる。

図 1-3 で、実線は 10 を 1 を単位として等分したとき、破線は 10 を$\dfrac{1}{2}$を単位として等分したときを示す。10 の中には$\dfrac{1}{2}$が 20 あることになる。

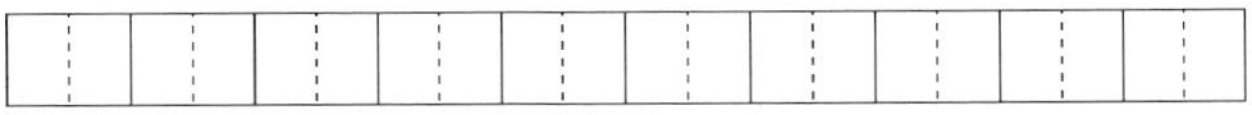

図 1-3

割ったのに数が大きくなることは一見不思議と思うかもしれない。これは次のよう

に考えればよい。

10 l のジュースを1人、$\frac{1}{2}l$ ずつ分けると、何人に分けられるか、と言う問題で、答は

$$\frac{10l}{\frac{1}{2}l／1人}=20人$$

となる。20 人は元の量 10 l と異なるものの量であるから、割り算で数が増えることも不思議ではない。単位の異なる量 20 人と 10 l はどちらが大きいか比べられないのである。

分数の割り算では、なぜ分数をひっくり返して掛けるのかという質問が多いという。例えば、$a \div b$ を考えよう。前述のように包含除では、割られる数 a の中に、割る数 b がいくつあるかということであり、これは b を単位の数(即ち1)として a を数えよ、という意味である。即ち、割る数 b を 1 に換算して a を数えることになるから、$a \div b = a' \div 1 = a'$ という計算をしていることになる。

これは、割られる数と割る数の両方に $\frac{1}{b}$ を掛けていることになるから、$a' = a \times \frac{1}{b}$ となり、分数に拘わらず、いかなる数でも割る数をひっくり返して掛けるということになる。即ち $a \div b = \frac{a}{b}$ であるから、割るということと逆数(かけて 1 になる数)をかけるということは同じ意味なのであり、そもそもこれが割り算の定義である。

問 1.1　次の計算をせよ。

1)　$3\times(-2)^2+6^2\div 9-7$　　2)　$\frac{1}{2}\times\frac{2}{3}\div\left(\frac{2}{5}-2\right)+\frac{1}{6}$　　3)　$\dfrac{\frac{1}{4}-\frac{1}{7}}{3}$

4)　$\dfrac{\frac{1}{4}+2}{\frac{1}{3}-\frac{9}{4}}$　　5)　$\left(\sqrt{3}-2\right)^2-\sqrt{12}$　　6)　$\dfrac{\sqrt{7}+\sqrt{3}}{\sqrt{7}-\sqrt{3}}$

例題 1.1　$\sqrt{2}$ は無理数であることを証明せよ。

解　$\sqrt{2}$ が有理数であると仮定する。すると整数 a 及び b を用いて、$\sqrt{2}=\frac{a}{b}$ と既約分数で表すことができる。

$\therefore 2b^2 = a^2$ となり、a^2 は 2 の倍数(偶数)である。従って a は偶数である*。そこで $a = 2c$ とおける。

$\therefore 2b^2 = (2c)^2 = 4c^2$,　$\therefore b^2 = 2c^2$

よって b^2 は偶数、従って b は偶数となる。従って $\frac{a}{b}$ が既約分数であることに反する。よって $\sqrt{2}$ は有理数でなく無理数である。このように題意に反する仮定を立て、その仮定が矛盾することを示すことによって題意が正しいことを証明する方法を背

理法と言う。

＊命題の対偶「a が偶数でなければ a^2 は偶数でない」を証明する。

$a = 2n+1$ とおけば、$a^2 = 2\left(2n^2+2n\right)+1$ となり、a^2 は偶数でないことが示される（一般に a^n（n は自然数）が素数 p の倍数のとき、a は p の倍数である。素数とは 1 とその数以外に約数を持たない 2 以上の自然数をいう。例えば 2, 3, 5, 7, 11, 13… 無限個ある）。

任意の数の平方根の作図は、演習問題 1.2 を参照せよ。

問 1.2　$\sqrt{3}$ が無理数であることを証明せよ。

1.3　逆必ずしも真ならず

皆さんは日常生活の中で必ず“こうであればああである”、“ああであればこうである”、“だからこうである”、というような考えをめぐらす場面に遭遇することがあるであろう。これは物事を論理的（logical）に考えようとする、我々人類の持つ自然な思考習慣の現れである。詳しいことは解らないが（知りたい人は論理学の書を調べてください）、古今東西を問わず言語を持つ人類共通の思考方法のように思われる。その基本は次のように整理できよう（A や B がしっかり定義されていることが前提になる）。

命題：A であれば B である。これを、A⇒B と表す。以下同
　逆：B であれば A である。　B⇒A
　裏：A でなければ B でない。　¬A⇒¬B　¬は否定の意味
対偶：B でなければ A でない。　¬B⇒¬A

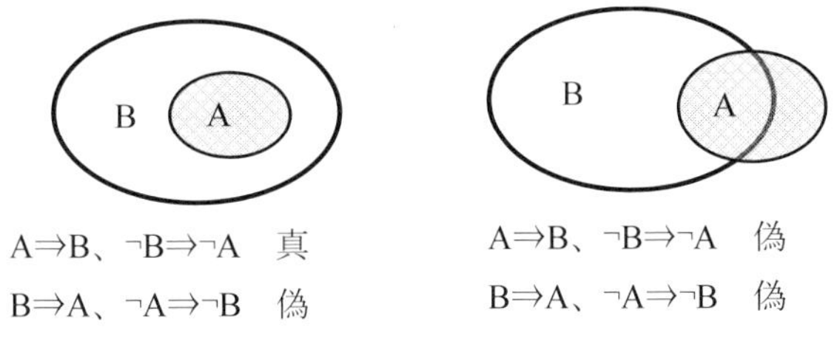

図 1-4

図 1-4 から、命題は真であっても、逆、裏は必ずしも真でないが、対偶は必ず真であることが理解できるであろう。従って命題の真偽の判定が難しい場合は、対偶の真偽を判定してもよいことになる。また逆と裏は、命題と対偶の関係にある。

例題 1.2 命題：4 は偶数である、の逆、裏、対偶を述べよ。またそれらの真偽を述べよ。

解 4 は 2 で割り切れる。従って偶数であるから命題は真である。逆：偶数であれば 4 である（偶数は 4 以外にもあるから（例えば 6）これは偽である）。裏：4 でなければ偶数でない（偽）。対偶：偶数でなければ 4 でない（真）。

問 1.3 次の命題の真偽と、その逆、裏、対偶の真偽を記せ。

1）ヒトは哺乳類である。

2）7 は奇数である。

3）2 は奇数でない。

4）2 で割り切れる自然数は偶数である。

5）2 で割り切れない自然数は奇数である。

6）6 の倍数でなければ 3 の倍数でない。

7）$x > 2$ なら $x^2 > 4$ である。

8）正三角形であれば二等辺三角形である。

1.4 負の数

負の数（負数）とは、例えば $-\frac{3}{5}$, -1, -5.2, -20.35 のような零より小さい数である。いずれも実数であるから数直線上でその位置を表示することができる。

例えば日常生活において、東に 5 m 進むことと、西に 5 m 進むことを考えれば、前者は正方向に 5 m 進み、後者は負方向に 5 m進むことと考えられる。これを数直線上に表せば、0 を中心として、ある単位の長さを決めて、左右対称に +5 と −5 と表示できる。

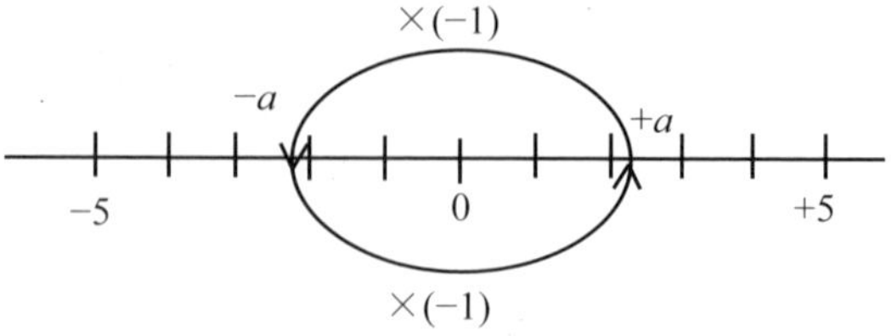

図 1–5

これを $5\times(-1)=-5$ と表示すれば、−1 を掛けることは原点を中心として反時計回りに、180° 回転させる操作と考えることができる（**図 1–5**）。こうすれば $(-5)\times(-1)=5$

も同様に –5 の位置を原点に対称に反時計回りに 180° 回転させることを意味する。このように考えれば負数×負数は正の数になることも一応納得できる。

1.5　0の発見

1.5.1　位取り記数法

現在我々は主にアラビア数字(1, 2, 3,……)使い、またゼロ(零)0 という数を平気で使って数を表記しているが、人が 0 という数を現在のように使いこなせるようになるには長い歴史があったとされる(『零の発見』、吉田洋一、岩波新書参照)。自然数 1, 2, 3…… は無限個あるから、全ての自然数を標記するためには無限個の文字が必要になる。しかし 0 を用いることによって、無限個の数を有限個の文字で表示することが可能になる。この表示法を位取り記数法という。例えば 111 と言う数を考えよう。3 個の 1 が並んでいるが、それぞれ異なる意味を持っている。右端の 1 は 1 の位を表す 1 であり、その左隣の 1 は 10 の位を表す 1 であり、さらにその左隣の 1 は 100 の位を表す 1 である。10 の位に値がなければ 0 を用いて 101 と表し、1 の位に数値がなければ 110 と表すことができる。即ち 0 は、その位に数値がないことを意味し、各数字はそれが書かれている位置によって表す数が異なる。このようにして、例えば 1986 は $1986 = 1 \times 1000 + 9 \times 100 + 8 \times 10 + 6$ という意味で表示される。この表示法では、0 という表記記号を持たないローマ数字や漢数字と比較すれば、0 の効用は明白である。

ローマ数字は(( )内は対応するアラビア数字)、一般的に I, II, III, IV, V(5), VI, VII, VIII, IX, X(10), L(50), C(100), D(500), M(1000)等で表記される。例えば 1986 は MCMLXXXVI、2007 は MMVII と表示される。漢数字では一千九百八十六、二千七と表記される。ここで次の計算をしてみよう。

$$2007 - 1986 = 21$$

ローマ数字では、

$$\mathrm{MMVII} - \mathrm{MCMLXXXVI} = \mathrm{XXI}$$

漢数字では、

　　二千七　－　一千九百八十六 ＝ 二十一

となり、極めて複雑である。次の表示からも、ローマ数字や漢数字を用いて掛け算や割り算をすることは、ほとんど不可能に近いことが理解できるであろう。

725	DCCXXV	七百二十五
× 64	× LXIV	× 六四
46400		

“0 は偉大だ！”、“0 は偉い！”と言ってよいであろう。

1.5.2　2進法

0を使い位取り記数法を用いれば、数の表し方は一挙に広がる。nを0以外の正の整数とすれば、一般にn進法が可能である。一般にn進法では正の整数

$$x\left(=x_t n^t + x_{t-1} n^{t-1} + \cdots + x_1 n + x_0\right) \text{を} \ x_t x_{t-1} \cdots x_1 x_0 \ \left(\text{ただし} x_t \neq 0\right)$$

と表示する(10進法の1986は$1\cdot10^3+9\cdot10^2+8\cdot10^1+6\cdot10^0$を意味することを思い出そう)。日常生活では特殊な場合を除いて10進法が一般的であり、我々もそれに慣れているから、便利なように見えるが、特に10進法に利点があるというわけでもなさそうである。10進法を使っているのはたまたま人の指の数が10本であったからとも言われている。10進法とは0を含め10個の数字(0～9)によって、数を表示する方法であるが、数を表す方法として、10進法に限ることはない。コンピューターでは、主に2進法が用いられている。2進法では用いる数字は0と1の二つで、これによってあらゆる数を表示できる。コンピューターで2進法が用いられている最大の理由の一つは、数字の判定が極めて速くできるからである。2つの数字の内どちらかを決めるには、1回の判定で済むからである。例えば電流回路が閉じているか開いているかで、あるいは光が通るか通らないかで、0と1を区別すれば、1回の操作で0と1を区別することができ、従ってこれらの操作の継続で、素早く任意の数を表すことが可能になる。

ここで10進法と2進法の表示を比べてみよう。

10進法：	0	1	2	3	4	5	6	7	8	9	10
2進法：	0	1	10	11	100	101	110	111	1000	1001	1010
(内容)：	0	1	2^1	2^1+1	2^2	2^2+1	2^2+2^1	2^2+2^1+1	2^3	2^3+1	2^3+2^1

10進法の100は、$100=1\cdot2^6+1\cdot2^5+0\cdot2^4+0\cdot2^3+1\cdot2^2+0\cdot2^1+0\cdot2^0$であるから2進法では1100100と表示される。

図1-6には10進法と2進法の図解を示す。10進法では0～9の数字が使えるから、皿に0から順次餅を入れていく。9個入るとそれ以上は入らないから、桁を一つ上げて10の桁に一つ入れる。すると1の桁が空位になるので、そこに順に9個入れて、再度10の桁に移す。2進法では0と1のみが使える数字である。皿に一つ餅を入れると、もうその桁には入らないので、餅を一つ加えるためには、桁を一つ上げなければならない。すると1の桁は空位になり、餅を一つ入れることができる。さらに一つ入れるには桁をさらに一つ上げなければならない。このように順次空位の桁から埋めていくことになる。

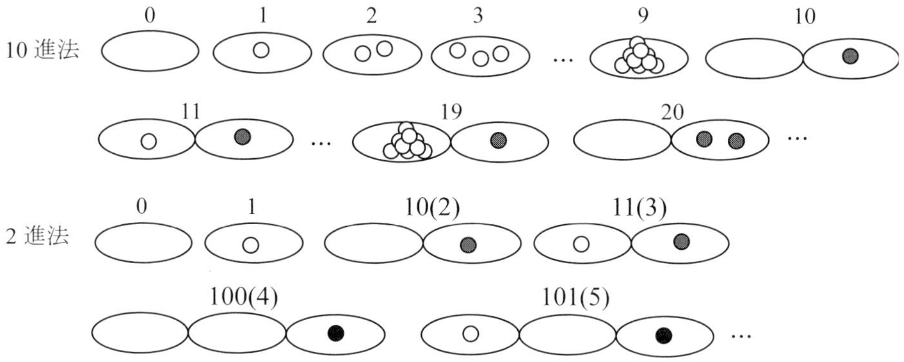

(( )内は10進法の数)

図 1-6

問 1.4　2進法(1〜3)及び10進法(4〜6)で表した次の数を、それぞれ10進法及び2進法で表せ。

1) 1010　2) 1101110　3) 10001100　4) 30　5) 64　6) 200

2進法の足し算では、事実上 1+1=10 という規則のみを知っていればよい。例えば、

```
10進法      2進法
   27        11011
 + 14      +  1110
 ----      -------
   41       101001
```

となる。

同じように掛け算も 1×1=1 という規則を知っていれば十分である。次の10進法(左)と2進法(右)の計算を比較しよう。

```
                11011
           ×     1110
           ----------
   27           00000
 × 14          11011
 ----         11011
  108        11011
  27       ----------
 ----       101111010
  378
```

2進法によれば、同様に引き算、割り算も簡単に計算できる。

問 1.5　次の10進法で表した計算を2進法で計算せよ。

1) 15−7　2) 256−128　3) 20÷3　4) 100÷21

問 1.6　3進法(0, 1, 2を使う)で次の数を表せ。

1）10進法の0から10の整数すべて　　2）10進法の20及び30

1.5.3　0で割ってはいけない

割り算をするとき 0 で割ってはいけないとされているが何故であろう。例えば $a \div b = \frac{a}{b}$ において、$b \neq 0$ であることを表示しなければならない。そこで 0 で割るとどのようなことが起きるであろうか。ここで $x = 0$ とする。

両辺に任意の数 a を加えると、$x + a = a$ となる。両辺に $x - a$ を掛ける。

$$x^2 - a^2 = a(x - a) \qquad \therefore\ x^2 = ax$$

両辺を x で割ると*、

$$x = a \quad 即ち \quad 0 = a$$

となり、あらゆる数が 0 となってしまう。この不合理な結果は、*印の個所で $x = 0$ で割ったことに原因がある。従って 0 で割ることはできないとする。言い換えれば、0 の逆数(かけて 1 になる数)は存在しないから、0 で割ることは定義できないのである。

1.6　方程式

等号(=)で結ばれた式を等式と言う。例えば a, b を任意の実数とすれば、

$$(a + b)^2 = a^2 + 2ab + b^2$$

は常に成り立つ(a, b に如何なる数を入れても成り立つ)ので、恒等式と呼ばれる。一方、文字を含んだ等式で、その文字がある特定の数のときしか成り立たない等式を方程式と言う。例えば、

$$2x - 8 = 0 \tag{1.1}$$

は $x = 4$ のときにのみ成立する。このとき x を未知数といい、方程式が成り立つ未知数の値を求めることを、方程式を解くという。また未知数の最も高い次数をもって、その方程式の次数と言う。従って式(1.1)は1次方程式である。また解は整数の範囲で求まる。方程式(1.1)を解くということは、$y = 2x - 8$ と $y = 0$ の二つの直線の交点の x 座標を求めることである(あるいは $y = 2x$ と $y = 8$ の交点でも同じである)。

次に

$$2x + 5 = 0 \tag{1.2}$$

の解は、$x = -\frac{5}{2}$ で、この方程式を解くためには、数の範囲を有理数まで拡張しなければならない。

ここで未知数が複数個ある場合を考えよう。未知数の全てを決めるためには未知数

の数だけの独立した式（連立方程式）が必要になる。

例題 1.3　未知数を x, y として、次の方程式を解こう。

$$\begin{cases} 2x+y=10 & (a) \\ x+2y=2 & (b) \end{cases} \tag{1.3}$$

二つの式がいずれも x, y に対して 1 次式であるから、これは連立 1 次方程式である。解く方法は幾つかあるが、基本は未知数 x, y のいずれかを消去して、未知数が一つの式を作る。例えば、(b) 式から $x=2-2y$、これを (a) 式へ代入すれば次式を得る。

$$2(2-2y)+y=10 \quad \therefore -3y=6$$

故に $y=-2$ を式(1.3)のいずれかの式に代入し x の値を求める。

あるいは（結局は同じことであるが）(b) 式を 2 倍し、(a) 式から引く、即ち

$$(a)-2(b)$$

とすれば、x が消去されて、y のみの式

$$-3y=6 \quad \therefore y=-2$$

を得る。$y=-2$ を元のいずれかの式へ代入すれば、$x=6$ を得る。従って解は、$x=6$、$y=-2$ である。これは直線 (a) と (b) の交点の座標である。

問 1.7　次の連立方程式を解け。

1）$\begin{cases} 4x+3y=9 \\ 2x+5y=8 \end{cases}$　2）$\begin{cases} 5x+2y=8 \\ 3x+4y=3 \end{cases}$　3）$\begin{cases} 2x+3y+z=14 \\ x+2y+2z=10 \\ 3x+y+4z=13 \end{cases}$

1.7　2次方程式の解

次に 2 次方程式

$$x^2-3=0 \tag{1.4}$$

ではどうであろうか。この方程式を解くと $x=\pm\sqrt{3}$ となり、この方程式の解を求めるためには、数を無理数まで拡張する必要がある。方程式(1.4)を解くということは、先にも述べたように、$y=x^2-3$ と $y=0$ の交点の x 座標を求めることである。即ち**図 1-7** に示すように、放物線 $y=x^2-3$ が直線 $y=0$（x 軸）と $x=\pm\sqrt{3}$ で交わるということである。次に

$$x^2+3=0 \tag{1.5}$$

では、$x^2=-3$となり、二乗して負になる数は実数の範囲にないから、方程式(1.5)は実数の範囲では解を持たないことになる。従って式(1.5)を解くにあたって、“解なし”とするか、さらに数の概念を拡大して“解あり”とするかいずれかの選択になるが、このような簡単な方程式を解くことができないということは不合理・不便であるから、人類は数の範囲を虚数まで拡大し、後者の“解あり”を選択した。解は$x=\pm\sqrt{3}\,i$となる。ここで$i=\sqrt{-1}$で、虚数単位である。方程式(1.5)を解くことは、$y=x^2+3$と$y=0$の交点を求めることに相当する。しかし **図 1–7** にも示す様に、この放物線とx軸は実際には交差しない。これが解が虚数になるということである。

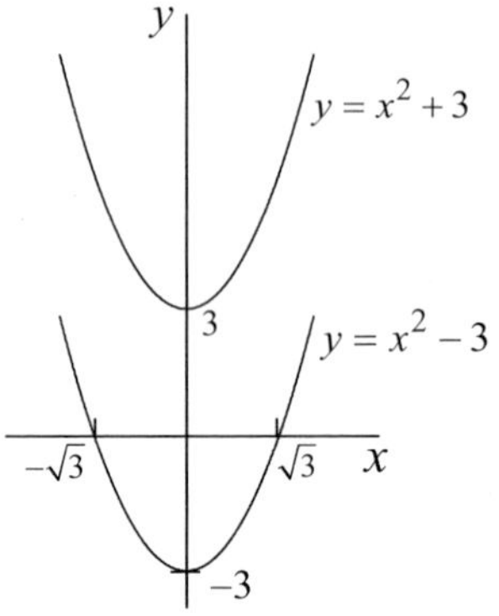

図 1–7

次に一般の2次方程式

$$ax^2+bx+c=0 \qquad (a,\ b,\ c\text{は実数},\ a\neq 0) \tag{1.6}$$

の解を求めてみよう。

$$ax^2+bx=-c \tag{1.7}$$

両辺に$4a$を掛ける。

$$4a^2x^2+4abx=-4ac \tag{1.8}$$

両辺にb^2を加える。

$$4a^2x^2+4abx+b^2=-4ac+b^2 \tag{1.9}$$

$$\therefore (2ax+b)^2=b^2-4ac \tag{1.10}$$

$$\therefore 2ax+b=\pm\sqrt{b^2-4ac} \tag{1.11}$$

$$\therefore x=\frac{-b\pm\sqrt{b^2-4ac}}{2a} \tag{1.12}$$

ここで、$\sqrt{\ }$の中、$b^2-4ac<0$になることもあり得る。このとき解は実数の範囲にはなく複素数(虚数)となる。式(1.12)は2次方程式の解の公式である。

2次方程式の解のまとめ：

$$D = b^2 - 4ac \tag{1.13}$$

を、方程式(1.6)の判別式という。**図 1–8** に示すように、$D>0$ のときは異なる2個の実数解(実根)、$D = 0$ のときは重解(重根)、$D < 0$ のときは異なる2個の虚数解(虚根)を持つ。このように複素数まで考慮に入れると、2次方程式は必ず二つの解を持つ。一般に n 次方程式は n 個の解を持つことになる。

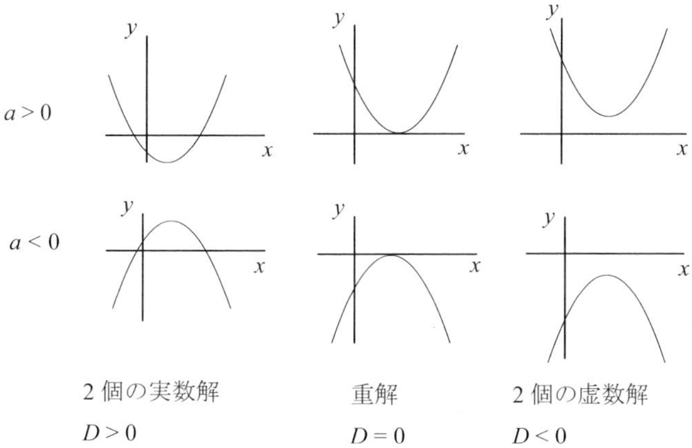

図 1–8

例題 1.4　$ax^2+bx+c=0$ の解を α および β とするとき、$\alpha+\beta=-\dfrac{b}{a}$ 及び $\alpha\beta=\dfrac{c}{a}$ であることを示せ。

解　$$\alpha+\beta=\frac{-b+\sqrt{b^2-4ac}}{2a}+\frac{-b-\sqrt{b^2-4ac}}{2a}=-\frac{b}{a}$$

$$\alpha\beta=\frac{-b+\sqrt{b^2-4ac}}{2a}\times\frac{-b-\sqrt{b^2-4ac}}{2a}=\frac{b^2-b^2+4ac}{4a^2}=\frac{c}{a}$$

この関係を2次方程式の解(根)と係数の関係という。

問 1.8　$x^2+3x-2=0$ の解を α、β とするとき、次の値を求めよ。

1)　$\alpha^2+\beta^2$　　2)　$\alpha^3+\beta^3$

問 1.9　次の式を展開せよ。

1)　$(2x+y)^2$　　2)　$(a-b+2c)^2$　　3)　$\left(a-\dfrac{1}{2}b\right)^2$　　4)　$(a-2b)^3$

問 1.10　次の式を因数分解せよ。

1)　x^2-6x+9　　2)　x^2+x-6　　3)　$8x^2+2x-3$

4)　x^3-3x^2+3x-1　　5)　$4x^2-9y^2$

【演習問題】

1.1　次の命題の真偽と、その逆、裏、対偶の真偽を記せ。

1）ヒトは霊長類である。

2）4 の倍数は 8 の倍数である。

3）4 の倍数でなければ 8 の倍数でない。

4）$|x| < 2$ なら $x^2 < 4$ である。

5）二つの三角形が合同なら、それらの面積は等しい。

6）四辺の長さが全て等しい四角形は正方形である。

7）$x = \pi$ なら $\sin x = 0$ である。

8）$a \geq b$ であれば、$a^2 \geq b^2$ である。

1.2　次の問に答えよ。

1）長さ 1 及び a の線分が与えられているとき、長さ $\sqrt{a}$ を作図せよ。

2）二辺が a, b である長方形と同じ面積を持つ正方形を作図せよ。

1.3　次の式を因数分解せよ。

1）$x^2 - 6x + 9$　2）$2x^2 + 9x - 18$　3）$12x^2 - x - 6$　4）$x^3 - 1$

5）$x^3 - 9x^2 + 27x - 27$　6）$x^3 - y^3$　7）$x^4 - y^4$　8）$x^4 + x^2 + 1$

1.4　次の式を計算せよ。

1）$\dfrac{1}{x-y} - \dfrac{1}{x+y}$　2）$\dfrac{x}{x^2+4x+3} - \dfrac{1}{x+3}$　3）$\dfrac{x+y}{x-y} \times \dfrac{x^2-y^2}{x^2+xy}$

4）$\dfrac{1}{x^2-5x+6} - \dfrac{1}{x^2-4}$　5）$\dfrac{3x}{x^2+2xy-3y^2} - \dfrac{x}{x^2-y^2}$

6）$\dfrac{x^2+3xy+2y^2}{x^2-y^2} \times \dfrac{x^2-2xy+y^2}{x^2+xy-2y^2}$

1.5　次の方程式を解け。

1）$4x^2 - 4x - 3 = 0$　2）$4x^2 - 4x + 3 = 0$　3）$x^3 - 4x^2 + 3x = 0$　4）$x^3 - 27 = 0$

5）$x^4 + x = 0$

1.6　次の方程式を解け。

1）$\begin{cases} x + 2y = 9 \\ 2x - 3y = 4 \end{cases}$　2）$\begin{cases} x - 2y + 4z = 12 \\ 2x + 2y - 3z = -14 \\ 4x - y + 2z = -1 \end{cases}$

3）$\begin{cases} x^2 + y^2 = 4 \\ x + y = 2 \end{cases}$　4）$\begin{cases} x^2 + y^2 = 4 \\ x + y = 3 \end{cases}$　5）$\begin{cases} x^2 - y^2 = 8 \\ x + y = 2 \end{cases}$

1.7　2次方程式　$4x^2+bx+1=0$　について次の問に答えよ。

1）この方程式が2つの異なる実数解(根)を持つための b の条件を求めよ。

2）この方程式が重解(根)を持つための b の条件を求めよ。

3）$b=2$ のときの解を求めよ。

1.8　次の連立方程式が重解(重根)をもつための a の値を求めよ。またそのときの解を求めよ。この問題の意味するところを図で説明せよ。

$$\begin{cases} x^2+y^2=4 \\ x+y=a \end{cases}$$

1.9　次の不等式を証明せよ。

1）$\dfrac{a+b}{2} \geq \sqrt{ab}$　$(a, b \geq 0)$　　2）$(a^2+b^2)(c^2+d^2) \geq (ac+bd)^2$ (a, b, c, d は実数)

2章　関数とグラフ

いんとろ2　関数に慣れよう

先生：この章では関数について学ぶから、その前に関数について少し慣れておこう。突然だが、例えば次の式を見てみよう。

$$y = f(x) \quad \text{(i2.1)}$$

$$f(x) = ax^2 + bx + c \quad \text{(i2.2)}$$

あるいは　$y = ax^2 + bx + c$ （ここで a, b, c は定数）

最初の式は、y は変数 x の関数であること、二番目及び三番目の式は、その関数は $ax^2 + bx + c$ と表される、ということを意味しているんだよ。

翔太：y は x の値とともに変化するんだね。

先生：そーだ、$x = 1$ のとき $f(x)$ あるいは y の値はどうなるかな。

まり：$y = f(1) = a \cdot 1^2 + b \cdot 1 + c = a + b + c$ です。

先生：そーだね、x に 1 を代入すればいいんだね。それなら、$x = -2$ のときはどうかな。

翔太：$y = f(-2) = a \cdot (-2)^2 + b \cdot (-2) + c = 4a - 2b + c$ となりまーす。

先生：そーだね、単に x に−2 を代入すればいいんだ。それでは $f(-x)$ はどうなるかな。

りさ：うーん、x に$-x$ を代入するんだから、$y = f(-x) = a \cdot (-x)^2 + b \cdot (-x) + c = ax^2 - bx + c$ だね。

先生：そーだね。変数にはどんな記号を使っても良いから、変数を t で表せば式(i2.2)は x に t を代入して $f(t) = at^2 + bt + c$ とあらわされるんだよ。さー、これから関数について勉強しよう！

2.1　関数

共に変わる量 x と y があり、x の値を決めるとそれに対応する y の値がただ一つ決まるとき、y は x の関数であるといい、一般に $y = f(x)$ と表示する（図 2-1）。x を独立変数、y を従属変数という。f は function（関数）の意（ここでは変数と係数は実数とする）。変数 x の取りうる値の範囲を定義域（あるいは変域）といい、それに伴ない y の取りうる範囲を値域という。また、x の範囲が $a \le x \le b$ のとき、a, b を両端とする閉区間といい $[a, b]$ で表し、$a < x < b$ のとき a, b を両端とする開区間といい (a, b) で表す。

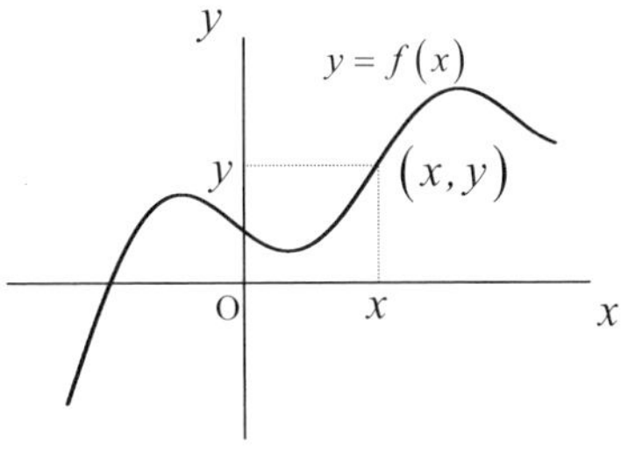

図 2-1

一般に x の n 次式で表される関数

$$y = f(x) = a_n x^n + a_{n-1} x^{n-1} + a_{n-2} x^{n-2} + \cdots + a_1 x^1 + a_0 \quad (2.1)$$

を x の n 次関数という。また、左辺 $= 0$ とおけば、n 次方程式になる。

2.1.1　1次関数

1次式$y = ax + b$で表される関数を1次関数という。1次関数はxy平面では直線で表される。aは直線の勾配、bはy軸上の切片である。$b = 0$、即ち$y = ax$の関係にあるとき、yはxに比例(正比例)するという(**図 2-2a**)。点(x_1, y_1)を通り勾配aの直線を表す式は

$$y - y_1 = a(x - x_1) \tag{2.2}$$

となる(**図 2-2b**)。

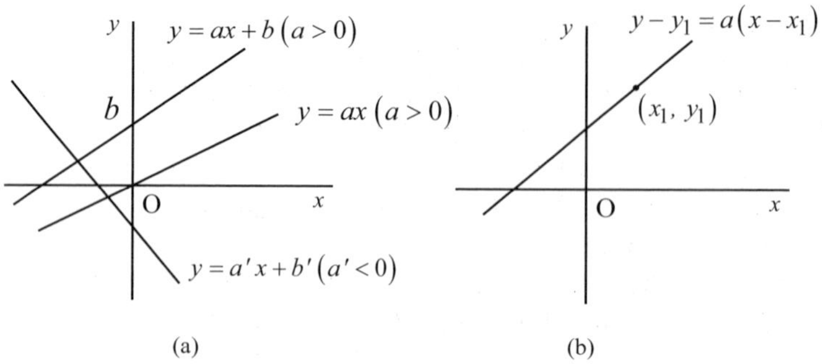

図 2-2

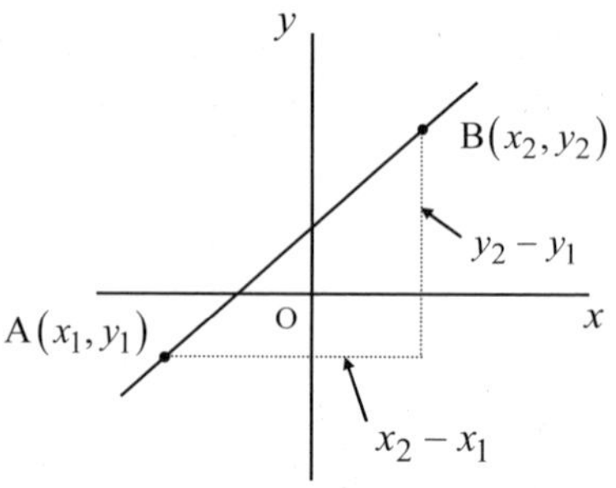

図 2-3

2直線$y = ax + b$、$y = a'x + b'$が平行であるとき$a = a'$、直交するとき$aa' = -1$が成り立つ。直線の式についての詳細はベクトルの章参照。

なお**図 2-3**に示すように、平面における直線上の2点$A(x_1, y_1), B(x_2, y_2)$間の距離は次式で与えられる(ピタゴラスの定理)。

$$\overline{AB} = \sqrt{(x_2 - x_1)^2 + (y_2 - y_1)^2} \tag{2.3}$$

2.1.2　2次関数

1) 放物線：放物線を表す式は、次の2次式で与えられる。

$$y = ax^2 + bx + c \qquad (a \neq 0) \tag{2.4}$$

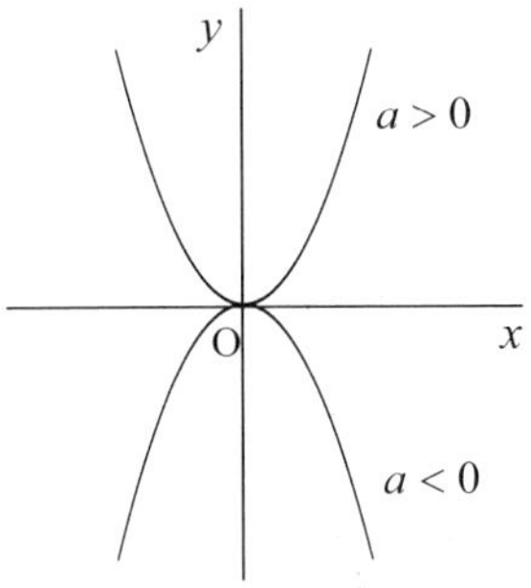

図 2-4

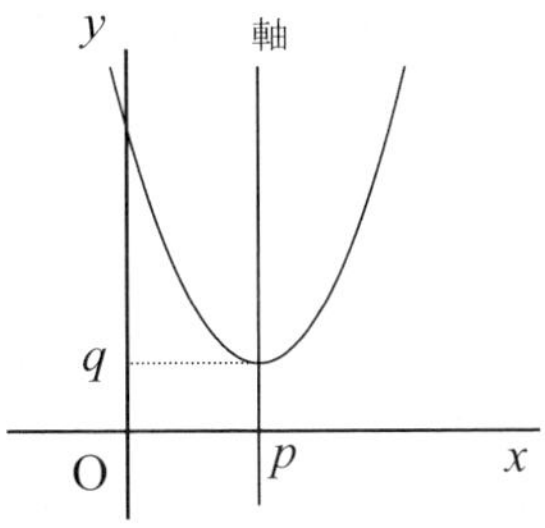

図 2-5

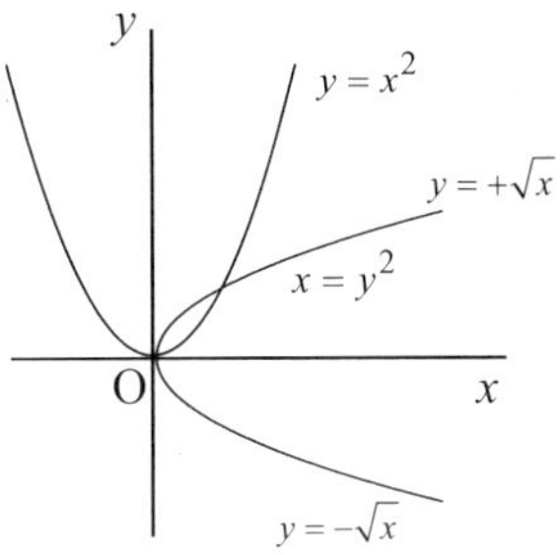

図 2-6

この式は前章ですでに学習した2次方程式である。簡単化して、$b = c = 0$ の場合

$$y = ax^2 \tag{2.5}$$

を考えよう。この式は $x = 0$ のとき $y = 0$ になるから、式(2.5)の表すグラフは原点を通ることがわかる。また、$x \to \pm\infty$ で $a > 0$ のときは $y \to \infty$ となり下に凸の放物線、$a < 0$ のときは $y \to -\infty$ となるから上に凸の放物線になる。即ち原点を頂点とし、y 軸 $(x = 0)$ を対称軸(軸あるいは主軸という)とする放物線である(**図 2-4**)。式(2.5)のグラフを x 軸に平行に p、y 軸に平行に q 移動させよう。このとき放物線を表す式は

$$y - q = a(x - p)^2 \quad \text{あるいは} \quad y = a(x - p)^2 + q \tag{2.6}$$

となる。

この関数のグラフは、**図 2-5** に示されるように、頂点の座標は $(p,\ q)$、主軸の式は $x = p$ の放物線である。

次に $y = x^2$ で x と y を入れ替えれば

$$x = y^2 \tag{2.7}$$

となる。これは座標軸の x 軸と y 軸を入れ替えたとき(座標軸を反時計回りに $\frac{\pi}{2}$ 回転させたとき)の放物線の式である。これを従来の座標軸上にあらわすと、**図 2-6** に示すように x 軸を主軸とする横向きの放物線となる。

式(2.7)は次のように変形できる。

$$y = \pm\sqrt{x} \tag{2.7'}$$

図 2-6 に示す横向きの放物線の、$y \geq 0$ の部分は $y = +\sqrt{x}$ に相当し、$y \leq 0$ の部分は $y = -\sqrt{x}$ に相当する。

問 2.1　次の関数のグラフの概形を、x 軸、y 軸との交点に留意し描け。

1）$y = x^2 + 2x - 3$　　2）$y = -2x^2 + 9x - 9$　　3）$y^2 = 3x$　　4）$y = -\sqrt{x + 3}$

問 2. 2　$y=f(x)$で表される曲線を x 軸方向に p、y 軸方向に q 平行移動したときの曲線を表す式を記せ。

問 2. 3　$y=ax^2+bx+c$ の軸の方程式及び頂点の座標を求めよ。

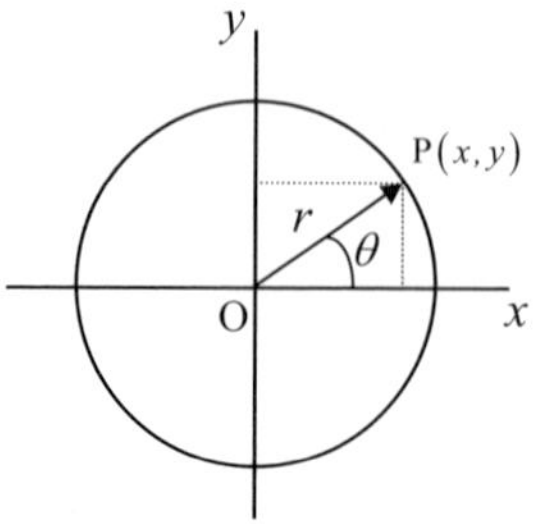

図 2-7

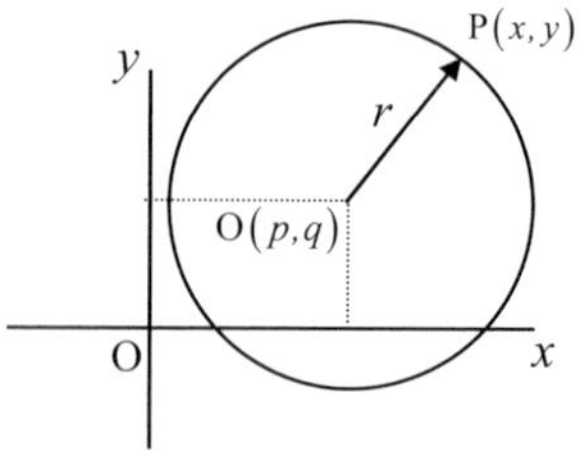

図 2-8

2）円：円は中心からの距離が等しい点の集合である。原点(0,0)を中心とする半径 r の円の方程式は

$$x^2+y^2=r^2 \tag{2.8}$$

である(**図 2-7**)。この式は次のように変形できる。

$$y=\pm\sqrt{r^2-x^2} \tag{2.9}$$

ここで+記号は **図 2-7** で $y\geq 0$ における半円部分を、−記号は $y\leq 0$ における半円部分を表している。式(2.8)の円を、x 軸及び y 軸にそれぞれ平行に移動し、円の中心を(p, q)に移動すれば、円の方程式は

$$(x-p)^2+(y-q)^2=r^2 \tag{2.10}$$

となる(**図 2-8**)。

式(2.8)は x 軸からの角度 θ を媒介変数(パラメーター)として、次のように表すこともできる。

$$\begin{cases} x=r\cos\theta \\ y=r\sin\theta \end{cases} \tag{2.11}$$

これは

$$x^2+y^2=r^2\left(\cos^2\theta+\sin^2\theta\right)=r^2$$

となり、式(2.8)に一致する。

問 2. 4　次の円の中心の座標及び半径を求めよ。

1）$x^2+y^2=16$　2）$(x-2)^2+(y+3)^2=9$　3）$x^2+y^2-6x=0$

4）$x^2+y^2-4x+8y+16=0$

3）楕円と双曲線：

i）楕円: 楕円を表す式(標準形)は次で与えられる。

$$\frac{x^2}{a^2}+\frac{y^2}{b^2}=1 \ (a>0, b>0) \tag{2.12}$$

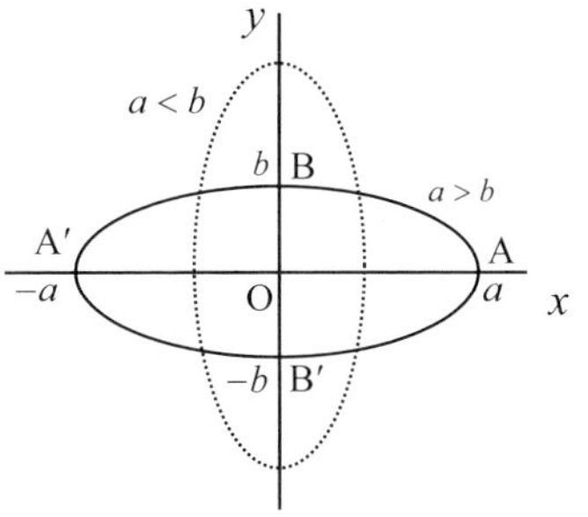

図 2-9

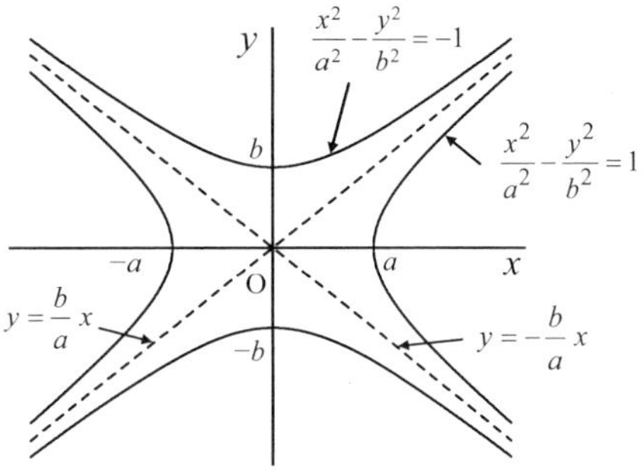

図 2-10

$y=0$ のとき $x=\pm a$ であり、$x=0$ のとき $y=\pm b$ である。a, b の内どちらか長い方を長半径、短い方を短半径という。あるいは AA′を長軸、BB′を短軸という(**図 2-9**)。また長軸と短軸の交点を楕円の中心という。x, y 座標に表せば、$a>b$ のときは横長の楕円、$a<b$ のときは縦長の楕円(**図 2-9** の点線)となる($a=b$ のときは円となる)。

問 2. 5　次の楕円の概形を描き、その長半径及び短半径及び中心の座標を求めよ。

1）$\frac{x^2}{16}+\frac{y^2}{4}=1$　　2）$3x^2+y^2=3$　　3）$\frac{(x-2)^2}{25}+\frac{(y+3)^2}{9}=1$

ii）　双曲線：双曲線を表す式(標準形)は次で与えられる。

$$\frac{x^2}{a^2}-\frac{y^2}{b^2}=1 \ (a>0, b>0) \tag{2.13}$$

この式で $y=0$ とおけば、即ち x 軸を切る点は $x=\pm a$（この点を双曲線の頂点という）であり、**図 2-10** に示すように、x 軸を軸として中心(この場合は原点 O)に対し対称な 2 つの曲線から成る。$x=0$ とおけば、$y^2=-b^2<0$ となる。即ち y 軸を切る点は実数の範囲では存在しない。また、

$$\frac{x^2}{a^2}=1+\frac{y^2}{b^2}$$

であるから、$x\to\infty$ では $y\to\infty$ となる。従って、右辺の 1 は無視でき、

$$\frac{x^2}{a^2}=\frac{y^2}{b^2}$$

となる。即ち、式(2.13)の表す双曲線は$x \to \infty$、$y \to \infty$で、直線

$$y = \pm\frac{b}{a}x \tag{2.14}$$

に限りなく近づく。即ち式(2.14)の直線は、この双曲線の漸近線である(**図 2-10** の破線、漸近線は2つある)。

次の式も双曲線の式である。

$$\frac{x^2}{a^2} - \frac{y^2}{b^2} = -1 \ \left(a > 0, b > 0\right) \tag{2.15}$$

この双曲線は **図 2-10** に示すように、y軸と$\pm b$で交わり、y軸を軸とする双曲線である。漸近線は式(2.14)で示す直線となる。

2つの漸近線が直交する双曲線を直角双曲線という。直角双曲線は$a = b$のとき、即ち

$$x^2 - y^2 = \pm a^2$$

で与えられる。

またx, yの反比例の関係を表す式(kは定数)、

$$xy = k \tag{2.16}$$

も双曲線を表す式である。この式は式(2.13)から、後述する座標軸の回転(あるいは図形の回転)によって求めることができる。この双曲線は **図 2-11** に示すように、$k > 0$のときは第一、第三象限(実線)に、$k < 0$のときは第二、第四象限(点線)にある双曲線である。いずれの場合も、漸近線は x 軸と y 軸である。従って式(2.16)の表す双曲線は直角双曲線である。

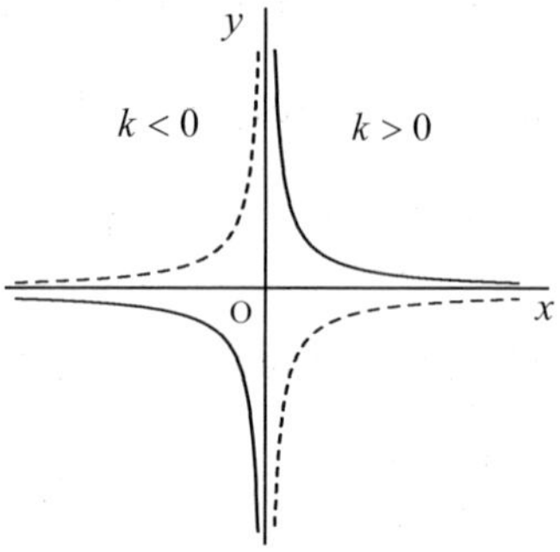

図 2-11

問 2.6　次の双曲線の概略を描け(x 軸、y 軸との交点を明記せよ)。また漸近線の式を求めよ。

1) $\dfrac{x^2}{25} - \dfrac{y^2}{4} = 1$　　2) $\dfrac{x^2}{16} - \dfrac{y^2}{9} = -1$　　3) $\dfrac{x^2}{5} - \dfrac{y^2}{5} = 1$　　4) $xy = 3$

2.2　不等式

不等号を含む数式を不等式という。一般的に不等号には次の4記号が用いられる。

- $\geq$(≧)、$a \geq b$　aはb以上(より大きいか等しい)、greater than or equal
- $\leq$(≦)、$a \leq b$　aはb以下(より小さいか等しい)、less(smaller) than or equal

- >、$a>b$　a は b より大きい、greater than
- <、$a<b$　a は b 未満（より小さい）、less (smaller) than

数の大小を問題にするのであるから、扱う数は実数と考えればよい。

例題 2.1　次の不等式をみたす x の範囲を求めよ。

1）$x^2-3x\geq 0$　　2）$x^2-x-2<0$

解　1) 与式は $x(x-3)\geq 0$ と変形できるから、次の二つの場合に分けて考える。

i）$x\geq 0$ 及び $(x-3)\geq 0$　$\therefore x\geq 0$ 及び $x\geq 3$、故に両者を満たす領域は $x\geq 3$

ii）$x\leq 0$ 及び $(x-3)\leq 0$　$\therefore x\leq 0$ 及び $x\leq 3$、故に両者を満たす領域は $x\leq 0$

従って解は、$x\leq 0$、$x\geq 3$ となる。グラフで表せば $y=x^2-3x$ のグラフを描き、$y\geq 0$ となる x の領域を求めればよい。

この式は **図 2-12** に示すように、x 軸との交点は 0 と 3 であり、$y\geq 0$ になる範囲 $x\leq 0$、$x\geq 3$ となる。図で $x=0$ と 3 の黒丸（●）は 0 と 3 を含むことを意味する（因みに、その点を含まない場合は白丸（○）で表す）。

2) 与式は $(x-2)(x+1)<0$ と変形できるから、次の二つの場合に分けて考える。

i）$x-2>0$ 及び $x+1<0$　$\therefore x>2$ 及び $x<-1$、故に両者を満たす領域は存在しない。

ii）$x-2<0$ 及び $x+1>0$　$\therefore x<2$ 及び $x>-1$、故に両者を満たす領域は $-1<x<2$

従って解は、$-1<x<2$ となる。グラフで表せば **図 2-13** になる。

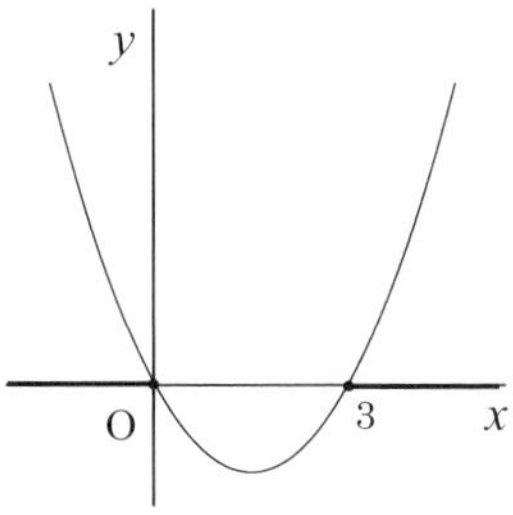

図 2-12

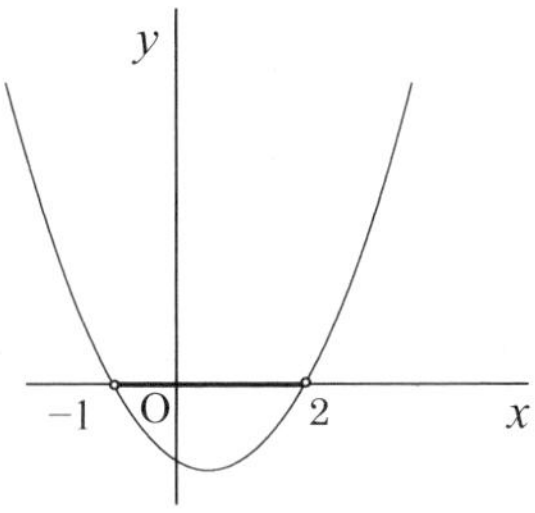

図 2-13

問 2.7　次の不等式をみたす x の範囲を求めよ。

1）$x^2+2x-3<0$　　2）$-x^2+4x-3<0$

2.3　座標軸の回転

式(2.13)と式(2.16)は、一見異なるようであるが、いずれも双曲線の式である。二つの式は座標軸を回転(あるいはグラフを回転)させることによって、相互に変換できる。元の座標系(座標軸)を x, y、変換後の新しい座標系を x', y' とする。座標系 x, y を反時計回り(これを正とする)に θ 回転させた新しい座標系を x', y' にするとき、変換式は

$$\begin{cases} x = x'\cos\theta - y'\sin\theta \\ y = x'\sin\theta + y'\cos\theta \end{cases} \tag{2.17}$$

で与えられる。時計回り(これを負とする)に回転させるときは、θ を負 $(-\theta)$ にすればよい。この変換式は次のように導くことができる。元の座標系を原点 O を中心に、正方向に θ 回転させるとする。**図 2-14** において、点 P の座標を回転前の座標系で (x, y)、回転後の座標系で (x', y') とする。P から x 及び x' 軸に下ろした垂線の足を A, B とし、B より x 軸に下ろした垂線の足を C とする。OA $= x$、OB $= x'$ であるから

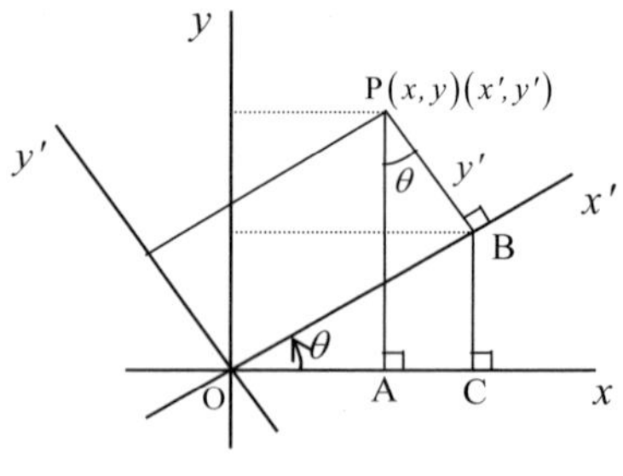

図 2-14

$$x = x'\cos\theta - \mathrm{AC}$$

ここで $\mathrm{AC} = y'\sin\theta$ であるから、

$$x = x'\cos\theta - y'\sin\theta$$

y についても同様な解析で

$$y = x'\sin\theta + y'\cos\theta$$

が求まる。

因みに座標(グラフ)を $+\theta$ 回転させたときは、座標軸を $-\theta$ 回転させたときと同じであるから、変換式は式(2.17)の θ を $-\theta$ とおいて、

$$\begin{cases} x = x'\cos\theta + y'\sin\theta \\ y = -x'\sin\theta + y'\cos\theta \end{cases} \tag{2.18}$$

となる。

例題 2.2　座標軸を $+45^\circ$ 回転させたとき、回転前の y 軸上の点 $\mathrm{P}\left(0, \sqrt{2}\right)$ の回転後の座標を求めよ。式(2.17)及び(2.18)を用いて計算し、両者が同じになることを確認せよ。

解　回転後の座標を (x', y') とすれば、式(2.17)に $\theta = 45^\circ$ を代入し、

$$0 = x'\frac{1}{\sqrt{2}} - y'\frac{1}{\sqrt{2}} \quad \therefore x' = y'$$

$$\sqrt{2} = x'\frac{1}{\sqrt{2}} + y'\frac{1}{\sqrt{2}} \quad \therefore x' + y' = 2$$

$$\therefore x' = y' = 1$$

即ち回転後の座標は$(1,1)$である。この変換は **図 2-15** で表される。

式(2.18)に$\theta = -45^\circ$を代入すれば、同様の計算から$x' = y' = 1$が求まる。

問 2.8　座標軸を+45° 回転させたとき、回転前の点$P\left(\sqrt{2},0\right)$の回転後の座標を求めよ。

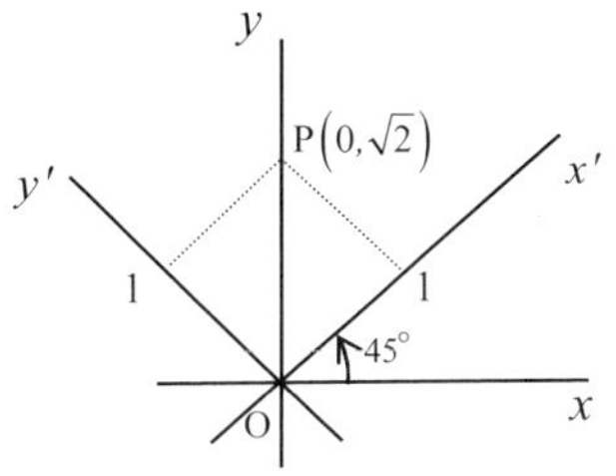

図 2-15

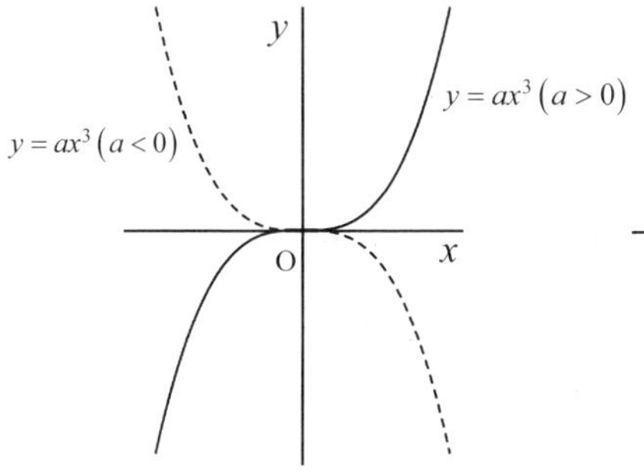

図 2-16

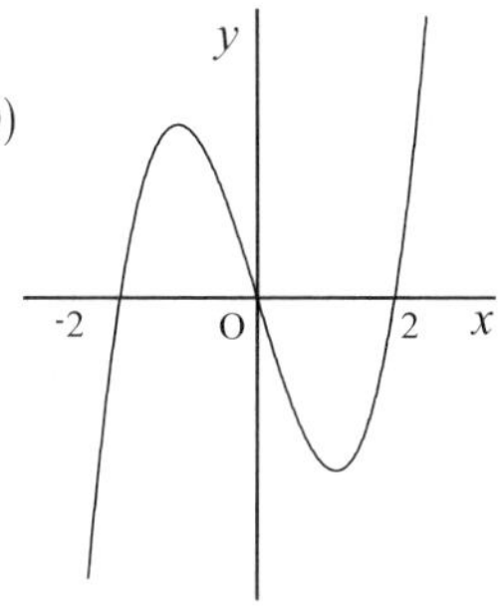

図 2-17

2.4　高次関数、奇関数と偶関数

1)　高次関数

3 次関数

$$y = ax^3 \tag{2.19}$$

のグラフを描こう。$y = 0$のとき$x^3 = 0$であるから、$x = 0$は三重解(根)である。

$a > 0$のとき、$x \to \pm\infty$で$y \to \pm\infty$(複合同順)である。また$a < 0$のとき、$x \to \pm\infty$で$y \to \mp\infty$(複合同順)である。従って、この式は **図 2-16** で表されるように、原点に対し点対称のグラフとなる。一般に3次方程式は虚数解も含め3つの解を持つ。次の関数

$$y = x^3 - 4x = x\left(x-2\right)\left(x+2\right) \tag{2.20}$$

は x 軸と $x=$ 0, 2, −2 で交わる。また、$x \to \pm\infty$で$y \to \pm\infty$であるから、このグラフは **図 2-17** のようになる。

問 2.9　次の関数がx軸と交わる点を示し、グラフの概略を描け。

1)　$y = -x^3 + 2x^2 + 5x - 6$　　2)　$y = x^4$　　3)　$y = x^4 - 5x^2 + 4$　4)　$y = -x^5 + 9x^3$

2)　奇関数と偶関数

関数 $y=f(x)$ が x に関して、$f(x)=f(-x)$ が成り立つとき、$f(x)$ を偶関数と言う。このとき xy 座標に描いた $f(x)$ のグラフは y 軸に関して対称(線対称)となる。

関数 $y=f(x)$ が x に関して、$f(-x)=-f(x)$ が成り立つとき、$f(x)$ を奇関数と言う。このとき xy 座標に描いた $f(x)$ のグラフは原点に関して対称(点対称)となる。例えば $f(x)=ax^2$ は、

$$f(-x)=a(-x)^2=ax^2=f(x)$$

が成り立つから偶関数であり、グラフは y 軸に関して対称(線対称)となる。一方3次関数 $f(x)=ax^3$ では

$$f(-x)=a(-x)^3=-ax^3=-f(x)$$

が成り立つから奇関数であり、グラフは原点に対し点対称になる。しかし

$$f(x)=ax^2+bx$$

は偶関数でも奇関数でもない。二つの関数の積で

- 偶関数×偶関数＝偶関数　　例：$x^4x^2=x^6$
- 偶関数×奇関数＝奇関数　　例：$xx^2=x^3$
- 奇関数×奇関数＝偶関数　　例：$xx^3=x^4$

である。

問 2.10　次の関数は偶関数か奇関数かを示せ。

1）$y=\sin x$　2）$y=\cos x$　3）$y=\tan x$　4）$y=\dfrac{1}{\sin x}$　5）$y=\cos^3 x$

6）$y=\sin^2 x$

【演習問題】

2. 1　次の問に答えよ。

1）点(2,1)を通り勾配 2 の直線の式を求めよ。

2）点(2,1)を通り直線 1)に垂直な直線の式を求めよ。

3）直線 1)、2)と y 軸に囲まれる三角形の面積を求めよ。

2. 2　次の放物線のグラフを描け。

1）$y=2x^2+x-3$　2）$y=-6x^2+5x-1$　3）$y^2-2y-2x-3=0$

4）$y=\sqrt{x+1}+2$

2. 3　次の関数のグラフを描け。双曲線の場合は漸近線の式を求めよ。

1）$x^2+2y^2=4$　2）$9x^2+4y^2=36$　3）$9x^2-36x+4y^2+8y+4=0$

4）$4y^2-9x^2=36$　5）$4y^2-8y-9x^2-18x-41=0$　6）$y=\dfrac{1}{x+2}+3$

2. 4　中心(p, q)、半径 r の円の方程式を記せ。また、

$x^2-8x+y^2+6y=-9$

で表される円の半径及び中心の座標を求めよ

2. 5　中心を$(p,\ q)$とし、半径 r の円の方程式を、x 軸からの角度θを媒介変数として表せ。

2. 6　座標軸を正方向に45°回転させると、$x^2-y^2=a^2$はいかなる式に変換されるか。

2. 7　座標軸を正方向に60°回転させると、$7x^2+6\sqrt{3}xy+13y^2=16$ はいかなる式に変換されるか。またそのときの 2 次曲線の概形を記せ。

2. 8　次を証明せよ。

1）偶関数×奇関数＝奇関数　　2）奇関数×奇関数＝偶関数

3章　三角関数

いんとろ3　三角比から三角関数へ

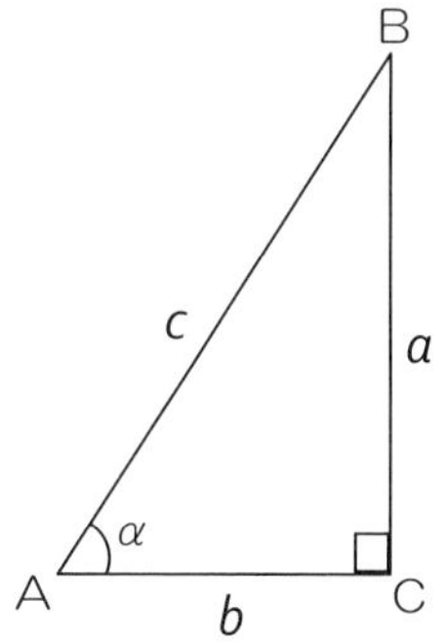

先生：この章では三角関数について学ぼう。
翔太：わー、オレ、苦手なんだよなー。
先生：そんなこと言わずにしっかり勉強せよ！まず右の図の直角三角形 ABC を見てみよう。∠C を直角として、∠A＝αとすれば∠B は決まり、これら三つの角を持つ三角形は全て相似になるだろ。相似の三角形の各辺の比はどうなるかな。
りさ：各辺の長さの比はそれぞれどの三角形でも同じになります。
先生：そーだ。そこで三角比を次のように定義するんだよ。

$$\sin\alpha=\frac{a}{c},\quad \cos\alpha=\frac{b}{c},\quad \tan\alpha=\frac{a}{b}$$

このように決めると、三角比は角度が同じなら三角形の大きさに依存しないから、物の大きさや距離などの測定に利用できるんだよ。
まり：そーか、測量などで適当な大きさの相似な三角形に変換して、二辺の比が一定ということを利用して、実際の寸法を求めるんだね。
先生：そーだよ。またピタゴラスの定理、$a^2+b^2=c^2$ から、三角比の重要な関係、

$$\sin^2\alpha+\cos^2\alpha=1$$

も求められるだろ。この章で学ぶ三角関数は、この三角比を一般化したものだよ。だけど三角関数を勉強するときには、三角形から離れたほうが解りやすいかもしれないなー。必要に応じて三角形を思い出す程度でよいのだよ。

3.1　弧度法

我々は日常生活では角度を度(°)を以って表すことが一般的である。円の一周は 360°、直角は 90° で表す。山頂の見晴らしのよいところでは 360° の展望などという。この 360° という数は、5000 年ほど以前のメソポタミアに起源があるとされている(天体が天空を一周するのに 360 日を要する、ということに起因していると言われている)。この表し方は日常的にはそれなりに便利であるが、数学的には必ずしも便利とはいえない。そこで数学では角度を弧度法で表すことが多い。弧度法で表すと角度は長さと直接的に関連付けられるからである。

図 3-1 に示すように、中心を原点 O(0, 0)にもつ半径 1 の円の円周と x 軸の正の部分の交点を X として、OX(これを始線という)から反時計回りにαの距離にある円周

上の点を P とし、OP と OX の為す角を α ラジアンと定義する。このように、角の大きさを円弧の長さで表す方法を弧度法という。従って、半径 r の円において、角 α ラジアンの為す円弧の長さ l は $r\alpha$ である。即ち、

$$l = r\alpha \tag{3.1}$$

の関係が成り立つ(**図 3-1**)。ラジアンは長さと長さの比であるから本来単位を持たない量であるが、表示したいときは rad で示す。尚、円は全て相似であるから、円周と直径の比は円の直径に依らず一定となる(演習問題 9.5 参照)。

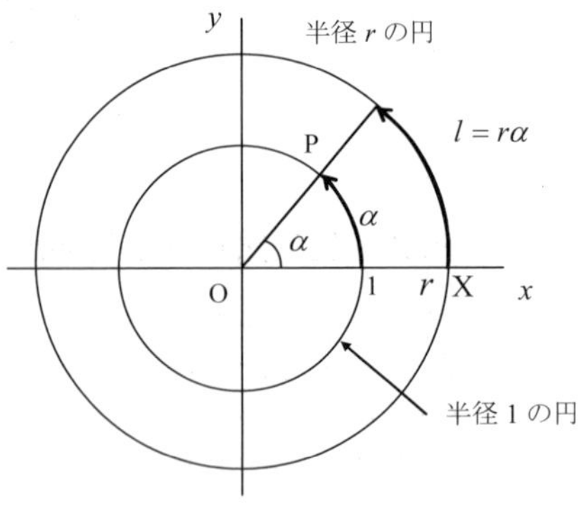

図 3-1

円周の長さと半径の 2 倍、即ち直径の比は π で定義される。即ち、

$$\pi = \frac{\text{円周}}{\text{直径}}$$

$= 3.14159265358979323846264338327950288419716939937510$ ……無限に続く……

180° が π rad に、360° が 2π rad になる。

このように角度をラジアンで表すと、ラジアンがそのまま円弧の長さに対応付けられる。円の一周は 2π rad に相当し、n 周は $2n\pi$ rad に相当する。

問 3. 1　次の角を、度(°)はラジアンに、ラジアンは度に変換せよ。

1) 90°　　2) 60°　　3) 45°　　4) 240°　　5) −120°

6) $\dfrac{\pi}{3}$　　7) $\dfrac{-\pi}{4}$　　8) 2π　　9) $\dfrac{\pi}{6}$　　10) $\dfrac{3\pi}{2}$

3.2　三角関数の定義

三角関数は、三角比をいかなる角度にも適用できるように一般化したものである。**図 3-2a** に示すように、半径 r の円周上の点 P(x, y)を考えよう。点 P は x 軸(正の部分、始線 OX)からの角 α が変化するにつれて、この円周上を移動する。この意味で半径 OP を動径という。そこで半径 r の円周上の点 P(x, y)及び角 α に対し次のように三角関数を定義する。

$$\sin\alpha = \frac{y}{r} \tag{3.1}$$

$$\cos\alpha = \frac{x}{r} \tag{3.2}$$

sin を正弦関数、cos を余弦関数といい、その比を正接関数といい tan で表す。即ち

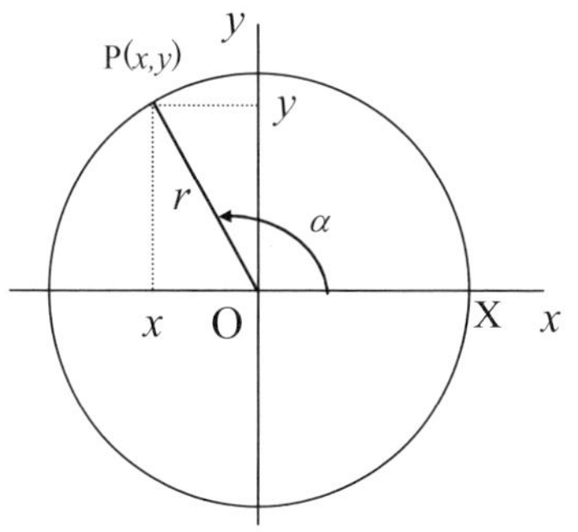

(a)

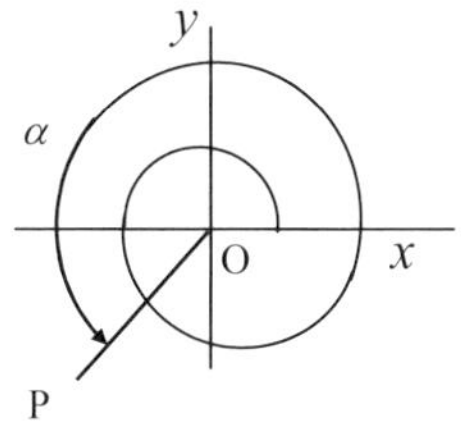

(b)

図 3-2

$$\tan\alpha=\frac{\sin\alpha}{\cos\alpha}=\frac{y}{x} \tag{3.3}$$

角αは始線から反時計回りを正とし、時計回りを負とする。動径は何度原点の周りをを回ってもよいから(**図 3-2b**)、三角関数はいかなる角αに関しても適用できる。このような角を一般角という。このように一般角を用いることによって、三角関数は三角形を離れ、より一般的な意味を持つことになり、座標と関連付けられるのである(平面状の点は、原点からの距離 r とある基準(始線)からの角αを以って表すことができる)。

点 P は円周を n 回$(n=0,\pm1,\ \pm2,\cdots)$回ると元の位置に戻るから、

$$\sin\alpha=\sin(2n\pi+\alpha),\quad \cos\alpha=\cos(2n\pi+\alpha),\quad \tan\alpha=\tan(2n\pi+\alpha)$$

の関係がある。

即ち三角関数は周期性があることになる。このような関数を周期関数という。

また式(3.1)～式(3.3)及び$x^2+y^2=r^2$から次の関係が成り立つことが解る。

$$\sin^2\alpha+\cos^2\alpha=1 \tag{3.4}$$

$$1+\tan^2\alpha=\frac{1}{\cos^2\alpha} \tag{3.5}$$

問 3. 2　式(3.4)、(3.5)が成り立つことを示せ。

三角関数の簡単な性質について調べてみよう。半径rと円周上の座標x, yは比例するので、三角関数の値は円の半径に依存しない。従って簡単化のために半径 1 の円$(r=1)$を考えれば、

$$\sin\alpha=y$$

$$\cos\alpha=x$$

であるから、円周上の点$\mathrm{P}(x,y)$は$\mathrm{P}(\cos\alpha,\sin\alpha)$と表される。そこで **図 3-3a** に示すように、動径 OP を回転させたときの三角関数を考えよう。

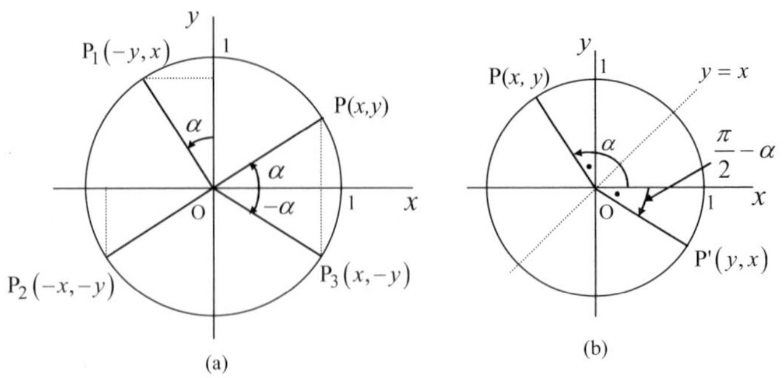

図 3-3

1）$\pi/2$回転：動径 OP を正方向（反時計回り）に$\pi/2$回転させた動径 OP_1 と円周の交点の座標は$P_1(-y,x)$であるから、前章で述べた座標の回転を持ち出すまでもなく三角関数の定義から

$$\sin\left(\frac{\pi}{2}+\alpha\right)=x$$

$$\cos\left(\frac{\pi}{2}+\alpha\right)=-y$$

となる。故に

$$\begin{cases}\sin\left(\dfrac{\pi}{2}+\alpha\right)=\cos\alpha\\ \cos\left(\dfrac{\pi}{2}+\alpha\right)=-\sin\alpha\\ \tan\left(\dfrac{\pi}{2}+\alpha\right)=-\dfrac{1}{\tan\alpha}\end{cases}\tag{3.6}$$

となる。

2）π回転：動径 OP を正方向（反時計回り）にπ回転させた動径 OP_2 と円周の交点は$P_2(-x,-y)$であるから、

$$\sin(\pi+\alpha)=-y$$

$$\cos(\pi+\alpha)=-x$$

故に

$$\begin{cases}\sin(\pi+\alpha)=-\sin\alpha\\ \cos(\pi+\alpha)=-\cos\alpha\\ \tan(\pi+\alpha)=\tan\alpha\end{cases}\tag{3.7}$$

3）点 P の始線に対する対称点は$P_3(x,-y)$であり、動径 OP_3 の始線に対する角は$-\alpha$であるから、

$$\begin{cases} \sin(-\alpha) = -y = -\sin\alpha \\ \cos(-\alpha) = x = \cos\alpha \\ \tan(-\alpha) = -\tan\alpha \end{cases} \tag{3.8}$$

である。また **図 3-3b** に示すように、角 α の座標を $\mathrm{P}(x, y)$ とすれば、角 $\left(\frac{\pi}{2}-\alpha\right)$ の座標は $\mathrm{P}'(y, x)$ であるから（P と P′ は $y = x$（図中点線）に対して対称である）、

$$\begin{cases} \sin\left(\dfrac{\pi}{2}-\alpha\right) = \cos\alpha \\ \cos\left(\dfrac{\pi}{2}-\alpha\right) = \sin\alpha \\ \tan\left(\dfrac{\pi}{2}-\alpha\right) = \dfrac{1}{\tan\alpha} \end{cases} \tag{3.9}$$

また x 軸上の点 $(1,0)$、即ち $\alpha = 0$ においては、

$$\sin 0 = 0$$

$$\cos 0 = 1$$

$$\tan 0 = \frac{0}{1} = 0$$

が成り立ち、y 軸上の点 $(0,1)$、即ち $\alpha = \frac{\pi}{2}$ においては、

$$\sin\frac{\pi}{2} = 1$$

$$\cos\frac{\pi}{2} = 0$$

$$\tan\frac{\pi}{2} = \frac{1}{0} = \pm\infty \text{（定義なし）}$$

最後の式は禁じ手である 0 で割っているので、定義なしとしてもよい。しかし関数の極限、即ち α は限りなく $\frac{\pi}{2}$ に近づくが、決して $\alpha = \frac{\pi}{2}$ にならない $\left(\alpha \to \frac{\pi}{2}\right)$ と考えれば、$\tan\frac{\pi}{2} = \pm\infty$ と考えてもよい。この方が一言で“定義なし”と言ってしまうより、いろいろ考える材料になりそうである。式(3.6)～(3.9)は必ずしも覚える必要はないが、理解しておくことが重要である。

3.3　三角関数のグラフ

三角関数は円と密接に関連している。正弦関数 $y = \sin x$ は、**図 3-4** に示されるように、x 軸の正方向から反時計回りに角 x 回転したときの、半径 1 の円周上における、半径と円周の交点の x 軸からの高さ即ち y 座標の値に相当する。

図 3-5 には $y = \sin x$、$y = \cos x$、及び $y = \tan x$ のグラフを示す。

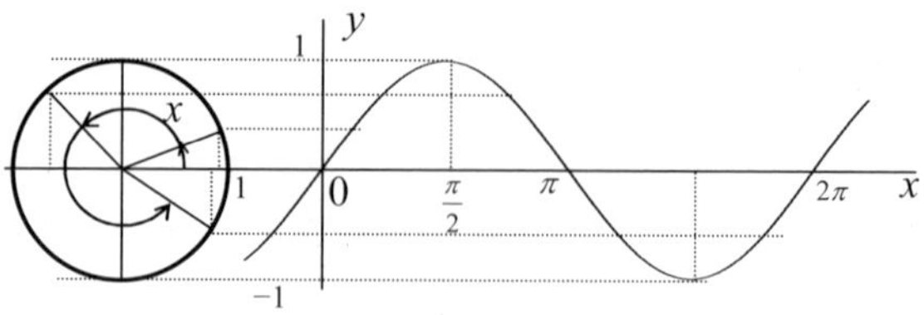

図 3-4

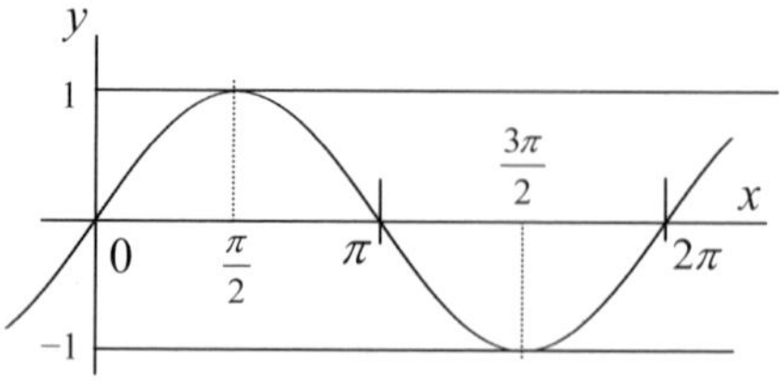

(a) $y = \sin x$

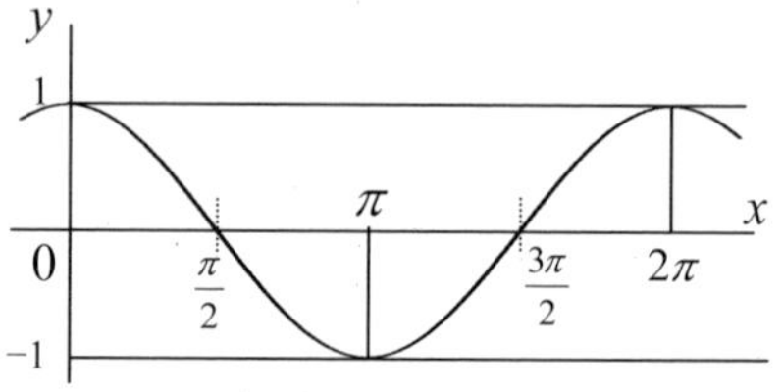

(b) $y = \cos x$

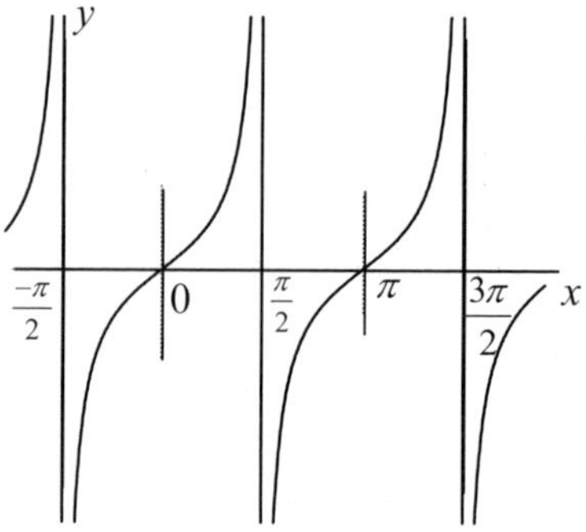

(c) $y = \tan x$

図 3-5

問 3. 3　次の角の sin, cos, tan の値を求めよ。

1) $\frac{\pi}{6}$　2) $\frac{-\pi}{6}$　3) $\frac{\pi}{2}$　4) $\frac{2\pi}{3}$　5) $\frac{3\pi}{4}$　6) $\frac{20\pi}{3}$

7) $\frac{-29\pi}{6}$　8) $\frac{-31\pi}{6}$

問 3.4 △ABC の各頂角を A, B, C として(図 3-6)、△ABC の面積 S は

$$S = \frac{1}{2}bc\sin A = \frac{1}{2}ca\sin B = \frac{1}{2}ab\sin C \qquad (3.10)$$

で与えられることを示せ。

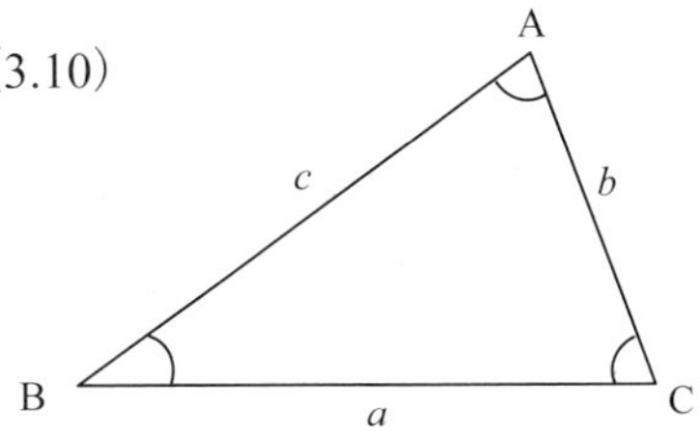

図 3-6

3.4 逆三角関数

一般に関数 $y = f(x)$ の逆関数は $x = f(y)$ で定義される。三角関数 $y = \sin x$ の逆関数は $x = \sin y$ であるが、関数は $y =$ の形で表記することが一般的であるので、これを $y = \sin^{-1} x$ と書く。$\sin^{-1} x$ をアークサイン x(arcsin x)と読む($\sin$ の値が x になる角度が y である)。ただし $\sin$ の値が x になる角度 y は無数に存在するから、x に対して y

(a) $y = \sin^{-1} x$

(b) $y = \cos^{-1} x$

(c) $y = \tan^{-1} x$

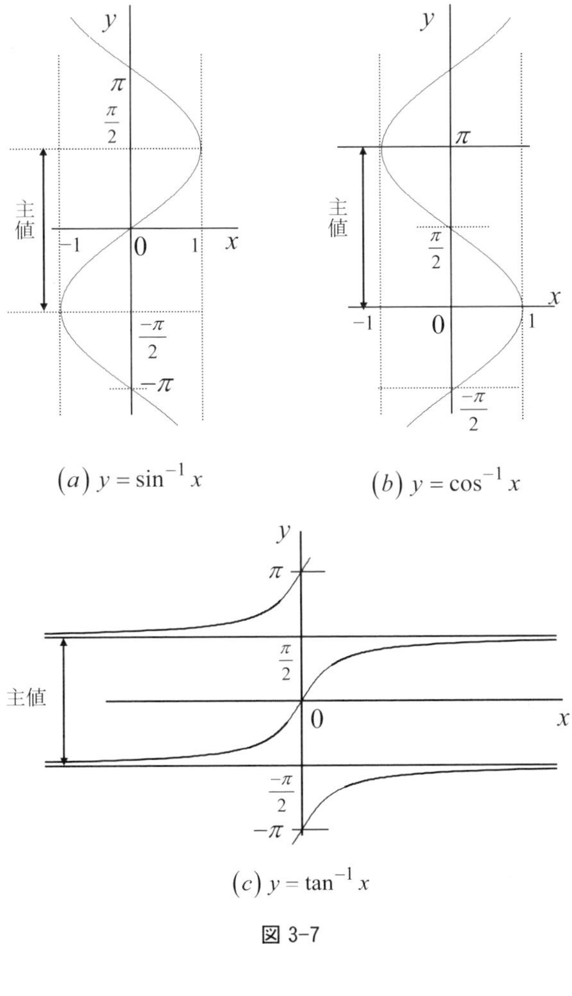

図 3-7

がただ一つ決まるという関数の定義を満足させるために、一般的に$-\frac{\pi}{2} \le y \le \frac{\pi}{2}$をとる。これを逆三角関数の主値という。例えば、$\frac{1}{2}=\sin\frac{\pi}{6}$の逆関数は、$\frac{\pi}{6}=\sin^{-1}\frac{1}{2}$となる。即ち sin の値が$\frac{1}{2}$になる角度が$\frac{\pi}{6}$である。余弦関数、正接関数にも逆関数が定義でき、それぞれアークコサイン x（arccos x）、アークタンジェント x（arctan x）と読む。図 3-7 には逆三角関数のグラフを示す。逆三角関数が主値をとる範囲をまとめると

$$y=\sin^{-1}x \qquad \left(-\frac{\pi}{2} \le y \le \frac{\pi}{2}\right)$$

$$y=\cos^{-1}x \qquad (0 \le y \le \pi)$$

$$y=\tan^{-1}x \qquad \left(-\frac{\pi}{2} \le y \le \frac{\pi}{2}\right)$$

となる。

問 3. 5 次の逆三角関数の値を求めよ。ただし逆三角関数の値として主値を考える。

1）$\tan^{-1}1$　2）$\tan^{-1}\sqrt{3}$　3）$\sin^{-1}\frac{1}{2}$　4）$\cos^{-1}\frac{1}{2}$　5）$\sin^{-1}\left(\frac{-\sqrt{3}}{2}\right)$

3.5 三角関数の公式

(1) 正弦定理

△ABC の各頂点の角度を A, B, C とすれば、

$$\frac{a}{\sin A}=\frac{b}{\sin B}=\frac{c}{\sin C}=2R \tag{3.11}$$

が成り立つ。ここで R は△ABC の外接円の半径である。

例題 3. 1 正弦定理を証明せよ。

解 図 3-8 において、B より直径を引き円周との交点を D とする。

△BDC は直角三角形、

∠A=∠D

$$BC=a=2R\sin D=2R\sin A$$

$$\therefore \quad \frac{a}{\sin A}=2R$$

同様に

$$\frac{b}{\sin B}=\frac{c}{\sin C}=2R$$

となる。各自証明してみよ。

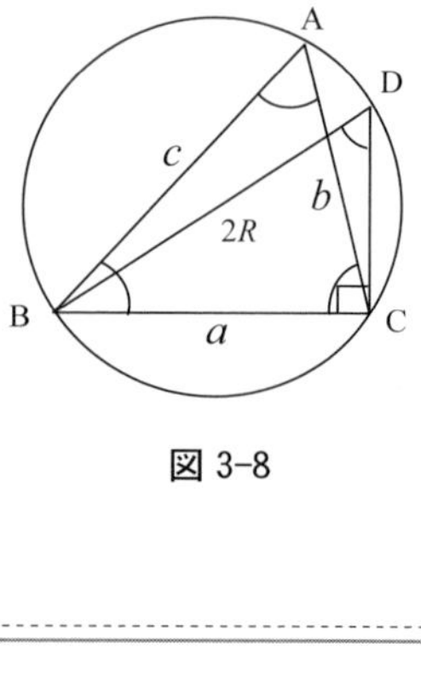

図 3-8

問 3. 6　**図 3-9** の三角形の∠B、辺 b, c の値を求めよ。

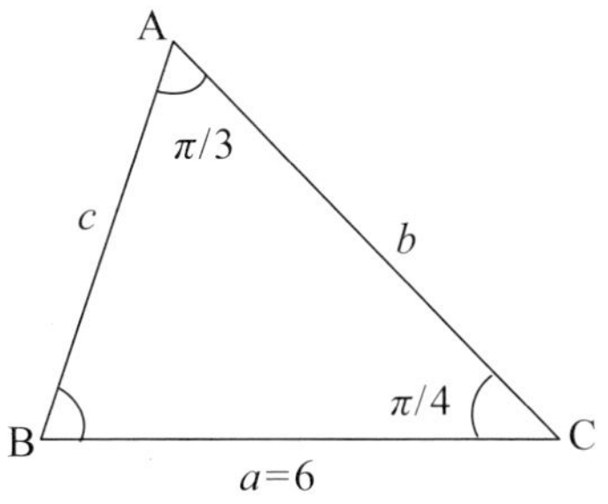

図 3-9

(2) 余弦定理

$$\begin{cases} a^2 = b^2 + c^2 - 2bc\cos A \\ b^2 = a^2 + c^2 - 2ac\cos B \\ c^2 = b^2 + a^2 - 2ba\cos C \end{cases} \quad (3.12)$$

例題 3. 2　余弦定理を証明せよ。

解　$a^2 = b^2 + c^2 - 2bc\cos A$ を証明する。

△ABC(**図 3-10**)において、B より下した垂線を BH とする。

$c^2 - AH^2 = BH^2 = a^2 - CH^2$

$AH = c\cos A$　　$CH = b - c\cos A$

$\therefore\ c^2 - (c\cos A)^2 = a^2 - (b - c\cos A)^2$

$\therefore\ a^2 = b^2 + c^2 - 2bc\cos A$

同様に他の 2 式も証明できる。各自証明してみよ。

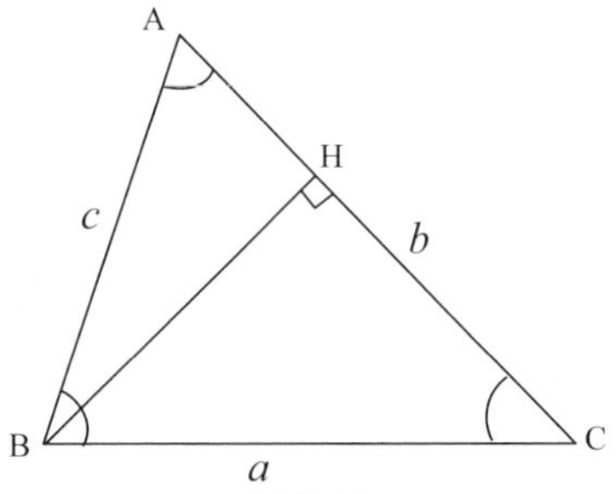

図 3-10

問 3. 7　**図 3-11** の三角形において、∠A, ∠C, b を求めよ。ただし、∠B＝45° である。

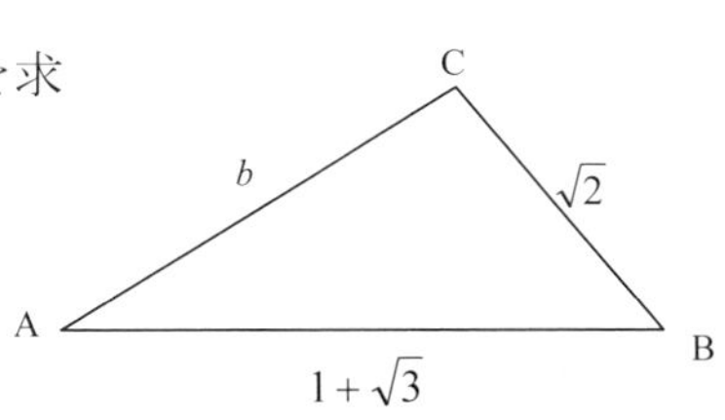

図 3-11

(3) 加法定理

三角関数の最も基本的な定理で、三角関数の多くの公式はこの定理から導出できる。

$$\sin(\alpha \pm \beta) = \sin\alpha\cos\beta \pm \cos\alpha\sin\beta \quad (3.13a)$$

$$\cos(\alpha \pm \beta) = \cos\alpha\cos\beta \mp \sin\alpha\sin\beta \quad (3.13b)$$

例題 3. 3　加法定理、式(3.13)を証明せよ。

解　式(3.13b)の証明：加法定理はいくつかの証明法がある。また式(3.13)のいずれか一つを証明すれば、他はそれから派生的に証明される。

図 3-12 により、半径 1 の円周上に x 軸の正方向を始線として次の点をとる。始線上に A 点、正方向に角 β に D 点、D 点からさらに正方向に角 α に B 点、A 点から角 $-\alpha$ に C 点をとると、各点の座標は三角関数の定義により次で与えられる。

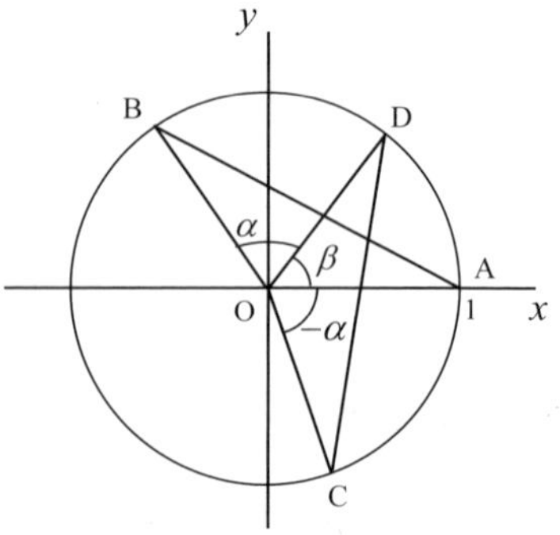

図 3-12

$$\mathrm{A}(1,0),\ \mathrm{B}\left(\cos(\alpha+\beta),\sin(\alpha+\beta)\right),\ \mathrm{C}\left(\cos(-\alpha),\sin(-\alpha)\right),\ \mathrm{D}\left(\cos\beta,\sin\beta\right)$$

原点を O として、△AOB と△COD は合同、$\therefore \mathrm{AB}=\mathrm{CD}\quad \therefore \mathrm{AB}^2=\mathrm{CD}^2$

$$\mathrm{AB}^2=\left(\cos(\alpha+\beta)-1\right)^2+\sin^2(\alpha+\beta)=2-2\cos(\alpha+\beta)$$

$$\mathrm{CD}^2=\left(\cos\beta-\cos(-\alpha)\right)^2+\left(\sin\beta-\sin(-\alpha)\right)^2=2-2\left(\cos\alpha\cos\beta-\sin\alpha\sin\beta\right)$$

$$\therefore \cos(\alpha+\beta)=\cos\alpha\cos\beta-\sin\alpha\sin\beta$$

となる。β を $-\beta$ とおけば、

$$\therefore \cos\left(\alpha+(-\beta)\right)=\cos\alpha\cos(-\beta)-\sin\alpha\sin(-\beta)=\cos\alpha\cos\beta+\sin\alpha\sin\beta$$

となり、式(3.13b)が証明される。式(3.13a)は次のように証明される。式(3.9)から

$$\sin(\alpha+\beta)=\cos\left(\frac{\pi}{2}-(\alpha+\beta)\right)=\cos\left(\left(\frac{\pi}{2}-\alpha\right)-\beta\right)$$

$$=\cos\left(\frac{\pi}{2}-\alpha\right)\cos\beta+\sin\left(\frac{\pi}{2}-\alpha\right)\sin\beta=\sin\alpha\cos\beta+\cos\alpha\sin\beta$$

β を $-\beta$ とおけば、

$$\sin(\alpha-\beta)=\sin\alpha\cos(-\beta)+\cos\alpha\sin(-\beta)=\sin\alpha\cos\beta-\cos\alpha\sin\beta$$

以上の正弦関数及び余弦関数に関する加法定理から、次の正接に関する加法定理が得られる。

$$\tan(\alpha\pm\beta)=\frac{\tan\alpha\pm\tan\beta}{1\mp\tan\alpha\tan\beta} \tag{3.14}$$

ただし、$\alpha\pm\beta$、α、β の三角関数で割るときは、その関数値は零でないとする(証明は演習問題 3.4)。

問 3. 8　$\sin 2\alpha$ を $\sin\alpha$ 及び $\cos\alpha$ を用いて表せ(倍角の公式)。

(4) 和を積に直す公式

加法定理より次の式を導くことができる。

$$\sin A+\sin B=2\sin\left(\frac{A+B}{2}\right)\cos\left(\frac{A-B}{2}\right) \tag{3.15a}$$

$$\sin A-\sin B=2\cos\left(\frac{A+B}{2}\right)\sin\left(\frac{A-B}{2}\right) \tag{3.15b}$$

$$\cos A+\cos B=2\cos\left(\frac{A+B}{2}\right)\cos\left(\frac{A-B}{2}\right) \tag{3.15c}$$

$$\cos A-\cos B=-2\sin\left(\frac{A+B}{2}\right)\sin\left(\frac{A-B}{2}\right) \tag{3.15d}$$

加法定理式(3.13a)より

$$\sin(\alpha+\beta)+\sin(\alpha-\beta)=2\sin\alpha\cos\beta \tag{3.16a}$$

$A=\alpha+\beta$、$B=\alpha-\beta$ とおくと $\alpha=\dfrac{A+B}{2}$、$\beta=\dfrac{A-B}{2}$ であり、式(3.15a)を得る。

$$\sin(\alpha+\beta)-\sin(\alpha-\beta)=2\cos\alpha\sin\beta \tag{3.16b}$$

$A=\alpha+\beta$、$B=\alpha-\beta$ とおくと $\alpha=\dfrac{A+B}{2}$、$\beta=\dfrac{A-B}{2}$ であり、式(3.15b)を得る。

一方余弦の加法定理から

$$\cos(\alpha+\beta)+\cos(\alpha-\beta)=2\cos\alpha\cos\beta \tag{3.16c}$$

$$\cos(\alpha+\beta)-\cos(\alpha-\beta)=-2\sin\alpha\sin\beta \tag{3.16d}$$

となり、同様の方法で式(3.15c,d)を導出できる(演習問題 3.8)。

(5) 積を和に直す公式

この公式は既に式(3.16a, b, c, d)として求められている。以下にまとめておく。

$$\sin\alpha\cos\beta=\frac{1}{2}\left[\sin(\alpha+\beta)+\sin(\alpha-\beta)\right]$$

$$\cos\alpha\sin\beta=\frac{1}{2}\left[\sin(\alpha+\beta)-\sin(\alpha-\beta)\right]$$

$$\cos\alpha\cos\beta=\frac{1}{2}\left[\cos(\alpha+\beta)+\cos(\alpha-\beta)\right]$$

$$\sin\alpha\sin\beta=\frac{-1}{2}\left[\cos(\alpha+\beta)-\cos(\alpha-\beta)\right]$$

(6) 倍角の公式

問3.8及び演習問題3.6参照。ここでは結果のみを示す。

$$\sin 2\alpha = 2\sin\alpha\cos\alpha$$

$$\cos 2\alpha = \cos^2\alpha - \sin^2\alpha = 1 - 2\sin^2\alpha = 2\cos^2\alpha - 1$$

$$\tan 2\alpha = \frac{2\tan\alpha}{1-\tan^2\alpha}$$

(7) 半角の公式

$$\sin^2\alpha = \frac{1}{2}\left(-\cos 2\alpha + 1\right)$$

$$\cos^2\alpha = \frac{1}{2}\left(\cos 2\alpha + 1\right)$$

$$\sin\frac{\alpha}{2} = \pm\sqrt{\frac{1-\cos\alpha}{2}}$$

$$\cos\frac{\alpha}{2} = \pm\sqrt{\frac{1+\cos\alpha}{2}}$$

問 3.9　プトレマイオスの定理*を用いて加法定理を導け。

*プトレマイオスの定理（**図 3-13**）

円に内接する四角形ABCDにおいて、

AB・CD + AD・BC = AC・BD

が成り立つ。

証明：B より∠ABD ＝ ∠EBC となるように補助線 BE を引く。

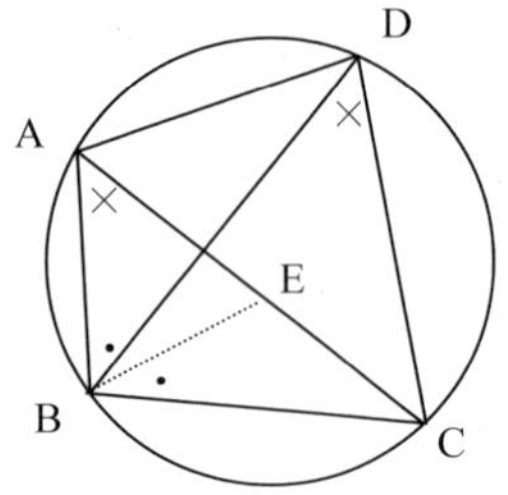

図 3-13

$$\triangle ABE \backsim \triangle DBC \quad \therefore \frac{AB}{AE} = \frac{BD}{CD}$$

$$\therefore AB \cdot CD = AE \cdot BD \qquad (1)$$

同様に

$$\triangle ABD \backsim \triangle EBC \quad \therefore \frac{AD}{BD} = \frac{EC}{BC} \quad \therefore AD \cdot BC = EC \cdot BD \qquad (2)$$

(1)、(2)より、AB・CD + AD・BC = AC・BD

【演習問題】

3. 1　次の角をもつ動径を描き（x 軸の正部分を始線とする）、sin, cos, tan を求めよ。

1）$\dfrac{2\pi}{3}$　2）$\dfrac{7\pi}{6}$　3）$\dfrac{5\pi}{4}$　4）$\dfrac{11\pi}{6}$　5）$\dfrac{-2\pi}{3}$　6）$-\pi$

3. 2　次の式を計算せよ。ただし逆三角関数の値として主値を考える。

1）$\tan^{-1}\sqrt{3} + \cos^{-1}\dfrac{1}{2}$　2）$\sin^{-1}\dfrac{1}{\sqrt{2}} + \sin^{-1}\dfrac{1}{2}$　3）$\tan^{-1}\dfrac{1}{\sqrt{3}} + \sin^{-1}\left(\dfrac{-\sqrt{3}}{2}\right)$

3. 3　次の式を証明せよ。ただし逆三角関数の値として主値を考える。

$$\sin^{-1}x + \cos^{-1}x = \frac{\pi}{2}$$

3. 4　正接に関する加法定理、式(3.14)を導け。

3. 5　次の角の sin, cos, tan を求めよ。

1）$\dfrac{7\pi}{12}$　2）$\dfrac{5\pi}{12}$　3）$\dfrac{\pi}{12}$

3. 6　$\cos 2\alpha$, $\tan 2\alpha$ を $\sin\alpha$, $\cos\alpha$, $\tan\alpha$ を用いて表せ。

3. 7　$\sin 3\alpha$, $\cos 3\alpha$, $\tan 3\alpha$ を $\sin\alpha$, $\cos\alpha$, $\tan\alpha$ を用いて表せ。

3. 8　式(3.15c, d)を導出せよ。

3. 9　三角形の三辺の長さを a, b, c とするとき、面積 S は

$$S = \sqrt{l(l-a)(l-b)(l-c)}$$

であらわされる。ただし

$$l = \frac{a+b+c}{2}$$

である。これをヘロンの公式という。

ヘロンの公式を余弦定理を用いて証明せよ。

3. 10　△ABC の三辺の長さを a, b, c とするとき、次の三角形の面積と $\sin A$ を求めよ。ただし三角形の辺と角の対応は対角関係（図 3-6 と同じ）にあるとする。

1）a, b, c がそれぞれ 3, 4, 5 のとき

2）a, b, c がそれぞれ 5, 6, 7 のとき

4章　指数関数と対数関数

いんとろ4　指数や対数はどんなときに使うと便利なの?

先生：みんな、宇宙の果てまでの距離はどのくらいか知っているかい。
翔太：はい、約150億光年です。光年って光が1年間に進む距離だよ。
まり：何キロメートルぐらいなのかな。
りさ：計算してみよう。光は1秒間に約30万km進み、1年は365日として、1日は24時間、1時間は3600秒だから、300000×365×24×3600だから、約9460000000000 kmです。
先生：よく計算できたな。だけどこんなに0の数が多いと間違えやすいよな。そこでこのように大きな数を表すとき指数を使って9.46×10^{12}と書くと便利だよ。10^{12}の右上に書いた12を指数というんだよ。みんなが化学で習うアボガドロ数は約602000000000000000000000だけど、これでは0が多くて間違いやすいよな。そこで、6.02×10^{23}と書けば解りやすいだろ。
まり：とても小さな数も指数で表さられるんですか。
先生：表さられるよ。例えば、0.0000000002は2×10^{-10}だよ。1より小さい数は、指数に−記号をつけて表すことができるよ。またこの章で勉強するように、計算も楽になるよ。
翔太：対数はどんなときに使うのですか。
先生：対数も大きな数や小さな数を表すときにとても便利だよ。またこの世の中で起きるいろいろなことは、指数や対数を使うと解りやすく表現できることが多いんだよ。これについては、この章や11章の微分方程式で勉強しよう。

4.1　この世のスケール

皆さんが生活しているこの世界には、実に様々な物が存在している。皆さんが日常見たり触ったりする動物、植物、鉱物を始め、自然に存在する物から、自然界にはもともと存在しない、人が作り出した物等、数え上げれば限がないほどである。しかしこれらの物全ては原子と呼ばれる小さな粒子で構成されている。しこもその原子の種類は高々100程度である。その原子のいろいろな数や組み合わせの仕方で、あらゆる物質が作り出されているのである。さらにその原子は、これまた例外なく、主にさらに小さな粒子である陽子、中性子、電子で構成されている。即ちこの世の中の物は、主にたった3種類の小粒子で構成されているといえる。陽子や中性子はさらに小さな粒子で構成されているが、ここではそれには踏み込まない。即ちこの世界は微小な粒子から、宇宙全体まで様々な大きさの物で構成されている。その広がりはほぼ10^{-18}mから10^{27}mにおよぶ(図 4-1)。さらにこの世界の広がりは、大きさだけでなく

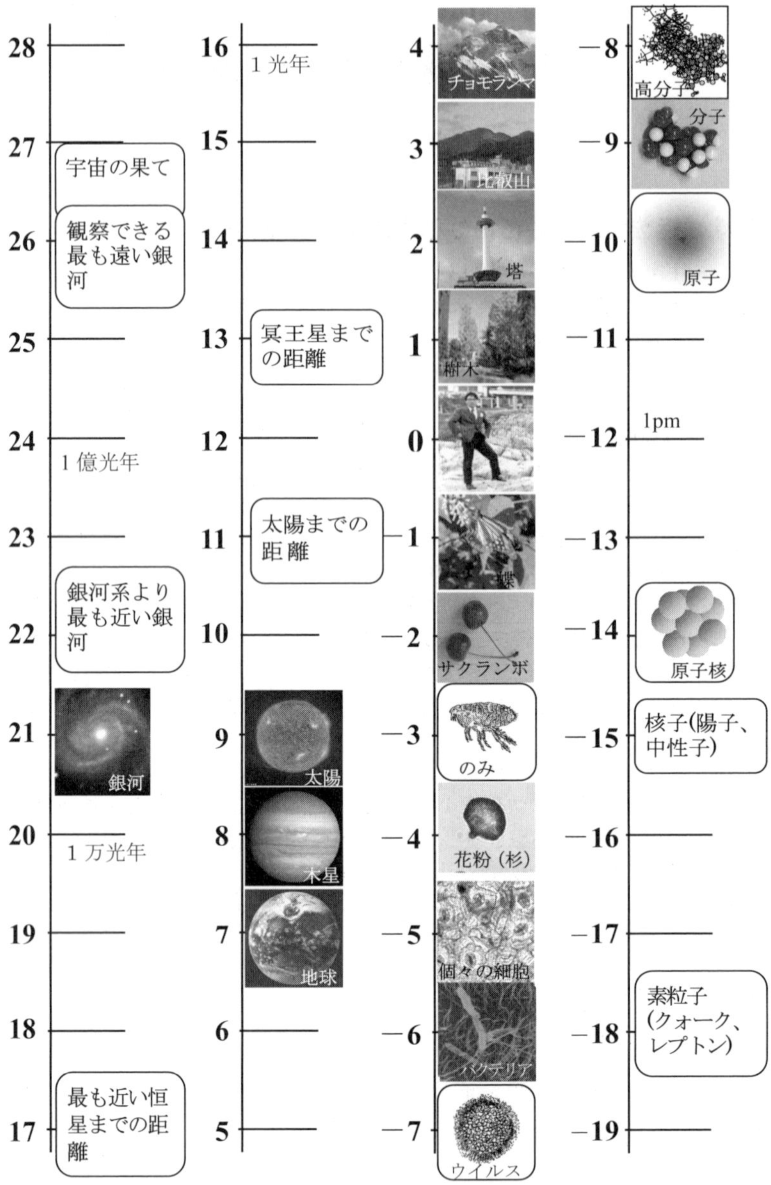

図 4-1 この世界の構成物の大きさあるいは距離 d, 数字は $\log(d/\mathrm{m})$
松本孝芳著『バイオサイエンスのための物理化学入門』(丸善、2005)より転載（一部変更）
地球、木星、太陽、銀河：NASA, National Space Science Data Center, Photo Galleryより転載

数にも及んでいる。例えば皆さんが毎日飲む水を考えよう。水は水分子の集合体であり、水分子(H_2O)は2個の水素原子と1個の酸素原子が組み合わされてできている。それでは盃いっぱいの水、約18gの中にどの程度の水分子が含まれているであろうか。答えは約6×10^{23}個である。10^{23}という数字は尋常の大きさではない。1の次に 0 が

23 個つながった数である。この大きさがどの程度であるか実感できないが、現在の世界の人口は約 60 億人程度である。60 億＝6×10^9 であるから、それの 10^{14} 倍であることを思えば、10^{23} がいかに大きい数であるか、少しは実感できるかもしれない。

皆さんの住む世界が、このように広範なスケールの世界であるから、皆さんは日常生活、また仕事において、どうしてもこのように小さなあるいは大きな量を扱う機会に出くわすことになる。このような数を表記し、扱うためには指数や対数が不可欠である。

4.2　指数

$a>0,\ b>0$ のとき、任意の実数 $p,\ q$ 対して、次の指数法則が成り立つ。

1）$a^pa^q=a^{p+q}$　　2）$\left(a^p\right)^q=a^{pq}$　　3) $(ab)^p=a^pb^p$

4）$\dfrac{a^p}{a^q}=a^{p-q}$　　5）$\left(\dfrac{a}{b}\right)^p=\dfrac{a^p}{b^p}$

$a^p=\overbrace{a\cdot a\cdot a\cdots a}^{p}$ を a の累乗あるいは冪乗といい、a を底(てい)といい、p を指数という。特に a^2 を a の平方、a^3 を a の立方ということもある。指数法則の基本は、上記の 1)～3) で 4) と 5) はそれぞれ 1) と 3) から導出できる。

上記の指数法則は、$p,\ q$ を自然数(正の整数)から、0、負の整数及び分数、即ち有理数へ拡張され、さらに無理数へ拡張される。従って上記の指数法則は、指数が任意の実数で成り立つ。

i) 指数が自然数のとき：

指数を m, n で表す。

1）$a^m=\overbrace{a\cdot a\cdot a\cdots a}^{m},\quad a^n=\overbrace{a\cdot a\cdot a\cdots a}^{n}$

であるから、$a^ma^n=\overbrace{a\cdot a\cdots a}^{m}\cdot\overbrace{a\cdot a\cdots a}^{n}=a^{m+n}$

2）$\left(a^m\right)^n=\overbrace{\overbrace{a\cdot a\cdots\cdot a}^{m}\cdot\overbrace{a\cdot a\cdots\cdot a}^{m}\cdots\overbrace{a\cdot a\cdots\cdot a}^{m}}^{n}=a^{mn}$

となる。

3）$(ab)^m=\overbrace{ab\cdot ab\cdots ab}^{m}=\overbrace{a\cdot a\cdots a}^{m}\cdot\overbrace{b\cdot b\cdots b}^{m}=a^mb^m$

等と、指数法則が成り立つことが示される。

ii）指数が 0、負数あるいは分数のとき、即ち有理数へ拡張:

$a^m a^{-m} = a^{m-m} = a^0$　であるから、$a^{-m} = \dfrac{a^0}{a^m}$ となる。

ここで

$$a^0 = 1$$

と定める。すると

$$a^{-m} = \frac{1}{a^m}$$

となる（a^{-m} の定義）。分数乗については、

$$\left(a^{1/n}\right)^n = a^1 = a$$

であるから、$a^{1/n}$ は n 乗すると a になる数で a の n 乗根といい、$a^{1/n} = \sqrt[n]{a}$ と書く。a の n 乗根を総称して a の累乗根という。特に 2 乗根を平方根、3 乗根を立方根ともいう。n を奇数、偶数に分けて考えれば、

1）n が奇数のとき：例えば $a^3 = 8$ とすれば、$a = \sqrt[3]{8} = 2$、即ち 2 は 8 の 3 乗根である。$a^3 = -8$ とすれば、$a = \sqrt[3]{-8} = -2$、故に–2 は–8 の 3 乗根である。即ち a の正負に依らず a の n 乗根は一つ決まる。これを $\sqrt[n]{a}$ と表す。

2）n が偶数のとき:例えば $a^4 = 16$ とすれば、この式を満たす a は正負 1 つずつあり、正の方を $\sqrt[4]{16}$、負の方を $-\sqrt[4]{16}$ で表す。故に+2 及び–2 は 16 の 4 乗根である。4 乗して–16 になる数は実数の範囲にはないから、–16 の 4 乗根はない。即ち、$a>0$ のとき、a の n 乗根は 2 つあり、正の方を $\sqrt[n]{a}$、負の方を $-\sqrt[n]{a}$ と表す。$a<0$ のときは a の n 乗根は存在しない。

$a>0$ のとき、指数を任意の有理数 $\dfrac{m}{n}$ へ拡張でき $a^{m/n} = \left(\sqrt[n]{a}\right)^m = \sqrt[n]{a^m}$ となる。また $a^{-m/n} = \dfrac{1}{\sqrt[n]{a^m}}$ となる。

例題 4. 1　指数が有理数のとき、指数法則 2) が成り立つことを示せ。

解　自然数 m, n, k, l を用いて、指数を $m/n, k/l$ で表す。

$$\left(a^{m/n}\right)^{k/l} = \sqrt[l]{\sqrt[n]{a^m}^{\,k}} = \sqrt[ln]{a^{mk}} = a^{mk/nl}$$

問 4. 1　次の指数法則が成り立つことを示せ。

1）$a^{m/n} a^{k/l} = a^{m/n+k/l}$　　　2）$(ab)^{m/n} = a^{m/n} b^{m/n}$

iii）指数が無理数である場合へ拡張：

無理数は整数の分数では表せないので、次のように考える。無理数 x は次のように循環しない無限小数で表されるが、有限小数で近似する。

$a>0$ として a^x を考えよう。例えば $x=\sqrt{2}=1.414213562\cdots$ とすると、r を有理数として $a^{\sqrt{2}}$ を次のように a^r で近似する。

$$a^1,\ a^{1.4},\ a^{1.41},\ a^{1.414},\ a^{1.4142},\cdots a^{1.414213562},\cdots\ a^r,\cdots$$

r が限りなく $\sqrt{2}$ に近づくとき、a^r は限りなく $a^{\sqrt{2}}$ に近づく。この極限値を $a^{\sqrt{2}}$ と定める。このようにして指数は全ての実数へ拡張され、指数法則はすべての実数指数で成立することになる。

問 4.2　次の値を求めよ。

1）$8^{\frac{2}{3}}$　　2）$32^{\frac{2}{5}}$　　3）$\left(\sqrt{64}\right)^{\frac{1}{3}}$　　4）$\left(8^{\frac{1}{6}}\right)^{-2}$　　5）$\left(\sqrt{4}\right)^{\frac{1}{2}}$

問 4.3　次の式を a^p あるいは $a^p b^q$ の形にせよ。ただし $a>0$、$b>0$ とする。

1）$\sqrt[3]{a}\sqrt{a}$　　2）$\left[\sqrt{\sqrt[5]{a^{10}}}\right]^{-1}$　　3）$\dfrac{\sqrt[5]{a}}{\sqrt[5]{a^4}}$　　4）$\dfrac{\left(a^2b^3\right)^2\times\left(ab^2\right)^2}{a^2b^5}$

5）$\sqrt{a^3b}\times\sqrt[4]{a^2b^3}$

4.3　指数関数のグラフ

a を 1 でない正の数とする。

$$y=a^x \tag{4.1}$$

を、指数関数といい、a をこの関数の底という。定義域は、x は $-\infty$ から ∞ の実数値を、y は正の実数値をとる。式(4.1)から、a の値に関わらず、$x=0$ で $y=1$ 及び $x=1$ で $y=a$ であるから、式(4.1)のグラフは(0, 1)及び(1, a)を通る。**図 4-2** に示されるように、$y=a^x$ のグラフは、$a>1$ のとき x の増加と共に y は単調に増加する。また、x が負になると限りなく 0 に近づく。$a<1$ のとき、x の増加ととともに y は単調に減少し、限りなく 0 に近づく。いずれの場合も x 軸が漸近線になる。

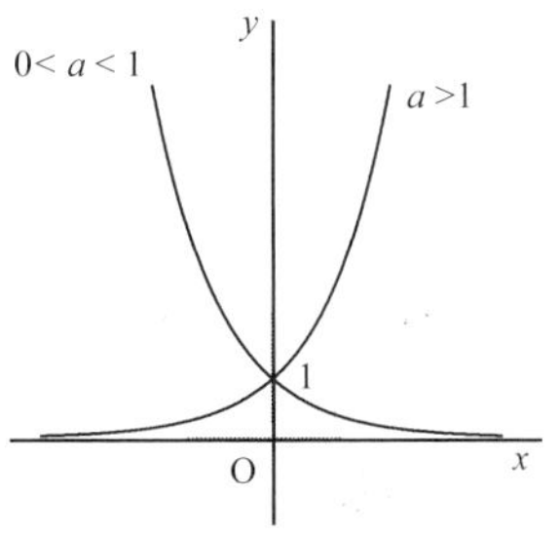

図 4-2

例題 4.2　次の数の大小関係を示せ。$\sqrt[3]{9}$, $\sqrt[4]{27}$, $\sqrt[5]{81}$

解　$\sqrt[3]{9}=3^{2/3}$, $\sqrt[4]{27}=3^{3/4}$, $\sqrt[5]{81}=3^{4/5}$,　$y=3^x$ は単調増加関数で $\frac{2}{3}<\frac{3}{4}<\frac{4}{5}$、だから、$\sqrt[3]{9}<\sqrt[4]{27}<\sqrt[5]{81}$

問 4.4　グラフ用紙に次のグラフを描け。

1）$y=2^x$　　2）$y=5^x$　　3）$y=0.2^x$

ここで特別な指数関数を考えよう。**図 4-3** には、いろいろな a の値について、$y=a^x$ のグラフを示す。そこで $y=a^x$ 上の点(0,1)での接線の勾配がちょうど1になるような関数を考えよう。この接線の式は $y=x+1$ である(図の実直線)。**図 4-3** に示すように底 a の値を適当に調節し、図を描けば、その値が $2<a<3$ にあることが解る(7.3 参照)。この底を e と表す。この e はネピア(Napier)の数あるいはオイラーの数と呼ばれ、数学では円周率 π と同様に特別な数である。e は次のように循環しない無限小数で表される無理数である。

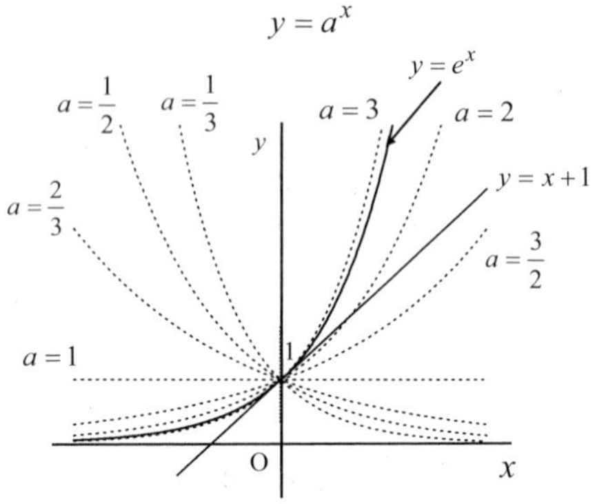

図 4-3

$$e=\lim_{n\to\infty}\left(1+\frac{1}{n}\right)^n$$

$$=2.718281828459045235360287471352 66\cdots$$

e を底とする指数関数 $y=e^{kx}$（k は定数)は、後で微分、積分あるいは微分方程式の項で重要になる。

4.4　対数と対数関数

$$p=a^x \quad (a\text{は1でない正の数、}x\text{は実数}, \therefore p>0)$$

という指数表記に対し、p の対数を

$$x=\log_a p \tag{4.2}$$

と表記する。ここで、x を a を底とする p の対数といい、p を真数という。従って真数は必ず正である。

ここで対数法則について述べよう。

$a=a^1$ であるから、$\log_a a=1$，$1=a^0$ であるから、$\log_a 1=0$ である。
そこで $a>0$，$a\neq 1$，$p>0$，$q>0$ に対し、次の対数法則が成り立つ。

$$\log_a pq=\log_a p+\log_a q \tag{4.3}$$

$$\log_a \frac{p}{q}=\log_a p-\log_a q \tag{4.4}$$

$$\log_a p^q=q\log_a p \tag{4.5}$$

これらの対数法則は全て指数法則から導くことができる。

例題 4. 3　式(4.3)を証明せよ。

解　$x=\log_a p$　$y=\log_a q$ とおくと、

$p=a^x$，$q=a^y$

$\therefore\ pq=a^x a^y=a^{(x+y)}$

対数に直して、

$x+y=\log_a pq=\log_a p+\log_a q$

底の変換に関して、次の式が成り立つ。

$$\log_p q=\frac{\log_a q}{\log_a p} \tag{4.6}$$

問 4. 5　式(4.4)、式(4.5)を証明せよ。

問 4. 6　式(4.6)を証明せよ。

底が 10 の対数を常用対数といい、一般に $\log_{10} x$ あるいは底の 10 を省略して単に $\log\ x$ と書く(当教科書でも特に底を記さないときは、$\log x$ は常用対数を表す)。底が e の対数を自然対数といい、$\log_e x$ あるいは $\ln x$ とかく(本によっては自然対数を $\log x$ と書く場合があるので注意すること。ln は natural logarithm の意、ln の n は Napier の n という説もある)。常用対数は十進法に基づいているので、日常の使用に便利である。一方自然対数は、自然現象を対象とする解析に便利であり、物理や化学、生物学等で多用される。式(4.6)を用いて、自然対数を常用対数に直してみよう。

$$\ln x=\log_e x=\frac{\log_{10}x}{\log_{10}e}\fallingdotseq 2.303\log_{10}x$$

となる。

問 4. 7　次の指数を対数に、対数を指数に変換せよ。

1) $16=2^4$　　2) $81=3^4$　　3) $8=\log_2 y$　　4) $ab=\log_c d$

問 4. 8　次の値を求めよ。必要なら $\log_{10}2=0.3010$, $\log_{10}3=0.4771$ とせよ。

1) $\log_{10}6$　2) $\log_{10}5$　3) $\log_{10}\left(\frac{4}{27}\right)$　4) $\log_{3}5$　5) $\log_{4}\left(\frac{1}{16}\right)$

問 4. 9　60億及び600兆を越える最初の2のべき乗はいくつか。

4.5　対数の性質

図 4-4 を見よう。上の数直線状には0から1, 2, 3…10, 100と順番にその位置が示されている。ただし10以上は、多分この紙面からはみ出してしまうであろうから、長さを省略して記してある。また1より小さい数値も示されているが、その位置は多分0.1がどうにか識別できる程度で、それ以下の数値は0点に近すぎて、識別不可能である。

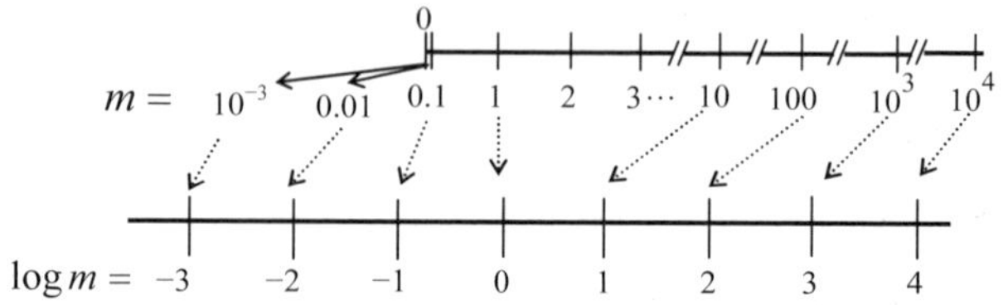

図 4-4

一方、下の数直線状には、上の数直線の数値と対応させて、対数でそれらの位置が示されている。log 1は0であり、0より大きい数値は、$\log 10=1$, $\log 100=2$, $\log 1000=3\cdots$とかなり大きな数まで、この紙面上に表示できる。さらに0より小さい数値も、$\log 0.1=-1$, $\log 0.01=-2$, $\log 0.001=-3\cdots$と、対数直線状に明白に表示でき、このように小さな数値の位置も明確に識別できる。即ち対数では、大きな数が圧縮され、小さな数が拡大されて表示される。従って、広範囲に及ぶ現象をある限られた領域で認識(感知)するためには、指数及び対数スケールに変換することが便利である。

4.6　対数関数のグラフ

指数関数と対数関数はお互いに逆関数の関係にある。指数関数

$$y=a^x$$

の逆関数は $x=a^y$ である。これを対数を使って

$$y=\log_a x$$

とかく。

図 4-5 には $a>1$ の場合の $y=a^x$ と $y=\log_a x$ のグラフを示す。両者はお互いに逆関数であるから、$y=x$ に対して対称になる。

図 4-6 には、$a>1$ 及び $0<a<1$ に対する $y=\log_a x$ のグラフを示す。このグラフは丁度 図 4-2 に示した $y=a^x$ のグラフにおいて、y 軸と x 軸を入れ替えたグラフになっている。

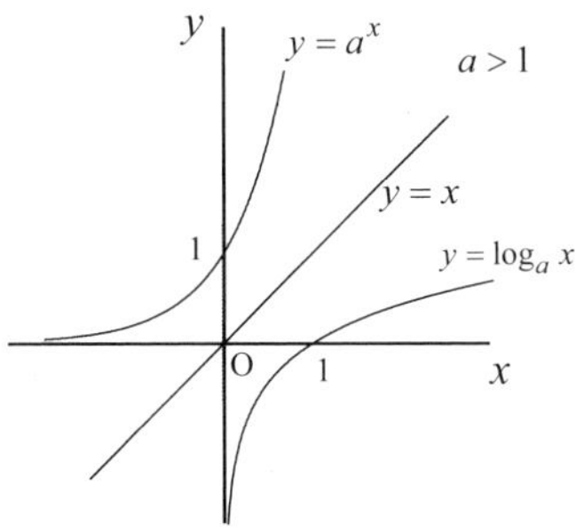

図 4-5

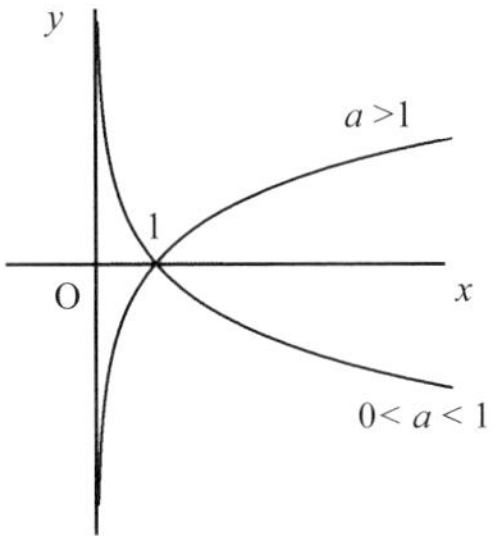

図 4-6

対数の特徴であるが、このグラフの特徴は、x が大の領域では y の変化の程度が小さく、x の小さい領域では、y の変化が大きくなっていることである。即ち、x が大の領域では y の変化が縮小されて表示され、x の小さい領域では、y の変化が拡大されて表示されていることになる。これは x がきわめて広い範囲で変化するときの表示に便利である。前述のように、この世界で起きている現象は、きわめて広範なスケールに及ぶので、主にそれらの現象を扱う自然科学では頻繁に対数表示が用いられる。その為に、真数を表示すればそのまま対数表示になる便利なグラフ用紙が多用される。

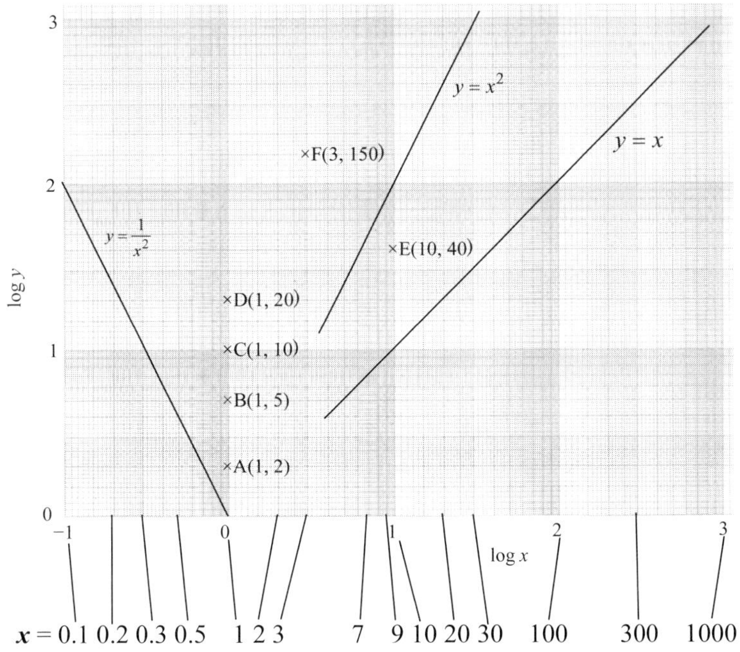

図 4-7

図 4-7 には y 軸(縦軸)は 3 桁、x 軸(横軸)は 4 桁の両対数グラフ用紙を示す。図には常用対数で $\log y$ は 0〜3 まで、$\log x$ は–1〜3 までとしている。これらの軸の範囲は

自由に選べる（例えば縦軸を 1～4 としてもよい）。横軸には真数 x の幾つかの値も示してある。例えば $x=2$ の位置がそのまま $\log 2 = 0.3010$ の位置となる。また参考のために図中に A から F までの点の位置を示してある。

問 4. 10　両対数グラフ用紙上に次の点 (x, y) を示せ。

1）(1, 1)　2）(0.1, 3)　3）(0.6, 300)　4）(20, 100)　5）(0.2, 250)

例題 4. 4　次の式のグラフを記せ。

1）$y = x$　2）$y = x^2$　3）$y = \dfrac{1}{x^2}$

解　図 4-7 に示す。1）勾配 1 で (1, 1) を通る直線、2）勾配 2 で (1, 2) を通る直線、3）勾配−2 で (−1, 2) を通る直線

問 4. 11　次の式のグラフを記せ。

1）$y = 5x$　2）$y = 2x^2$　3）$y = \dfrac{100}{x}$　4）$y = 2\sqrt{x}$

【演習問題】

4.1　次の計算をせよ。

1）水 180 ml に含まれる水分子、水素原子及び酸素原子の概数を求めよ。

2）1 光年及び 150 億光年をメートル（m）単位で表せ（概数でよい）。

4.2　次の値を求めよ。

1）$\sqrt[4]{16}^5$　2）$\sqrt[4]{81}^6$　3）$100^{-1.5}$　4）$\sqrt[3]{\sqrt[4]{5}\times\sqrt{5}}$　5）$\dfrac{\sqrt{3\times\sqrt[3]{3}}}{\sqrt[3]{9}}$

4.3　a^p を a^p と表すとき、次の値を求めよ。

1）(2^3)^2　2）2^(3^2)　3）((2^2)^2)^2　4）2^(2^(2^2))

4.4　次の式を $a^p b^q$ ‥の形に表せ。

1）$\dfrac{\sqrt{a^4b^5}\times\sqrt[3]{a^5b^2}}{\sqrt[3]{a^2b^5}}$　2）$\dfrac{\sqrt{ab}\times\sqrt[3]{a^2b}}{\sqrt{a^3b^2}}$　3）$\dfrac{\sqrt[3]{a^2b}\times\sqrt{abc^3}}{\sqrt[3]{a^2bc^3}}$

4.5　次の数の大小関係を示せ。

1）$\sqrt[3]{5},\ \sqrt[4]{25},\ \sqrt[7]{125}$　2）$\sqrt[3]{4},\ (0.5)^{-1/3}, (0.5)^{1/2}, \sqrt{2}$

4.6　次の方程式を解け。

1）$4^x-4\cdot 2^x=-4$　2）$9^x-7\cdot 3^x=18$

4.7　次の値を求めよ。

1）$\log_2\sqrt{16}$　2）$\log_{11}121$　3）$\log_{1/2}8$　4）$\log_{1/3}81$　5）$\dfrac{\log_5 125}{\log_6 216}$

4.8　次の計算をせよ。

1）$\log_3 18+\log_3\dfrac{3}{2}$　2）$\log_2 12-\log_2 3$　3）$2\log_2 8-3\log_2 2$

4）$2\log_4\dfrac{2}{3}+2\log_4 6-\log_4\dfrac{1}{4}$　5）$\log_2 2\sqrt{2}+\dfrac{1}{3}\log_2\sqrt{8}-\dfrac{1}{2}\log_2 16$

6）$\log_2 5\times\log_5 4$　7）$\log_3 8\times\log_2 9$　8）$(\log_4 9-\log_2 3)(\log_9 4-\log_3 8)$

4.9　次の点（A~D）あるいはグラフ（E~G）を両対数グラフ用紙上に記せ。

A）(150, 90)　B）(1000, 300)　C）(0.3, 7)　D）(2, 500)

E）$y=\sqrt[3]{x}$　F）$y=\dfrac{20}{\sqrt{x}}$　G）$y=15\sqrt[4]{x}$

5章　複素数

いんとろ5　大小関係の定義できない数──虚数──

先生：1章で学んだように、複素数は虚数を用いて表される数だよ。
翔太：虚数って何だっけ。
りさ：忘れたの、虚数とは虚数単位 i を使って表される数だよ。
翔太：そーか、思い出した。i は二乗して −1 になる数だったな。
先生：そーだ、$i^2=-1$ あるいは $i=\sqrt{-1}$ だよ。みんなが日常生活で使う数は実数だよ。りんごが2つとか、ここから京都までの距離は 20 km とか、実際のものや出来事と直接関連付けられる数だよ。また2と4では4の方が大きいと大小関係がある数だよ。
まり：虚数はどうなのかなー。
先生：虚数には大小関係はないんだよ。例えば、$2i-i=i$ だけど、i は正でも負でもないんだよ。
翔太：えー、そんなことってあるのかなー。
先生：例えば i を正の数、$i>0$ としよう。両辺に正の数 i をかけても不等号の向きは不変だから、$i^2>0$ 即ち $-1>0$ となり矛盾するだろ。今度は i を負の数、$i<0$ としよう。両辺に負の数 −1 をかけると不等号の向きは逆になるから $-i>0$ となる。両辺に正の数 $-i$ をかけても不等号の向きは不変だから、$i^2>0$ 即ち $-1>0$ となり矛盾する。従って i は正の数でも負の数でもないんだよ。だから $2i\neq i$ であるが、i は正でも負でもないから $2i>i$ でも、$2i<i$ でもないんだよ。

1 章にも述べたように、我々が日常生活において出会う数は実数である。しかし何気なく過ぎていく日常生活の大本にある部分、例えば我々が生活するこの世界を奥深く理解する科学、即ち自然科学の範囲まで眼を向けると、実数だけでは十分とはいえなくなる。そこで虚数という概念が生まれ、この虚数の概念を使うことによって、多くの自然現象を基本的かつ系統的に理解し、従って実用面においても利用できるようになったと考えることが妥当である。我々は日常生活においても、眼に見えないところで虚数の恩恵を受けているのである。

5.1　虚数単位

a 及び b を実数として

$$z=a+bi \tag{5.1}$$

を複素数(complex number)と言う。ここで i は虚数単位で

$$i^2=-1 \quad あるいは \quad i=\sqrt{-1}$$

である。a を複素数 z の実部(実数部、real part)、b を z の虚部(虚数部、imaginary part)

といい、それぞれ次のように表す。

$$a = \mathrm{Re}\, z、\qquad b = \mathrm{Im}\, z$$

$i^2 = -1$ であるから、

$$(-i)^2 = \left[(-1)i\right]^2 = (-1)^2 i^2 = i^2 = -1$$

となり、実数と同じ関係が成立する。虚数単位を用いれば、0 でない全ての実数は正負を問わず、二つの平方根をもつことになる。例えば 2 の平方根は $\pm\sqrt{2}$ であり、-2 の平方根は $\pm\sqrt{-2} = \pm\sqrt{2}\,i$ となる。

複素数 $z = a + bi$ で、$b = 0$ であれば z は実数となり、$b \neq 0$ である z を虚数という。特に $a = 0$、$b \neq 0$ のとき、即ち bi（ib と書いてもよい）を純虚数と呼ぶこともある。例えば 3+2i や 5i は虚数である（1 章の 2 次方程式の解で、判別式 $D < 0$ のときの解を虚数解あるいは虚根といったことを思い出そう）。

5.2　複素数の平面表示

実数は数直線上に表すことができた。複素数 $z = a + bi$ は二つの実数 a と b で定まるのであるから、z を決めるためには平面が必要になる。複素数は **図 5-1** に示されるように、実軸と虚軸で表される平面上に表示できる。この平面を複素（数）平面あるいはガウス平面という。実軸上の単位は 1、虚軸上の単位は虚数単位 i である。従って複素数 $z = a + bi$ は図のように、実軸上に a、虚軸上に bi となる点として表し得るし、あらゆる複素数（実数、純虚数を含め）は複素平面上の一点として表示できる。複素数の 0

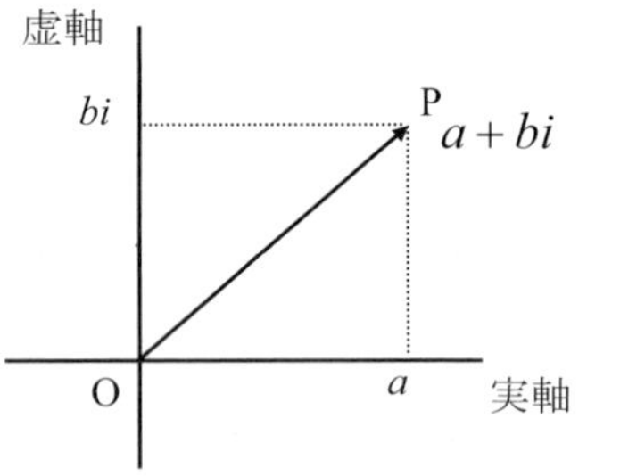

図 5-1

$$z = a + bi = 0$$

は、$a = 0$ かつ $b = 0$ で定義される。**図 5-1** では、原点 (0,0) に相当する。また複素数が等しいこと

$$a + bi = c + di \tag{5.2}$$

は $a = c, b = d$ のときのみ成り立つ。

従って一つの複素数の表し方は一義的である。また、**図 5-1** で点 P の原点からの距離を複素数 z の絶対値あるいは大きさといい次式で表す。

$$|z| = \sqrt{a^2 + b^2} \tag{5.3}$$

さてここでとらえどころのない虚数単位 i について次のように考えると、なんとな

くイメージが湧くであろう。先に-1を掛けることは反時計方向に 180° 回転させることを意味すると述べた。それと同じように **図 5-2** に示すように、$1\times i=i$ であるから、i を掛けることは、原点 O を中心として、反時計方向に 90° $(=\pi/2)$ 回転させることを意味すると考えることができる。また $i\times i=-1$ となるから、さらに 90° の回転を意味する。さらに$-1\times i=-i$, $-i\times i=-i^2=1$ となり、もとに戻ったことになる。

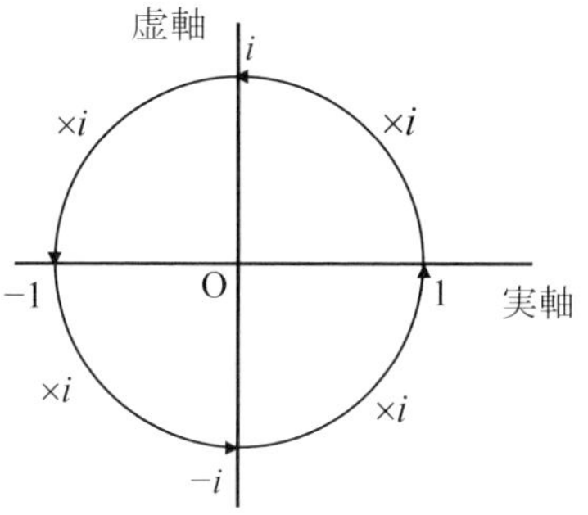

図 5-2

5.3　複素数の四則

複素数の四則計算は、普通の文字計算と同様にして、実部と虚部をそれぞれ別々に計算すると定める。このとき $i^2=-1$ を用いることに注意しなければならない。

$$(a+bi)+(c+di)=(a+c)+(b+d)i \tag{5.4}$$

$$(a+bi)-(c+di)=(a-c)+(b-d)i \tag{5.5}$$

$$(a+bi)(c+di)=(ac-bd)+(ad+bc)i \tag{5.6}$$

$$\frac{a+bi}{c+di}=\left(\frac{ac+bd}{c^2+d^2}\right)+\left(\frac{bc-ad}{c^2+d^2}\right)i \qquad \left(c^2+d^2\neq 0\right) \tag{5.7}$$

複素数 $z_1=a+bi$ 及び $z_2=c+di$ の足し算 z_1+z_2 をガウス平面上に表せば **図 5-3** のようになる。引き算は$-z_2$ を足すと考えればよい。複素数の加減計算は、後章で述べるベクトルの加減の方法と同じであることに注意しよう。

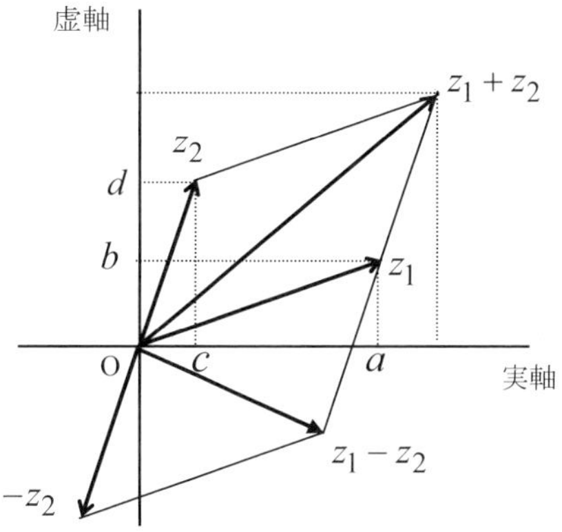

図 5-3

割り算は少し工夫を要する。分母、分子に $c-di$ 掛けて、分母に虚数が残らないようにする。即ち

$$\frac{a+bi}{c+di}=\frac{(a+bi)(c-di)}{(c+di)(c-di)}=\left(\frac{(ac+bd)+(bc-ad)i}{c^2+d^2}\right)$$

となる。

例題 5. 1　次の計算をせよ（$a+bi$ の形にする）。

1）$(2+3i)+(4-5i)$　　2）$\dfrac{1+2i}{2+i}$

解　1）式(5.4)に従い、実部と虚部を別々に求める。$(2+4)+(3-5)i=6-2i$

2）式(5.7)に従い、

$$\frac{(1+2i)}{(2+i)}\frac{(2-i)}{(2-i)}=\frac{(2+2)+(-1+4)i}{4+1}=\frac{4+3i}{5}$$

問 5.1　次の計算をせよ。

1）$(4+2i)+(3+i)$　2）$(3-5i)-(4-2i)$　3）$(6+2i)(2+3i)$

4）$\dfrac{3+2i}{4-3i}$　5）$(1+i)^2$　6）$(1-i)^2$

5.4　共役複素数

複素数$z=a+bi$に対し

$$\overline{z}=a-bi$$

とすると、z及び$\overline{z}$は互いに共役複素数あるいは単に共役という。共役複素数については次の関係が成り立つ。

$$|z|=|\overline{z}| \tag{5.8}$$

$$|z|^2=z\overline{z}=a^2+b^2 \tag{5.9}$$

である。従って式(5.7)の割り算では、分母の共役複素数を分子、分母に掛けていることに注意しよう。共役複素数は **図 5-4** に示すように、複素平面状では互いに実数軸に対し対称になる。

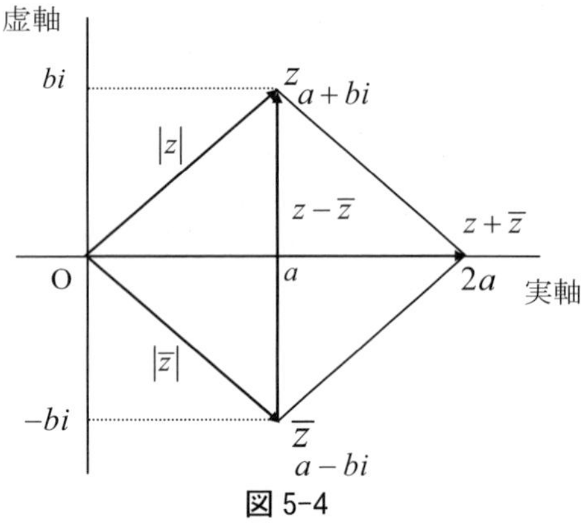

図 5-4

図 5-4 には$z+\overline{z}$及び$z-\overline{z}$もともに示している。$z+\overline{z}=2a$、$z-\overline{z}=2bi$である。

問 5.2　式(5.9)を証明せよ。

5.5　複素数の極形式表示

複素数$z=\ a+bi$を原点からの距離rと実軸（正方向）となす角θを用いて表すこともできる（**図 5-5**）。このときθを z の偏角(argument)といい、$\arg z$で表す。普通θは反時計回りを正とする。

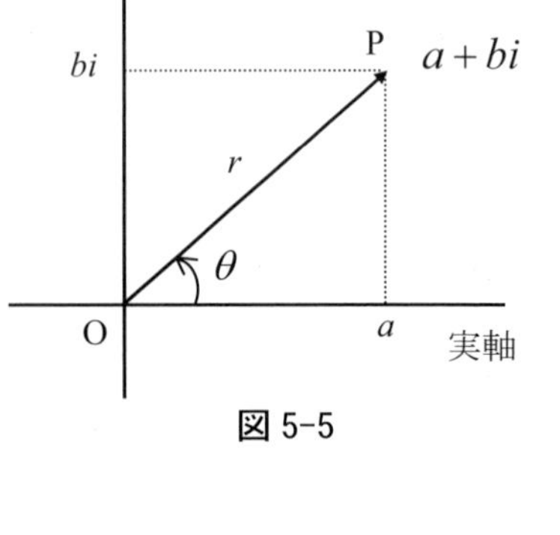

図 5-5

原点からの距離 OP はzの絶対値に等しいから

$$|z|=r=\sqrt{a^2+b^2}$$

である。従って、$\cos\theta = \dfrac{a}{r}$, $\sin\theta = \dfrac{b}{r}$であるから、

$$z = r(\cos\theta + i\sin\theta) \qquad (5.10)$$

と表すことができる。これを複素数の極形式表示という。zの偏角の一つをθとすれば、$\theta + 2n\pi \quad (\pi = 0, \pm 1, \pm 2 \cdots)$も偏角となるから、$z$の偏角は無数にあることになる。偏角を$-\pi < \theta \le \pi$の範囲で表示するとき、$\theta$を$z$の偏角の主値といい、Arg zで表すこともある。

例題 5. 2　複素数$z = 3 + \sqrt{3}\,i$を極形式で表せ。ただし偏角は主値を用いよ。

解　この複素数の絶対値は

$$|z| = r = \sqrt{9+3} = 2\sqrt{3}$$

$$\cos\theta = \frac{a}{r} = \frac{3}{2\sqrt{3}} = \frac{\sqrt{3}}{2}, \qquad \sin\theta = \frac{b}{r} = \frac{\sqrt{3}}{2\sqrt{3}} = \frac{1}{2}$$

であるから、$\theta = \dfrac{\pi}{6}$となる。故に

$$z = 2\sqrt{3}\left(\cos\frac{\pi}{6} + i\sin\frac{\pi}{6}\right)$$

問 5. 3　次の複素数を極形式表示せよ。

1）$z = i$　2）$z = 1 + i$　3）$z = 1 + \sqrt{3}\,i$　4）$z = \sqrt{3} - i$　5）$z = -1 + i$

複素数の掛け算、割り算については、極形式表示を用いると便利である。

$$z_1 = r_1(\cos\alpha + i\sin\alpha)$$

$$z_2 = r_2(\cos\beta + i\sin\beta)$$

として、

$$\begin{aligned} z_1 z_2 &= r_1 r_2 \left[\cos\alpha\cos\beta - \sin\alpha\sin\beta + i(\sin\alpha\cos\beta + \cos\alpha\sin\beta)\right] \\ &= r_1 r_2 \left[\cos(\alpha+\beta) + i\sin(\alpha+\beta)\right] \end{aligned} \qquad (5.11)$$

式(5.11)の最後の変換には、三角関数の加法定理を用いた。

次に複素数の割り算について考えよう。ここでまず$\dfrac{1}{z_2}$を求めよう。

$$\frac{1}{z_2} = \frac{1}{r_2(\cos\beta + i\sin\beta)} = \frac{\cos\beta - i\sin\beta}{r_2(\cos\beta + i\sin\beta)(\cos\beta - i\sin\beta)} = \frac{\cos\beta - i\sin\beta}{r_2\left(\cos^2\beta + \sin^2\beta\right)}$$

$$\therefore \ \frac{1}{z_2} = \frac{1}{r_2}\left[\cos(-\beta) + i\sin(-\beta)\right] \qquad (5.12)$$

従って式(5.11)を適用して、

$$\frac{z_1}{z_2} = \frac{r_1}{r_2}\left[\cos(\alpha - \beta) + i\sin(\alpha - \beta)\right] \tag{5.13}$$

となる。

$r=1$ として式(5.11)を適用して z^2 を求めると、

$$z = (\cos\alpha + i\sin\alpha) \tag{5.14}$$

$$z^2 = (\cos 2\alpha + i\sin 2\alpha) \tag{5.15}$$

となる。一般に n を正負の整数とすると次式が成り立つ。

$$(\cos\alpha + i\sin\alpha)^n = (\cos n\alpha + i\sin n\alpha) \qquad (n = 0, \pm1, \pm2\cdots) \tag{5.16}$$

これをド・モアブルの定理という。(8章参照)

例題 5. 3　n を自然数として、数学的帰納法を用いてド・モアブルの定理を証明せよ。

解　i)　$n=1$ のとき左辺＝右辺

ii)　$n=k$ のとき式(5.16)が成り立つとして、$n=k+1$ のとき成り立つことを示す。

$(\cos\alpha + i\sin\alpha)^{k+1} = (\cos\alpha + i\sin\alpha)^k(\cos\alpha + i\sin\alpha) = (\cos k\alpha + i\sin k\alpha)(\cos\alpha + i\sin\alpha)$

$= \cos k\alpha\cos\alpha - \sin k\alpha\sin\alpha + i(\sin k\alpha\cos\alpha + \cos k\alpha\sin\alpha)$

$= \cos(k+1)\alpha + i\sin(k+1)\alpha$

故に $n=k+1$ のとき成り立つ。n は負の整数でも成り立つことに注意せよ(演習問題 5.4)。

問 5. 4　ド・モアブルの定理を使って、次の計算をせよ($a+bi$ の形にする)。

1)　$(1+i)^8$　　2)　$\left(1+\sqrt{3}i\right)^7$　　3)　$\dfrac{1}{\left(1-\sqrt{3}i\right)^7}$　　4)　$\dfrac{1}{(1+i)^6}$　　5)　$\left(3+\sqrt{3}i\right)^5$

【演習問題】

5.1　次の計算をせよ。

1）$(3+2i)+(5-i)$　2）$(7-4i)-(3-2i)$　3）$(3-2i)(5+3i)$　4）$(5-3i)^2$

5）$\dfrac{3+4i}{2-3i}$

5.2　$z_1=1+3i$、$z_2=3-i$として、次の計算をせよ。

1）z_1z_2　2）$\dfrac{z_1}{z_2}$　3）$z_1-z_2^2$　4）$z_1^2+z_2$　5）$\dfrac{z_1^2}{z_2}$

5.3　z、$\overline{z}$を共役複素数とすれば、次式が成り立つことを示せ。

$\mathrm{Re}\,z=\dfrac{z+\overline{z}}{2}$　及び　$\mathrm{Im}\,z=\dfrac{z-\overline{z}}{2i}$

5.4　ド・モアブルの定理が負の整数に対しても成立することを示せ。

5.5　ド・モアブルの定理を使って、次の計算をせよ（$a+bi$の形にする）。

1）$(1-i)^{10}$　2）$\left(1+\sqrt{3}i\right)^{10}$　3）$\dfrac{1}{(1-i)^6}$　4）$\dfrac{1}{\left(\sqrt{3}-i\right)^8}$

5）$\left[2\left(\cos\dfrac{\pi}{3}+i\sin\dfrac{\pi}{3}\right)\right]^4$

5.6　ド・モアブルの定理を使って、1の3乗根（3乗すると1になる数）を求めよ。

ヒント：一般に絶対値がrの複素数のn乗根は次式で与えられる。

$$\sqrt[n]{r}\left(\cos\frac{\alpha+2k\pi}{n}+i\sin\frac{\alpha+2k\pi}{n}\right)\quad(k=0,1,2,\cdots,n-1)$$

6章　順列・組合せと数列

いんとろ6　区別できないものの組合せ

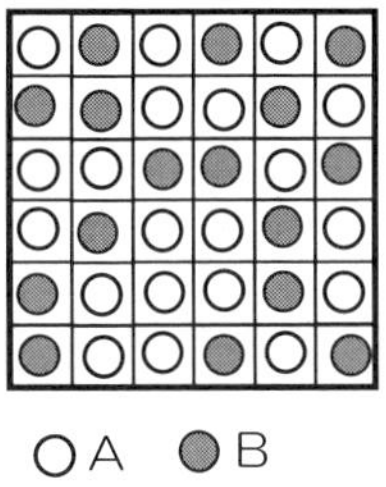

先生：p個のＡと、q個のＢ（ＡとＢは区別できるが、Ａ同士、Ｂ同士は相互に区別できないとする）を、$n(=p+q)$個の格子点に並べるときの並べ方の数 Wはいくつあるだろう。

翔太：うーん、突然では難しいなー。

りさ：それは、n個の格子点からp個選ぶ場合の数になるよね。だから、

$$W={}_nC_p=\frac{n!}{p!\,q!} \tag{i6.1}$$

です。

先生：そーだ、よく解ったね。だけどこの世の中に区別できないものってあるのだろうか。例えばりんごやみかん等も一見同じに見えるけれど、一つ一つ重さや大きさも形も色艶も異なるよな。このように同じものは一つとしてないのだけれど、日常生活ではそれらを同じものとみなしても大した問題は生じない場合もあるね。

まり：そーか、正確に言うと区別する必要がないということですね。

先生：そーだ。この世の中に多数あるもので、区別する必要のないものってなんだろう。

まり：うーん、この世のほとんどのものを構成している分子や原子はどうかな。例えば、空気を構成している酸素や窒素の分子は、異なる物質であるから区別できるし、区別する必要があるが、酸素分子同士、窒素分子同士は、特別な場合を除いて区別する必要がないよね。

先生：そーだね。これから少し数学から脱線して難しい話をしよう。式(i6.1)の Wは見方を変えれば純粋なＡと純粋なＢという物質を混合（右図）するときの混合の仕方の数に相当するだろ。ここでエントロピーという難しい概念を持ち出すことになる。

翔太：えー、エントロピーって何ですか。

先生：難しいけど、物を混ぜ合わせるときのエントロピーの変化は

$$\Delta S_{mix}=k\ln W \tag{i6.2}$$

となるんだよ。ここで kは正の定数だよ。エントロピーという量は$\ln W$ に比例して、Wが大きいほど大きくなるから、複雑さ（乱雑さ）の目安と考えればいいよ。Wに式(i6.1)を代入し、スターリングの近似 $\ln n!=n\ln n-n$ を使って、若干の計算をすれば

$$\Delta S_{mix}=-k\left(p\ln x_A+q\ln x_B\right) \tag{i6.3}$$

となるよ。ここで、

$$x_A=\frac{p}{p+q},\quad x_B=\frac{q}{p+q}$$

であり、これはそれぞれの物質の数分率に相当するね。重要なことは、$x_A<1,\ x_B<1$であるから、必ず$\Delta S_{mix}>0$となることだよ。

りさ：うーん、なんだか解らないけど、何か大切なことのようですね、先生。

先生：そーだ、エントロピーという量は、もともとは分子や原子のように、とてつもなく大きい数のものに適用するのだけれど、その考え方は日常にも応用できるのだよ。そしてこの世界はエントロピーが増加する方向に向っているんだよ。言い換えれば、ものは必ず混合（乱雑）の方向に向う（厳密には系の外のエントロピー変化も考える必要があるが、この場合は０とおける）。逆に言えば混合物からあるものを選び出すこと、あるいは広く分散して

いるものを集めることは、エントロピーを減少させることになるから、必ず仕事の形態のエネルギーが必要になるんだ。ペットボトルや古紙のリサイクル問題も、資源を大切にするという点からは推奨できるであろうが、全エネルギー的視点からは、必ずしも意図する方向ではない場合もありえるので、注意が必要だよ。広い視野から見なければいけない問題だよ。難しくてわからないか。だけどエントロピーという言葉だけでも覚えておこうね。

翔太：はーい、エントロピー、エントロピ、エントロピッピッピー。

問 i6.1　式(i6.3)を導出せよ。

6.1　順列・組合せ

1)　順　列

4個の異なる数字1, 2, 3, 4の並べ方は何通りあるであろうか。まず最初の数の選び方は1〜4までのいずれでもよいから4通りある。次は残りの3個から一つを選ぶのであるから3通りある。次は残りの2個から一つ選ぶのであるからその選び方は2通りある。最後は残った1個の数字を選ぶのであるから1通りである。即ち4個の数字の並べ方は$4\times3\times2\times1=24$通りあることになる。次に4個の数字1, 2, 3, 4から2個の数字を選んで並べる方法はいくつあるであろうか。まず最初の数の選び方は1〜4までのいずれでもよいから4通りある。次は3個から一つを選ぶのであるから3通りある。即ち$4\times3=12$通りあることになる。一般にn個の異なるものから順番を考慮してr個選ぶことを、n個からr個取り出す順列といい、その数を${}_n\mathrm{P}_r$で表す(Pはpermutationの意)。ここで“順番を考慮して”とは、例えば上の例では、2, 4と4, 2は選ぶ数字は同じでも選ぶ順番が異なるので、異なる並び方として数えるという意味である。n個からr個取り出す順列の数${}_n\mathrm{P}_r$については次のように考えられる。最初はn通りの選び方があり、2個目は$n-1$通りの選び方があり、3個目は$n-2$通り、最後のr個目は$(n-r+1)$通りの選び方があるから

$$ {}_n\mathrm{P}_r = n(n-1)(n-2)\cdots(n-r+1) \tag{6.1} $$

となる。あるいは

$$ {}_n\mathrm{P}_r = \frac{n!}{(n-r)!} = \frac{n(n-1)(n-2)\cdots(n-r+1)(n-r)\cdots2\cdot1}{(n-r)(n-r-1)\cdots2\cdot1} \tag{6.2} $$

と表す。ここで$n!$をnの階乗(カイジョウ)と読み

$$ n! = n(n-1)(n-2)\cdots3\cdot2\cdot1 $$

である。また$0!=1$と定める。またn個からn個選ぶ順列の数は

$$ {}_n\mathrm{P}_n = \frac{n!}{(n-n)!} = \frac{n!}{0!} = n! \tag{6.3} $$

である。

例題 6.1　数字 1, 2, 3, 4 について次の問に答えよ。

1）数字を 3 個取り出す順列の数を求めよ。

2）偶数が隣り合う並べ方の数を求めよ。

解　1）4 個から 3 個取り出す順列であるから、

$${}_4P_3 = \frac{4!}{(4-3)!} = \frac{4!}{1!} = 4 \cdot 3 \cdot 2 = 24 \qquad \therefore 24 \text{ 通り}$$

2）2 と 4 を一組と考えて、並べ方の総数は ${}_3P_3$、2 と 4 の並べ方は ${}_2P_2$ 通りあるから、${}_3P_3 \times {}_2P_2 = 3! \times 2! = 12$　通りある。

問 6.1　7 種類のケーキがある。3 つ選んで食べるとき、食べる順は何通りあるか。

2）組合せ

次に数字 1, 2, 3, 4 から、3 個の数字を順番を考慮しないで取り出す選び方はいくつあるであろうか。2, 4, 1 と 4, 1, 2 あるいは 4, 2, 1 等は、順番が異なるが選ぶ数字は同じであるので、同じ組合わせとなる。一般に異なる n 個のものから順番を考慮しないで r 個選ぶことを、n 個から r 個選ぶ組合せといい、その数を ${}_nC_r$ で表す（C は combination の意）。そこで ${}_nC_r$ を求めるためには、${}_nP_r$ の中の同じ数字の組合せが重複している分を考慮しなければならない。r 個から r 個選ぶ順列の数は式(6.3)から $r!$ であるから、同じ数字の組合せが $r!$ 個あることになる。

即ち

$${}_nC_r = \frac{{}_nP_r}{r!} = \frac{n!}{(n-r)!r!} = \frac{n(n-1)(n-2)\cdots(n-r+1)}{r(r-1)(r-2)\cdots 3\cdot 2\cdot 1} \tag{6.4}$$

となる。ここで n 個から r 個選ぶことは、n 個から $n-r$ 個選ぶことと同じなので

$${}_nC_r = {}_nC_{n-r} \tag{6.5}$$

が成り立つ。

例題 6.2　数字 1, 2, 3, 4, 5 から 2 個の数字を取り出す組合せの数を求めよ。

解　5 個から 2 個取り出す組合せであるから、

$${}_5C_2 = \frac{5!}{(5-2)!\,2!} = \frac{5!}{3!\,2!} = \frac{5\cdot 4}{2\cdot 1} = 10 \qquad 10\text{ 通りある。}$$

問 6.2　数字 1, 2, 3, 4, 5 から、3 つの数字を選ぶ組合せの数を求めよ。

問 6. 3　7 個の席から 4 つの席を選ぶ選び方はいくつあるか。

問 6. 4　次の式を証明せよ。(この式は二項定理の証明に使う)

$$ {}_{n}C_{r} = {}_{n-1}C_{r-1} + {}_{n-1}C_{r} \tag{6.6} $$

6.2　区別できないものを含む場合の配列

n 個のものの中に区別できないもの(同じもの)が含まれる場合を考えよう。例えば、a, a, a (相互に区別できない a が 3 個)を並べる場合、その並べ方は a, a, a, 1 通りしかない。これは 3 個の場所(これを格子点と呼ぼう)から 3 個取り出す組合せの数と同じで、${}_{3}C_{3}=1$ 通りである。どの格子点にどの a をおいても、区別できないからである。それでは 5 個の格子点におく方法は何通りあるであろうか。この場合も 5 個から 3 個選ぶ組合せの数と同じで、${}_{5}C_{3}$ 通りある。次に a, a, a, b, b (a が 3 個、b が 2 個、a と b は区別できるが、a 同士、b 同士は区別できない)を並べる場合の数は何通りあるであろうか。このときも、5 個の格子点から 3 個選び、その各々に対して残りの 2 個の格子点から 2 個選ぶ組合せがあるので、組合せの総数は、

$$ {}_{5}C_{3} \times {}_{2}C_{2} = \frac{5!}{(5-3)!\ 3!} \times \frac{2!}{2!} = 10 $$

となり、10 通りある。一般に、p 個の A と、q 個の B(A と B は区別できるが、A 同士、B 同士は相互に区別できない)を並べる場合の数(組合せの数) W は $n(=p+q)$ 個の格子点から p 個選び、残りの格子点から q 個選ぶ場合の数になる(**図 6-1**)。

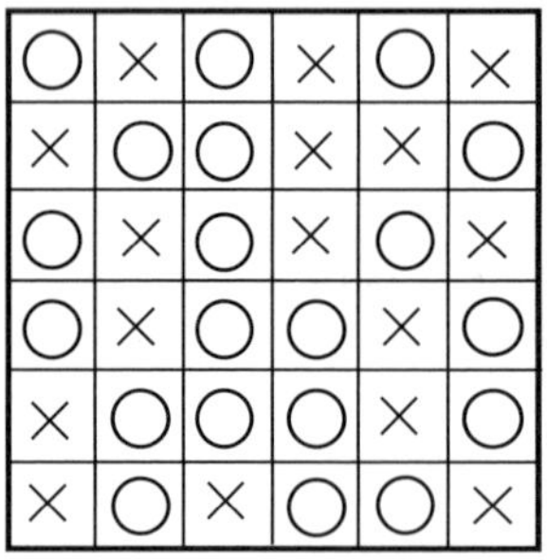

図 6-1　A (○)、B (×)
36 個の格子点に 20 個の A をおく

即ち

$$ W = {}_{n}C_{p} \times {}_{n-p}C_{q} = \frac{n!}{(n-p)!\ p!} \times \frac{(n-p)!}{(n-p-q)q!} = \frac{n!}{p!\ q!} \tag{6.7} $$

となる。式(6.7)については、並べるものが何種類あっても同様に考えることができる。p 個の A と、q 個の B、…、s 個の D を並べる場合の数 W は、$n(=p+q+\cdots+s)$ として、

$$W=\frac{n!}{p!\ q!\cdots s!} \tag{6.8}$$

となる。

さてこの世に中に区別できないものがあるであろうか。例えばりんごやみかん等も一見同じに見えるが、一つ一つ重さや大きさも形も色艶も異なるであろう。このように同じものは一つとしてないのであるが、日常生活ではそれらを同じものとみなしても大した問題は生じない場合もある。正確に言うと区別する必要がないということである。りんごやみかんの配列法では、式(6.7)(あるいは式(6.8))は大した威力を発揮できないであろう。しかし式(6.7)が大した威力を発揮する場合がある。それは多数あるものを、区別する必要のないものとみなせる場合である。その多数あるものの代表は、この世のあらゆるものを構成している分子や原子である。例えば、空気を構成している酸素分子や窒素分子は、異なる物質であるから区別できるし、区別する必要があるが、酸素分子同士、窒素分子同士は、特別な場合を除いて区別する必要がないであろう。水を構成している水分子もまた然りである。そこで式(6.7)は、このような分子や原子の挙動と関連し、かつこの世界を支配している量の一つ、“エントロピー”(entropy)を考えるとき、威力を発揮するのである。(いんとろ6 参照)

6.3　二項定理

二項定理：nを自然数とすると、

$$\begin{aligned}(a+b)^n &= {}_n\mathrm{C}_0a^n + {}_n\mathrm{C}_1a^{n-1}b + {}_n\mathrm{C}_2a^{n-2}b^2 + \cdots + {}_n\mathrm{C}_ra^{n-r}b^r + \cdots \\ &+ {}_n\mathrm{C}_{n\text{-}1}ab^{n-1} + {}_n\mathrm{C}_nb^n\end{aligned} \tag{6.9}$$

あるいは

$$(a+b)^n=\sum_{r=0}^{n}{}_n\mathrm{C}_ra^{n-r}b^r \tag{6.9$'$}$$

と展開できる。これを二項定理といい、各項の係数${}_n\mathrm{C}_r$等を二項係数という。二項定理は次のように考えることによって、組合せの数と対応付けられる。二項係数${}_n\mathrm{C}_r$のrが展開式のbの冪数と一致していることに注意しよう。即ち、$a^{n-r}b^r$はn個のb(あるいはn個のa)からr個のb(あるいは$(n-r)$個のa)を選んで掛け合わせる組合せの数である。従ってその係数は${}_n\mathrm{C}_r$になる。二項係数${}_n\mathrm{C}_r$は

$$\binom{n}{r}$$

と表示される場合もある。

$$\binom{n}{r}=\binom{n}{n-r}$$

である。二項係数は関数の無限級数展開の項でまたお目にかかることになる。

式(6.6)が成立するので、多項式の展開の係数を知るためには、**図 6-2** に示すパスカルの三角形を使うと便利である。

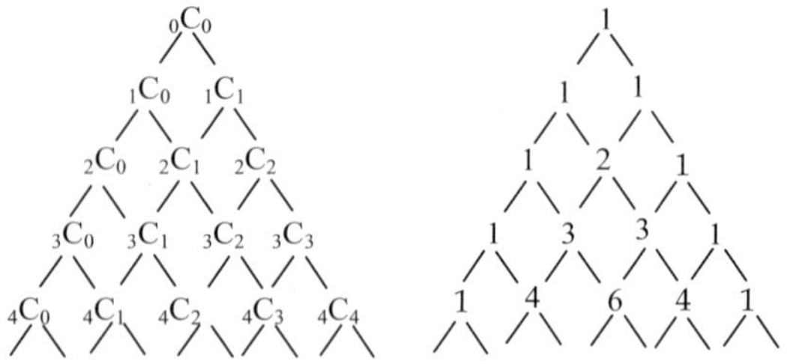

図 6-2

例題 6. 3　二項定理(式(6.9))を数学的帰納法を用いて証明せよ。

解　帰納法では、$n=1$ のとき成り立つことを証明し、$n=k$ のとき成り立つことを仮定し、$n=k+1$ のとき成り立つことを証明すればよい。$n=1$ のとき

左辺$=(a+b)^1=a+b$

右辺$={}_1C_0a^1+{}_1C_1a^0b^1=a+b$

であるから成り立つ。$n=k$ のとき成り立つと仮定する。

$$(a+b)^k={}_kC_0a^k+{}_kC_1a^{k-1}b+{}_kC_2a^{k-2}b^2+\cdots+{}_kC_ra^{k-r}b^r+\cdots+{}_kC_{k\text{-}1}ab^{k-1}+{}_kC_kb^k$$

$n=k+1$ のとき

$$(a+b)^{k+1}=(a+b)^k(a+b)$$

$$=({}_kC_0a^k+{}_kC_1a^{k-1}b+{}_kC_2a^{k-2}b^2+\cdots+{}_kC_{r-1}a^{k-r+1}b^{r-1}+{}_kC_ra^{k-r}b^r+\cdots$$
$$+{}_kC_{k\text{-}1}ab^{k-1}+{}_kC_kb^k)(a+b)$$

$$={}_kC_0a^{k+1}+{}_kC_1a^kb+{}_kC_2a^{k-1}b^2+\cdots+{}_kC_ra^{k-r+1}b^r+\cdots+{}_kC_{k\text{-}1}a^2b^{k-1}+{}_kC_kab^k$$
$$+{}_kC_0a^kb+{}_kC_1a^{k-1}b^2+{}_kC_2a^{k-2}b^3+\cdots+{}_kC_{r-1}a^{k-r+1}b^r+{}_kC_ra^{k-r}b^{r+1}+\cdots$$
$$+{}_kC_{k\text{-}1}ab^k+{}_kC_kb^{k+1}$$

$$={}_kC_0a^{k+1}+({}_kC_1+{}_kC_0)a^kb+({}_kC_2+{}_kC_1)a^{k-1}b^2+\cdots+({}_kC_r+{}_kC_{r-1})a^{k-r+1}b^r+\cdots$$
$$+({}_kC_k+{}_kC_{k\text{-}1})ab^k+{}_kC_kb^{k+1}$$

$$={}_{k+1}C_0a^{k+1}+{}_{k+1}C_1a^kb+{}_{k+1}C_2a^{k-1}b^2+\cdots+{}_{k+1}C_ra^{k-r+1}b^r+\cdots$$
$$+{}_{k+1}C_kab^k+{}_{k+1}C_{k+1}b^{k+1}$$

$$\because\ {}_kC_0={}_{k+1}C_0=1,\ {}_{k+1}C_r={}_kC_r+{}_kC_{r-1},\ {}_kC_k={}_{k+1}C_{k+1}=1$$

$$\therefore\ (a+b)^{k+1}={}_{k+1}C_0a^{k+1}+{}_{k+1}C_1a^kb+{}_{k+1}C_2a^{k-1}b^2+\cdots+{}_{k+1}C_ra^{(k+1)-r}b^r+\cdots$$
$$+{}_{k+1}C_kab^k+{}_{k+1}C_{k+1}b^{k+1}$$

となり、$n=k+1$ のときも成立する。よって題意は証明された。

問 6.5　1）$(a+b)^8$ の a^4b^4 の係数を求めよ　2）$(a+b)^{10}$ の a^7b^3 の係数を求めよ。

式(6.8)を使うと、二項定理を多項式へも拡張できる。例えば任意の自然数 n に対して、

$$(a+b+c)^n=(a+b+c)(a+b+c)\cdots(a+b+c)$$

の $a^pb^qc^r$ の係数を考えよう。これは n 個の $(a+b+c)$ から、p 個の a を選び、残りから q 個の b を選び、さらに残りから r 個の c を選ぶ組合せの数である。即ち上の展開式の一般項は

$$\frac{n!}{p!\,q!\,r!}a^pb^qc^r \qquad ただし n=p+q+r$$

となる。

問 6.6　$(a+b+c)^5$ の展開式で a^3bc と a^2bc^2 の係数を求めよ。

6.4　数　列

ある規則性を持った数(複素数でもよい)の配列を数列という。例えば

1）1, 2, 3, 4, 5, 6, 7, 8, 9, 10

2）2, 4, 6, 8, 10, 12, 14, 16, 18

3）1, 2, 4, 8, 16, 32, 64, 128, 256, 512

等である。

一般に数列は

$$a_1, a_2, a_3, a_4, \ldots\ldots, a_n \qquad あるいはまとめて \{a_n\}$$

と表し、最初の項(ここでは a_1)を初項といい、a_n を第 n 項あるいは一般項という。以下に幾つかの代表的な数列について述べよう。

6.4.1　等差数列

隣接する二項の差が一定である数列を等差数列といい、その差を公差という。即ち数列

$$a_1, a_2, a_3, a_4, \ldots\ldots, a_n$$

において、公差を d とすると

$$a_k-a_{k-1}=d \qquad (k=2,3,4,\cdots) \tag{6.10}$$

である。

次に式(6.10)を使って、等差数列の一般項を表す式を導こう。

$$k=2 のとき \qquad a_2-a_1=d$$

$k=3$のとき　　$a_3-a_2=d$

$k=4$のとき　　$a_4-a_3=d$

$\vdots$　　　　$\vdots$

$k=n-1$のとき　　$a_{n-1}-a_{n-2}=d$

$k=n$のとき　　$a_n-a_{n-1}=d$

これらの式をすべて足し合わせると

$$a_n-a_1=(n-1)d$$

となる。従って初項a、公差dの等差数列の一般項は

$$a_n=a+(n-1)d \tag{6.11}$$

で表される。例えば最初にあげた数列 2)では、初項は 2、公差は 2 で、第 7 項は $2+(7-1)\times 2=14$となる。

次に初項a、公差dの等差数列の和S_nを求めよう。

$$S_n=a+(a+d)+\cdots+\left(a+(n-2)d\right)+\left(a+(n-1)d\right) \tag{6.12}$$

同様に

$$S_n=\left(a+(n-1)d\right)+\left(a+(n-2)d\right)+\cdots+(a+d)+a \tag{6.12$'$}$$

両式を加えると

$$2S_n=\left(2a+(n-1)d\right)+\left(2a+(n-1)d\right)+\cdots+\left(2a+(n-1)d\right)=n\left(2a+(n-1)d\right)$$

$$\therefore S_n=\frac{n}{2}\left(2a+(n-1)d\right) \tag{6.13}$$

あるいは第n項をa_nとすれば、

$$S_n=\frac{n(a+a_n)}{2} \tag{6.14}$$

となる。

6.4.2 等比数列

隣接する二項の比が一定である数列を等比数列といい、その比を公比という。すなわち数列

$$a_1,\ a_2,\ a_3,\ a_4,\ \ldots\ldots,a_n \qquad (a_1\neq 0)$$

において、公比は

$$\frac{a_k}{a_{k-1}}=r \quad (k=2,3,4,\cdots) \tag{6.15}$$

である。一般項は次のように求めることができる。

$$\frac{a_2}{a_1}=r,\quad \frac{a_3}{a_2}=r,\quad \frac{a_4}{a_3}=r,\cdots,\frac{a_n}{a_{n-1}}=r$$

であるから、これらの式をすべて掛け合わせれば、

$$\frac{a_n}{a_1} = r^{n-1}$$

従って初項 a、公比 r の等比数列の一般項は

$$\therefore a_n = a\,r^{n-1} \tag{6.16}$$

となる。例えば数列　1, 2, 4, 8, 16, 32, 64, 128…において、初項は 1 、公比は 2 であるから、第 7 項は$1\times 2^6 = 64$ である。

次に初項 a、公比 r の等比数列の n 項までの和 S_n を求めよう。

$$S_n = a + ar + ar^2 + ar^3 + \ldots\ldots + ar^{n-2} + ar^{n-1} \tag{6.17}$$

である。また

$$rS_n = ar + ar^2 + ar^3 + \ldots\ldots + ar^{n-1} + ar^n \tag{6.18}$$

$$\therefore\ S_n - rS_n = a - ar^n$$

$$\therefore\ r \neq 1 \text{のとき、}\quad S_n = a\ \frac{1-r^n}{1-r} \tag{6.19}$$

$$r = 1 \text{のとき、} S_n = na$$

である。

問 6.7 次の数列について、一般項と和を求めよ。

1）初項 2、公差 3 、第 10 項までの和

2）初項$\frac{1}{2}$、公比$\frac{1}{2}$、第 6 項までの和

3）初項$(1+i)$、公差$(2+i)$、第 8 項までの和

6.4.3　階差数列

ある数列$\{a_n\}$に対して、その隣接する項の差を取って作った数列$\{b_n\}$を元の数列の階差数列という。即ち

$$\begin{array}{ccccccccccc} a_1 & & a_2 & & a_3 & & a_4 \cdots & a_{n-1} & & a_n \\ & \vee & & \vee & & \vee & & & \vee & \\ & b_1 & & b_2 & & b_3 & \cdots & & b_{n-1} & \end{array}$$

ここで

$$b_k = a_{k+1} - a_k$$

である。

$$\sum_{k=1}^{n-1} b_k = (a_2 - a_1) + (a_3 - a_2) + \cdots + (a_{n-1} - a_{n-2}) + (a_n - a_{n-1}) = -a_1 + a_n$$

であるから、数列$\{a_n\}$の一般項は次式で与えられる。

$$a_n = a_1 + \sum_{k=1}^{n-1} b_k \quad (n \geq 2) \tag{6.20}$$

例題 6.4　次の数列の一般項及び n 項までの和を求めよ。

$$2,\ 4,\ 8,\ 14,\ 22,\ 32,\ 44,\ \cdots \tag{6.21}$$

解　与えられた数列を$\{a_n\}$とし、その階差数列を$\{b_n\}$とすれば、$\{b_n\}$は

$$2,\ 4,\ 6,\ 8,\ 10,\ 12,\ \cdots$$

で、これは初項 2、公差 2 の等差数列である。従って$\{b_n\}$の一般項は

$$b_k = 2 + 2(k-1) = 2k$$

故に式(6.20)より

$$a_n = a_1 + \sum_{k=1}^{n-1} 2k = 2 + (n-1)n = n^2 - n + 2 \tag{6.22}$$

これは$n=1$のときにも成り立つので、$\{a_n\}$の一般項である。

つぎに数列(6.21)の n 項までの和 S_n を求めてみよう。

$$S_n = a_1 + a_2 + \cdots + a_n = \sum_1^n a_k$$

であるから、式(6.22)を用いて、

$$S_n = \sum_1^n (k^2 - k + 2) = \sum_1^n k^2 - \sum_1^n k + 2n = \frac{n(n+1)(2n+1)}{6} - \frac{n(n+1)}{2} + 2n$$

$$= \frac{n(n^2+5)}{3} \tag{6.23}*$$

となる。(確かに、$n=1$のとき$S_1 = 2$、$n = 2$のとき$S_2 = 6$、$n=3$のとき$S_3 = 14, \cdots$となる)

*式(6.23)の計算では、次式を用いている(練習問題 6.6 参照)。

$$\sum_1^n k = \frac{n(n+1)}{2} \tag{6.24}$$

$$\sum_1^n k^2 = \frac{n(n+1)(2n+1)}{6} \tag{6.25}$$

【演習問題】

6. 1　数字 1, 2, 3, 4, 5 について次の問に答えよ。

1）数字を 3 個取り出す順列の数を求めよ。

2）偶数が隣り合う並べ方の数を求めよ。

6. 2　数字 1, 2, 3, 4, 5 を 1 回ずつ使うとき、次の数は幾つできるか。

1）3 桁の整数　　2）3 桁の偶数　　3）3 桁の奇数

6. 3　数字 1, 2, 3, 4, 5 について、次の問に答えよ。

1）3 個の数字を取り出す組合せの数を求めよ。

2）偶数 1 個、奇数 2 個を取り出す組合せの数を求めよ。

6. 4　男性 5 人、女性 4 人から、3 人選ぶとき次の選び方は幾通りあるか。

1）男女区別なく選ぶ。　2）男性 1 人、女性 2 人選ぶ。

3）少なくとも 1 人は女性を選ぶ。

6. 5　次の係数を求めよ。

1）$(a+b+c+d)^4$ の展開式の a^2bc 及び $abcd$ の係数

2）$(x-3y+2z)^5$ の xy^2z^2 及び xy^3z の係数

3）$\left(x^2-\dfrac{1}{4x}\right)^6$ の x^3 の係数

6. 6　式(6.25)を証明せよ。

ヒント：$(k+1)^3=k^3+3k^2+3k+1$、$\therefore (k+1)^3-k^3=3k^2+3k+1$ を用いよ。

6. 7　次の数列の一般項と 10 項までの和を求めよ。

1）20,　16,　12,　8,　4,　0, ⋯　　2）−3,　6,　−12,　24,　−48, ⋯

6. 8　次の数列の一般項及び n 項までの和を求めよ。

1）2,　3,　6,　11,　18,　27, ⋯　　2）2,　4,　4,　2,　−2,　−8, ⋯

3）−5,　−4,　−2,　2,　10,　26, ⋯

7 章　関数の極限

いんとろ７　線分の連続性と無限における大小

先生：ギリシアの哲学者ピタゴラス(BC500 頃)は、線分は数珠状につながった点の集合からなり、その点は有限の大きさをもつと考えた。そうであれば二つの線分の長さの比は常に自然数の比で表し得ることになる。しかしみんなはピタゴラスの定理を知っているだろう。それに依れば、1 辺が 1 である正方形の対角線の長さは $\sqrt{2}$ になり、$\sqrt{2}$ はこの線分上には表し得ないことになるんだ。このようにして長い考察を経て、現在では点は大きさを持たず、その点が連なって線分を構成するという考えに至り、そこから線分の連続性という概念ができてきたのだよ。

翔太：1 章で学んだ数直線の連続性だね。

先生：そーだ。例えばある人が非常に大きな数 n と言えば、他の人は $n+1$ と言えばよいのだから、自然数の数は無限にあるよね。しかし自然数だけでは数直線を埋めつくすことはできないんだよ。

りさ：自然数は飛び飛びにあるから、数直線上に隙間ができてしまうってことよね。自然数と自然数の間に有理数があるんだ。

先生：そーだ。しかし数の概念を有理数まで拡張しても、まだ隙間があくことが解っているんだよ。即ち有理数と有理数の間に何かあることになる。これが無理数だよ。無理数を加えて実数全体にすれば、数直線を隙間なく埋め尽くすことができるんだ。

　ここでみんなに一つ問題を出そう。自然数 {1,2,3,・・・} と偶数 {2,4,6,・・・} の個数はどちらが大きいかあるいは同じか？偶数は自然数のなかで飛び飛びにあるから、自然数の個数の方が大きいと考えがちだが本当だろうか。

まり：どちらも無限個あるから無限個同士の比較になるんだね。

翔太：無限個ものをどうやって数えるのかなー。解らないなー。

先生：例えば図に示したように、A のざるにあるりんごは 3 個、B のざるにあるかきは 3 個である。これは数えれば誰もが容易にわかる。しかしりんごやかきの数が多くなり 10^6 個あるいは 10^{12} 個それ以上と、とてつもない数になったらいちいち数えるわけには行かないだろ。それではどうすればよいか。それはりんごとかきを一つ一つ対応させればよいのだよ。小学校の運動会の玉入れ競争でよくやった手だよ。即ち一対一対応させて、全てのりんごとかきが対応つけば両者の数は等しいことになり、どちらか余れば余ったほうが多いということになるだろ。そこで自然数と偶数を対応させてみよう。

$$
\begin{array}{lllll}
\text{自然数：} & 1, & 2, & 3, & \cdots\cdots\ n\ \cdots\cdots \\
 & | & | & | & \quad\ \ | \\
\text{偶数　：} & 2, & 4, & 6, & \cdots\cdots 2n\ \cdots\cdots
\end{array}
$$

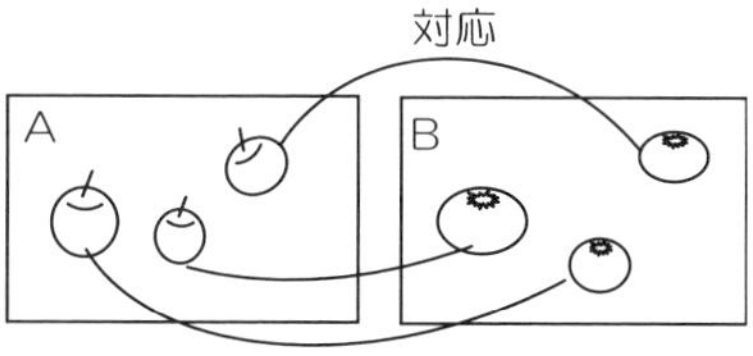

となり、n と $2n$ を対応させるというある規則の元に、自然数も偶数も一対一対応が可能だろ。

りさ：ということは、両者の個数は等しいということになるね。

先生：そーだ。自然数も偶数も無限個あるが、両者の数は等しいということになるね。さらに自然数も有理数も無理数もそれぞれ無限個あるが、自然数と有理数の個数は等しいが、無理数の個数はそれより多く、実数の個数と等しいことが示されているんだよ。

7.1 極限値と連続性

7.1.1 関数の極限

関数 $y=f(x)$ において、**図 7–1** に示されるように、x が $x\neq a$ を充たしながら、限りなく a に近づくとき、$f(x)$ の値が定数αに限りなく近づくならば、"変数 x が a に近づくとき $f(x)$ はαに収束する" という。これを

$$\lim_{x\to a} f(x)=\alpha \tag{7.1}$$

あるいは

$$f(x)\to a \quad (x\to a)$$

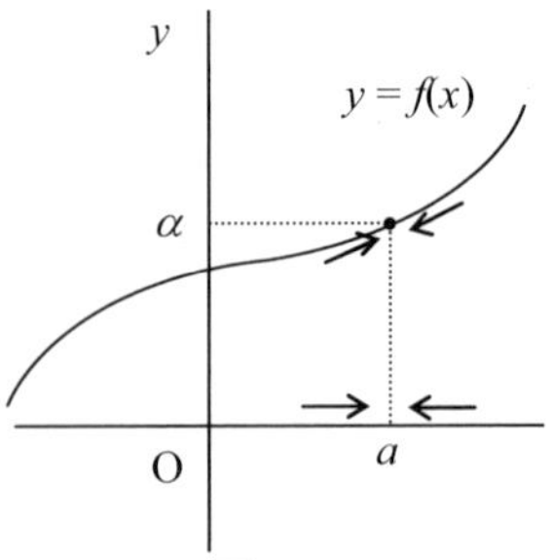

図 7–1

と表示し、αを $x\to a$ のときの $f(x)$ の極限値という。ここで、"限りなく a に近づく" には、"どのような近づき方をしても" という意味が含まれている。"どのような近づき方" はここで扱う 1 変数関数のときは、数直線に沿って "a の両側から近づく" とするのが、一般性を失わずに解り易い解釈である。x がある値 a に近づくとき、a より大きい値をとりながら(即ち a の右側から)限りなく a に近づくとき $x\to a+0$ あるいは $x\to a+$ と記し、a より小さい値をとりながら(即ち a の左側から)近づくとき $x\to a-0$ あるいは $x\to a-$ と記す。a が 0 のときは、それぞれ $x\to +0$ 及び $x\to -0$ と記す。

いくつか例を挙げよう。

例 1: $y=f(x)=x^2$ の $x\to 2$ における極限値を考えよう。

x が $x\neq 2$ を充たしながら 2 の両側から限りなく 2 に近づくとき、y の値は限りなく 4 に近づく。即ち、

$$\lim_{x\to 2} f(x)=\lim_{x\to 2} x^2=4$$

となり、極限値は 4 である。(**図 7–2**)。

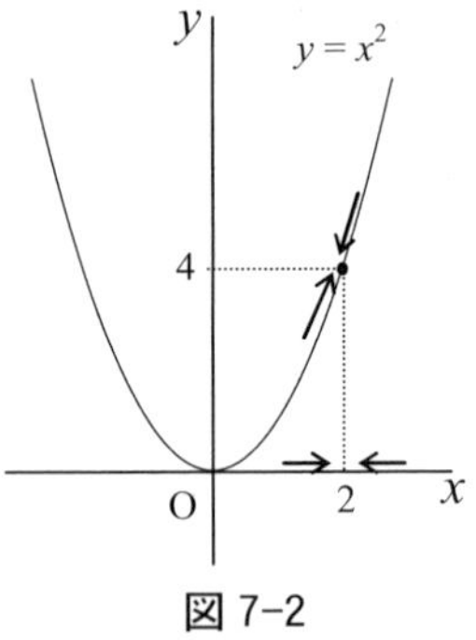

図 7–2

例2: $x\to a$ の極限値を考えるとき、$x\neq a$ であるから $f(x)$ が $x=a$ で定義されている必要はない。例えば、

$$f(x)=\frac{x^2-1}{x-1} \tag{7.2}$$

は $x=1$ では分母が 0 になってしまうので、$f(1)$ は定義されない(値をもたない)(**図 7–3**)。しかし $x\to 1$ における極限値は存在する。$x\neq 1$ であることに注意すれば、

$$\lim_{x\to 1} f(x)=\lim_{x\to 1}\frac{x^2-1}{x-1}=\lim_{x\to 1}\frac{(x+1)(x-1)}{x-1}=\lim_{x\to 1}(x+1)=2$$

となり、極限値は 2 となる。

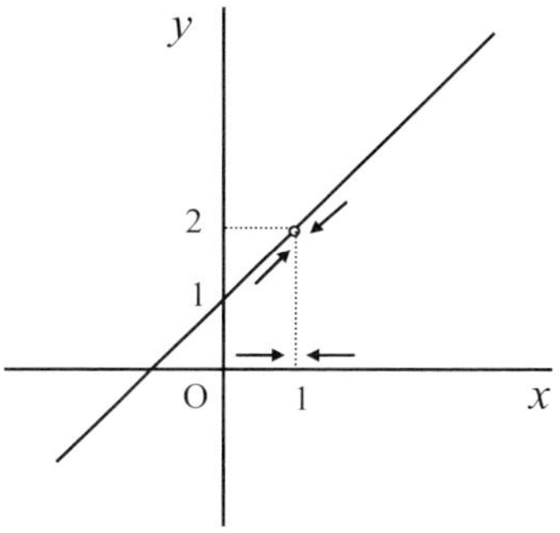

図 7-3

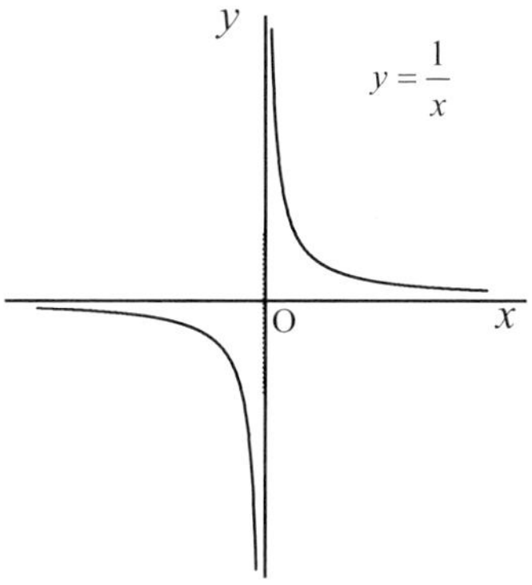

図 7-4

例 3： $x \to 0$ のときの、次の関数の極限を考えよう。

$$y = f(x) = \frac{1}{x} \tag{7.3}$$

2 次関数で学んだように、式(7.3)は x 軸及び y 軸を漸近線とする双曲線である。(**図 7-4**)

式(7.3)の右辺は、x が限りなく 0 に近づくとき限りなく大きくなる。**図 7-4** からも解るように、しかしこの極限は x が 0 にどのように近づくかで異なる。正方向から近づくときは $+\infty$ (あるいは単に ∞) になる。これを(正の)無限大に発散するという。一方、負の方向から近づくときは $-\infty$ になる。これを負の無限大に発散するという。式で書くと

$$\lim_{x \to +0} \frac{1}{x} = \infty, \qquad \lim_{x \to -0} \frac{1}{x} = -\infty$$

となる。

7.1.2　関数の連続性

関数 $f(x)$ が $x = a$ で連続であるということは、a が $f(x)$ の定義域にあり

$$\lim_{x \to a} f(x) = f(a) \tag{7.4}$$

が成り立つことである。上記の例 1 の関数、 $y = f(x) = x^2$ では

$$f(2) = 4$$

となり、式(7.4)が成り立つから、この関数は $x = 2$ で連続である。

例 2 の関数、式(7.2)はどうであろうか。この関数 $f(x)$ は $x = 1$ では定義されない。従って値をもたないから、式(7.4)は成り立たない。従って式(7.2)の関数は、 $x = 1$ で連続ではない、不連続である(極限値をもつが不連続である。直線上の白抜きの丸○は、その点を含まないことを示している)。

別の例を示そう。関数は変数の定義域に対し、何らかの一つの値を与えるものであればよいから、次の式も関数である。

$$y = f(x) = \begin{cases} 1 & (x > 1) \\ 0 & (x = 1) \\ -1 & (x < 1) \end{cases} \tag{7.5}$$

この関数のグラフを **図 7-5** に示す。白抜きの点 $(1, 1)$ 及び $(1, -1)$ は、その点を含まないことを示し、黒の塗りつぶしの点 $(1, 0)$ はその点を含むことを示している。即ちこの関数は $x = 1$ で不連続であり、それ以外の x の領域では連続である。ここでこの関数の $x \to 1$ における極限を求めてみよう。

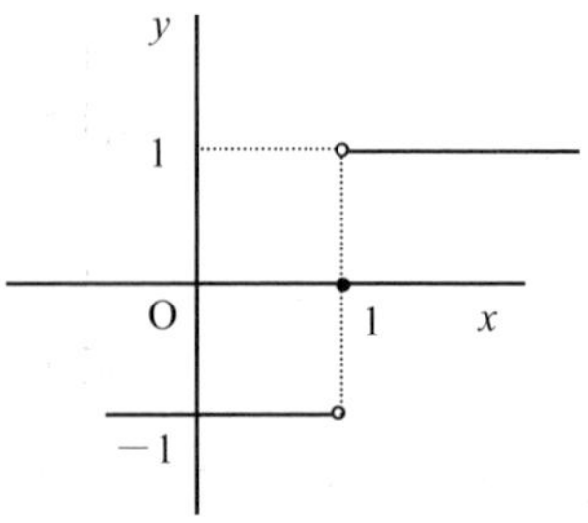

図 7-5

$$\lim_{x \to 1+} f(x) = 1, \qquad \lim_{x \to 1-} f(x) = -1$$

となり、$x \to 1$ における極限値は存在しない。また $f(1) = 0$ なので連続関数でもない。

問 7.1　次の関数の $x \to 0$ における極限値を求めよ。また連続性を判定せよ。

1）$f(x) = x^2 + 2x + 1$　　2）$f(x) = |x|$　　3）$f(x) = \begin{cases} x + 1 & (x \neq 0) \\ 0 & (x = 0) \end{cases}$

ここで $|x|$ は x の絶対値を表し、次で与えられる。

$$|x| = \begin{cases} x & (x \geq 0) \\ -x & (x < 0) \end{cases}$$

7.2　極限値の性質

ここで関数の極限について、基本的な性質について述べよう。$x \to a$ のとき関数 $f(x)$ と $g(x)$ は収束し、次の極限値を持つとする。

$$\lim_{x \to a} f(x) = \alpha, \quad \lim_{x \to a} g(x) = \beta$$

1）定数は lim の前に出すことができる。

$$\lim_{x \to a} [kf(x)] = k\alpha \qquad (k \text{ は定数}) \tag{7.6}$$

2）和あるいは差の極限値はそれぞれの極限値の和あるいは差に等しい。

$$\lim_{x \to a} [f(x) \pm g(x)] = \alpha \pm \beta \quad (\text{複合同順}) \tag{7.7}$$

3）積及び商の極限値は、それぞれの極限値の積及び商に等しい。

$$\lim_{x \to a} [f(x)g(x)] = \alpha\beta \tag{7.8}$$

$$\lim_{x\to a}\frac{f(x)}{g(x)}=\frac{\alpha}{\beta}\qquad ただし\beta\neq 0 \tag{7.9}$$

4）それぞれの関数の大小関係とそれぞれの極限値の大小関係は同じである。

$f(x)\geq g(x)$ であれば、

$$\alpha\geq\beta \tag{7.10}$$

ここで上記の極限値の性質を証明しておこう。

1）の証明：$|kf(x)-k\alpha|=|k||f(x)-\alpha|\to 0,\qquad \therefore kf(x)\to k\alpha$

2）の証明：

$$|f(x)\pm g(x)-(\alpha\pm\beta)|=|(f(x)-\alpha)\pm(g(x)-\beta)|\leq|(f(x)-\alpha)|+|(g(x)-\beta)|\to 0$$

$\therefore\ f(x)\pm g(x)\to\alpha\pm\beta$

3）の証明：$|f(x)g(x)-\alpha\beta|=|(f(x)-\alpha)(g(x)-\beta)+\alpha(g(x)-\beta)+\beta(f(x)-\alpha)|$

$\leq|(f(x)-\alpha)(g(x)-\beta)|+|\alpha||(g(x)-\beta)|+|\beta||(f(x)-\alpha)|\to 0,\quad\therefore f(x)g(x)\to\alpha\beta$

$$\left|\frac{f(x)}{g(x)}-\frac{\alpha}{\beta}\right|=\left|\frac{(f(x)-\alpha)\beta-(g(x)-\beta)\alpha}{\beta g(x)}\right|\leq\left|\frac{(f(x)-\alpha)}{g(x)}\right|+\frac{|\alpha||(g(x)-\beta)|}{|\beta||g(x)|}\to 0$$

$$\therefore\frac{f(x)}{g(x)}\to\frac{\alpha}{\beta}$$

4）の証明：$0\leq f(x)-g(x)\to\alpha-\beta,\quad\therefore\alpha\geq\beta$

これらの証明には、任意の実数 a、b において、$|ab|=|a||b|$ 及び

$|a+b|\leq|a|+|b|,\quad |a-b|\leq|a|+|b|$ を使っている。

この他にも関数の極限値には次の重要な性質がある。

5）はさみうちの原理が成り立つ。

関数 $h(x)$ に対し、$f(x)\geq h(x)\geq g(x)$ が成り立ち、$\lim_{x\to a}f(x)=\lim_{x\to a}g(x)$ ならば

$$\lim_{x\to a}h(x)=\lim_{x\to a}f(x)\quad\left(=\lim_{x\to a}g(x)\right) \tag{7.11}$$

が成立つ。

6）関数の絶対値の極限は、極限の絶対値に等しい。

$$\lim_{x\to a}|f(x)|=\left|\lim_{x\to a}f(x)\right| \tag{7.12}$$

例題 7. 1　次の関数の極限値を求めよ。

$$\lim_{x\to 1}\frac{x^3-x^2+3x-3}{x^2+2x-3} \tag{7.13}$$

解　分子と分母をそれぞれ $f(x)$、$g(x)$ とおけば、$\lim_{x\to 1}f(x)=0$、$\lim_{x\to 1}g(x)=0$ となるから、式(7.13)の極限値は $\frac{0}{0}$ となり、不定となる形である。しかし式(7.13)の分母、分

子は次のように因数分解できる。従って共通因子$(x-1)$で約分すれば（このとき$x-1\neq 0$に注意）、

$$式(7.13)=\lim_{x\to 1}\frac{(x-1)(x^2+3)}{(x-1)(x+3)}=\lim_{x\to 1}\frac{(x^2+3)}{(x+3)}=1$$

となり、極限値が求まる。

問 7. 2　次の極限(値)を求めよ。

1) $\lim_{x\to -1}(3x^3+5x^2-5)$　2) $\lim_{x\to 6}(\sqrt{x+3}\times\sqrt{x-2})$　3) $\lim_{x\to 0}\frac{1}{x^2}$

4) $\lim_{x\to 1}\frac{x^2+3x-4}{x^2+2x-3}$　5) $\lim_{x\to 0}\frac{\sqrt{1-2x}-1}{x}$　6) $\lim_{x\to 0}\sin x$　7) $\lim_{x\to 0}\cos x$

7.3　いくつかの関数の極限値

ここではいくつかの重要な関数の極限値について考えよう。

A) その1　$$\lim_{h\to 0}\frac{(x+h)^n-x^n}{h}=nx^{n-1} \tag{7.14}$$

この式は次の微分を勉強するときに基礎となる関数である。この式の左辺は分子、分母ともに$h\to 0$で0になるので不定形である。まず$(x+h)^n$を二項定理を用いて展開すると、

$$(x+h)^n=x^n+nx^{n-1}h+\frac{n(n-1)}{2}x^{n-2}h^2+\frac{n(n-1)(n-2)}{3!}x^{n-3}h^3+\cdots+h^n \tag{7.15}$$

$$\therefore\ \frac{(x+h)^n-x^n}{h}=nx^{n-1}+\frac{n(n-1)}{2}x^{n-2}h^1+\frac{n(n-1)(n-2)}{3!}x^{n-3}h^2+\cdots+h^{n-1}$$

ここで$h\to 0$とすると、右辺第二項以下は0となるので、式(7.14)が成り立つ。

B) その2　$$\lim_{x\to 0}\frac{\sin x}{x}=1 \tag{7.16}$$

この式は三角関数を微分するときに、基礎となる式である。

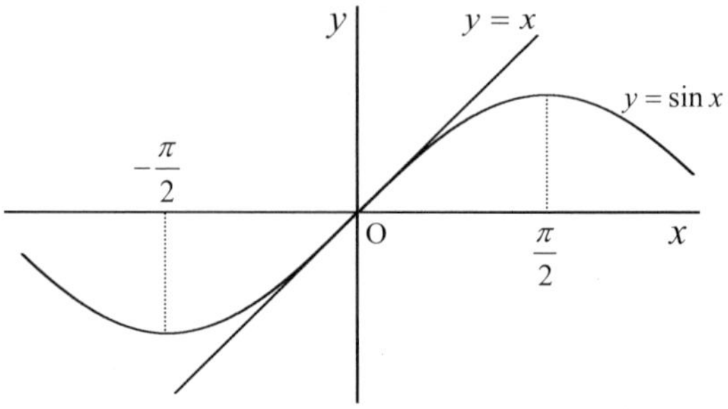

図 7-6

この式の左辺は分子、分母ともに $x \to 0$ で 0 になるので不定形である。ここで $y = \sin x$ と $y = x$ のグラフを比較してみよう。**図 7-6** に示すように、$y = x$ のグラフと $y = \sin x$ のグラフは $x = 0$ 付近でほとんど重なっている。これは $\sin x$ は $x \to 0$ に近づくにつれて、$\sin x = x$ と近似できることを示す。ただしここでは x はラジアン単位で表わさなければならない(各自電卓で $x < 0.1$ の程度で確認してみよ)。このことからも式(7.16)の極限が 1 になるであろうことが予想される。さらに式(7.16)が成り立つことを、極限の性質 5)のはさみうちの原理を使って示そう。$\sin x$ と x は共に奇関数であるから、その比は偶関数である。従って $x > 0$ についてのみ示せばよい。**図 7-7** は半径 1 の円の中心角 x ラジアンの扇形部分 OAB を示す。

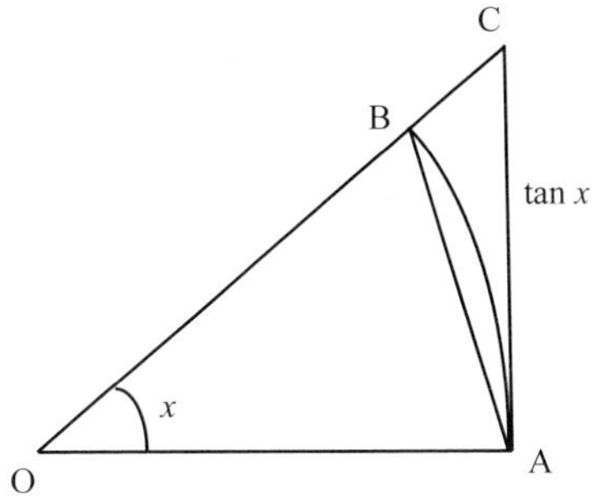

図 7-7

ここで面積を比較すると(∠OAC は直角)

$$\triangle \mathrm{OAB} < \text{扇形 OAB} < \triangle \mathrm{OAC} \qquad (7.17)$$

である。ここで

$$\text{扇形 OAB の面積} = \pi 1^2 \frac{x}{2\pi} = \frac{x}{2}$$

であるから、式(7.17)は

$$\frac{1}{2}\sin x < \frac{1}{2}x < \frac{1}{2}\tan x$$

となる。各項を $\sin x$ （ここで $\sin x \neq 0$ に注意)で割れば

$$1 < \frac{x}{\sin x} < \frac{1}{\cos x}$$

を得る。逆数をとれば不等号の向きが逆になり

$$1 > \frac{\sin x}{x} > \cos x$$

となる。また

$$\lim_{x \to 0} \cos x = 1$$

であるから、$\dfrac{\sin x}{x}$ は 1 と 1 に挟まれているから、式(7.16)を得る。この証明法は解り易く簡便であるが、積分により円の面積を求める際に正弦関数の微分を用いることから、循環論法とされている(別の証明法は演習問題 7.7 参照)。

例題 7. 2　次の式の極限を求めよ。

$$\lim_{h \to 0} \frac{(x+h)^4 - x^4}{h}$$

解　$(x+h)^4$ を展開すると、

$$(x+h)^4 = x^4 + 4x^3h + 6x^2h^2 + 4xh^3 + h^4$$

従って

$$\frac{(x+h)^4 - x^4}{h} = \frac{4x^3h + 6x^2h^2 + 4xh^3 + h^4}{h} = 4x^3 + 6x^2h + 4xh^2 + h^3$$

故に $h \to 0$ の極限をとれば、

$$\lim_{h \to 0} \frac{(x+h)^4 - x^4}{h} = 4x^3$$

となり、式(7.14)が成り立つことが示される。この計算は、x^4 の導関数を求めていることになる。

問 7. 3　次の極限値を求めよ。

1）$\displaystyle\lim_{x \to 0} \frac{\sin^2 x}{x}$　　2）$\displaystyle\lim_{x \to 0} \frac{\tan x}{x}$　　3）$\displaystyle\lim_{x \to 0} \frac{\tan x}{\sin x}$　　4）$\displaystyle\lim_{x \to 0} \frac{1-\cos x}{x^2}$

5）$\displaystyle\lim_{x \to 0} \frac{1-\cos x}{x}$

C）その 3　　対数の項で述べたように　自然対数の底 e(=2.71828…, ネピアの数)は次式で定義される。

$$\lim_{n \to \infty} \left(1 + \frac{1}{n}\right)^n = e \tag{7.18}$$

あるいは

$$\lim_{n \to 0} (1+n)^{1/n} = e \tag{7.19}$$

e は 3 を越えない有限値であるが、何故そのように置けるのであろうか。以下にその考察について述べる。

まず $\left(1+\dfrac{1}{n}\right)^n$ が n の増加関数であることを示す。

$\left(1+\dfrac{1}{n}\right)^n$ と $\left(1+\dfrac{1}{n+1}\right)^{n+1}$ を 2 項定理によって展開する。

$$\left(1+\frac{1}{n}\right)^n = 1 + n\left(\frac{1}{n}\right) + \frac{n(n-1)}{2!}\left(\frac{1}{n}\right)^2 + \frac{n(n-1)(n-2)}{3!}\left(\frac{1}{n}\right)^3 + \cdots$$
$$+ \frac{n(n-1)(n-2)\cdots\{n-(n-1)\}}{n!}\left(\frac{1}{n}\right)^n$$

$$=1+1+\frac{1}{2!}\left(1-\frac{1}{n}\right)+\frac{1}{3!}\left(1-\frac{1}{n}\right)\left(1-\frac{2}{n}\right)+\cdots+\frac{1}{n!}\left(1-\frac{1}{n}\right)\left(1-\frac{2}{n}\right)\cdots\left(1-\frac{n-1}{n}\right) \tag{7.20}$$

同様に

$$\left(1+\frac{1}{n+1}\right)^{n+1}=1+(n+1)\left(\frac{1}{n+1}\right)+\frac{(n+1)n}{2!}\left(\frac{1}{n+1}\right)^2+\frac{(n+1)n(n-1)}{3!}\left(\frac{1}{n+1}\right)^3+\cdots$$
$$+\frac{(n+1)n(n-1)(n-2)\cdots 1}{(n+1)!}\left(\frac{1}{n+1}\right)^{n+1}$$
$$=\ 1+1+\frac{1}{2!}\left(1-\frac{1}{n+1}\right)+\frac{1}{3!}\left(1-\frac{1}{n+1}\right)\left(1-\frac{2}{n+1}\right)+\cdots$$
$$+\frac{1}{(n+1)!}\left(1-\frac{1}{n+1}\right)\left(1-\frac{2}{n+1}\right)\cdots\left(1-\frac{n}{n+1}\right) \tag{7.21}$$

式(7.20)と(7.21)を比較すると、右辺第 3 項以降は全ての項が後者のほうが大きい。従って

$$\left(1+\frac{1}{n}\right)^n<\left(1+\frac{1}{n+1}\right)^{n+1}$$

となる。この式により、$\left(1+\frac{1}{n}\right)^n$ は n の増加と共に増加するから、n の増加関数である。

次に $\left(1+\frac{1}{n}\right)^n$ の展開式で、$\left(1-\frac{1}{n}\right)$、$\left(1-\frac{2}{n}\right)$ 等の項があるので、

$$\left(1+\frac{1}{n}\right)^n<1+1+\frac{1}{2!}+\frac{1}{3!}+\cdots+\frac{1}{n!}$$

となる。ここで $p\geq 3$ では、

$$p!=p(p-1)(p-2)\cdots 3\cdot 2\cdot 1>2^{p-1}$$

であるから、

$$\frac{1}{p!}<\frac{1}{2^{p-1}}$$

である。故に

$$1+1+\frac{1}{2!}+\frac{1}{3!}+\cdots+\frac{1}{n!}<1+1+\frac{1}{2}+\frac{1}{2^2}+\cdots+\frac{1}{2^{n-1}}$$

右辺第 2 項以降は初項 1、公比 $\frac{1}{2}$ の等比級数であるから、その和を用いて

$$\text{右辺}=1+\frac{1-\frac{1}{2^n}}{1-\frac{1}{2}}=1+2-\frac{1}{2^{n-1}}<3$$

となる。従って

$$\left(1+\frac{1}{n}\right)^n < 3$$

となる。即ち n の増加と共に $\left(1+\frac{1}{n}\right)^n$ は増加するが、その極限値は3を超えない。即ち

$$\lim_{n\to\infty}\left(1+\frac{1}{n}\right)^n < 3$$

であり、その極限値を e とおく。

$$\lim_{n\to\infty}\left(1+\frac{1}{n}\right)^n = e$$

ここで $n=\frac{1}{m}$ とおけば、

$$\lim_{m\to 0}(1+m)^{1/m} = e$$

となる。

D）その4　$$\lim_{x\to 0}\frac{e^x-1}{x}=1 \qquad (7.22)$$

この関数の極限値は、次章で述べる関数の無限級数展開（問8.7参照）によって示そう。

【演習問題】

7.1　次の関数の極限値を求めよ。

1）$\lim_{x\to\infty}\frac{x-4}{x^2-2}$　2）$\lim_{x\to 2}\frac{x^2-4}{x-2}$　3）$\lim_{x\to 4}\frac{x-1}{\sqrt{x}-1}$　4）$\lim_{x\to 2-}\frac{1}{x-2}$

5）$\lim_{x\to\infty}\frac{2x^2+5}{x-3}$

7.2　次の関数の極限値を求めよ。

1）$\lim_{x\to 0}\frac{2-\sqrt{4-x}}{x}$　2）$\lim_{x\to 0}\frac{x}{1-\sqrt{1-x}}$　3）$\lim_{h\to 0}\frac{(x+h)^5-x^5}{h}$

4）$\lim_{x\to 0}\frac{\sin 4x}{x}$　5）$\lim_{x\to 0}\frac{\sin 5x-\sin 3x}{x}$　6）$\lim_{x\to 0}\frac{\cos 2x-1}{x^2}$

7）$\lim_{x\to 0}\left(2e^{2x}-e^x\right)$　8）$\lim_{x\to\infty}e^{1/x}$　9）$\lim_{x\to +0}3^{1/x}$

10）$\lim_{x\to -0}3^{1/x}$　11）$\lim_{x\to\infty}\left\{\log(x+4)-\log x\right\}$　12）$\lim_{x\to\infty}\left(\log\frac{1}{x^2}\right)$

7.3　次の関数の極限値を求めよ。

1）$\lim_{x\to a}\frac{x^2-a^2}{x-a}$　2）$\lim_{x\to 1}\frac{x^m-1}{x-1}$　$(m$は正の整数$)$

7.4　次の式は正しいか。そうであれば証明せよ.

1）$0.\dot{9}=1$　2）$0.\dot{3}=\frac{1}{3}$

ただし$0.\dot{9}=0.9999\cdots$の無限循環小数である。

7.5　次の級数の極限値を求めよ。

1）$\lim_{n\to\infty}\frac{1+2+3+\cdots+n}{n^2}$　2）$\lim_{n\to\infty}\left(1+\frac{1}{2}+\frac{1}{4}+\cdots+\frac{1}{2^n}\right)$

3）$\lim_{n\to\infty}\left(\frac{1}{1\cdot 2}+\frac{1}{2\cdot 3}+\frac{1}{3\cdot 4}+\cdots+\frac{1}{n(n+1)}\right)$　4）$\lim_{n\to\infty}\left(\frac{1}{2!}+\frac{2}{3!}+\frac{3}{4!}+\cdots+\frac{n}{(n+1)!}\right)$

7.6　無限等比級数　$a+ar+\cdots+ar^{n-1}+\cdots$　ただし$(a\neq 0)$について、次の場合の極限値を求めよ。

1）$|r|<1$　2）$r=1$

7.7　式(7.16)を面積を用いずに証明せよ。

ヒント：弦の長さ<弧の長さ<外接線の長さ、を使う。

8章　微　分

いんとろ8　フラクタル—いたるところで微分できない形状—

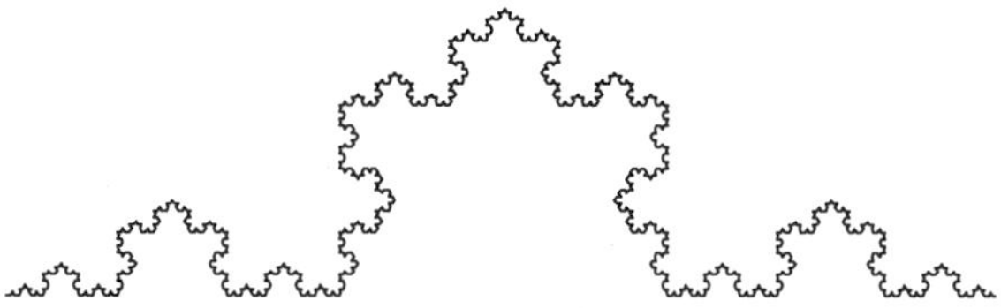

コッホ曲線

先生：この世界のものは特徴的長さを持つもの(A 群としよう)と持たないもの(B 群としよう)に分類されるんだよ。

翔太：どういうことですか。

先生：A 群には、例えば人や建物、地球等が含まれる。例えば人では、0.1 m の人も 10 m の人もいないから、人の特徴的長さは 1 m 程度といえる。建物は数十 m から数百 m 程度であろう。地球はその直径 12000 km ほどが特徴的長さと考えられる。これらのものの輪郭は、その特徴的長さに比べて滑らかで、限りなく微小部分に分割すれば直線で近似できるんだよ。(接線が引ける、あるいは微小部分を拡大しても、元の形にならない)、即ちほとんどの個所で微分可能ということだよ。

りさ：特徴的長さを持たないもの、B 群はどんなものですか。

先生：B 群には雲、海岸線、河川等が含まれるよ。例えばアマゾン川のような大河を考えよう。大河は源流から多くの支流が合流し、さらにそれらが支流となり、この構造を繰り返しながら本流を構成している。想像してごらん。河口から上流に向けて遡り、一つの支流に入ろう。その支流はあたかも本流のようにいくつものさらに小さな支流によって構成されているだろう。さらにその小さな支流の一つに入ろう。その小さな支流はさらに小さな多くの支流によって構成されているだろう。その一つの支流はさらに小さな支流によって・・・と、際限なくこの構造を繰り返し、落ち葉の下の目に見えないような水の流れも、砂粒の表面を被う流れも、さらに小さな流れによって構成されている。もしその部分を拡大すれば、元の大きな本流の形状と同じような形になっているように見えるであろう。

まり：そうか、特徴的長さがないんだ。

先生：そーだ、例えば海岸線の形を描くと、縮尺が明記されていなければ、それがどの程度の大きさを描いた海岸線か、判断することは難しいだろう。

翔太：雲の形もそうだね。

先生：雲や海岸線の形は、その一部を拡大しても縮小しても同じような形になるだろ。これを自己相似的な形というんだよ。もちろん自然の造形だから、正確に相似というわけではなく、統計的に同じような形状という意味だよ。これらのものの輪郭はどんなに微視的に見ても、自己相似的な形状になる。即ち滑らかでなく、いたるところで微分不可能といえるんだよ。このような形状をフラクタルというんだ。図にフラクタルの典型例であるコッホ曲線を示そう。コッホ曲線は微分不可能なばかりでなく、長さが無限大（定義できない）の奇妙な曲線だよ。フラクタルは生命とも関連している。例えば生物体を走る血管あるいは肺の構造もフラクタルと考えられている。さらに生命の進化そのものもフラクタル性があるように考えられている。

8.1 はじめに——微積分の歴史的背景——

微積分は数学のなかでもかなり広範な部分を占め、理学、工学はもとより、生命、環境、バイオサイエンス、社会科学等ほとんどあらゆる分野において、応用されている。それは自然現象、社会現象を問わず、この世界は常に変化し続けているからである。その一瞬一瞬の微小変化が積み重なって、我々の眼に見えるあるいは検知できる変化になるからである。この微小変化が微分量であり、積み重ねが積分であるという意味で、両者は密接に関連している。一般的に世の中で起きるあらゆる変化は非線形的である、即ちあるときは速く、あるときは遅く変化し、変化の速度が一様ではない。その変化を微小部分に分割(微分)すれば、ほとんど全ての変化を微小線分の和(積分)として表すことができる。

微積分の基となる考え方は、遠く古代ギリシア(あるいはそれ以前)に遡る。古代ギリシアの数学者アルキメデスは、極限を考えることによって、円を微小三角形に分割し、それらを足し合わせるという手法を使い、円の面積が、直角を挟む二辺がそれぞれ半径と円周に等しい直角三角形の面積と等しくなることを示した(付録 9.1)。しかし微分と積分が密接に関連し、現在周知されているように、両者が相互に逆の操作であることが数学的に明らかにされたのはそう古いことではない。これは、I. ニュートン(1643–1727、英)と G. ライプニッツ(1646–1716、独)によって、独立にしかしほぼ同時になされたのである。1600〜1700 年頃のことである。

ニュートンは、1666 年頃には、曲線 $y = ax^{m/n}$ (ここで a は定数、m, n は整数)と x 軸(0〜x)に囲まれる面積は

$$\frac{anx^{(m+n)/n}}{m+n}$$

になることを示している。これはまさに後で述べる定積分である。

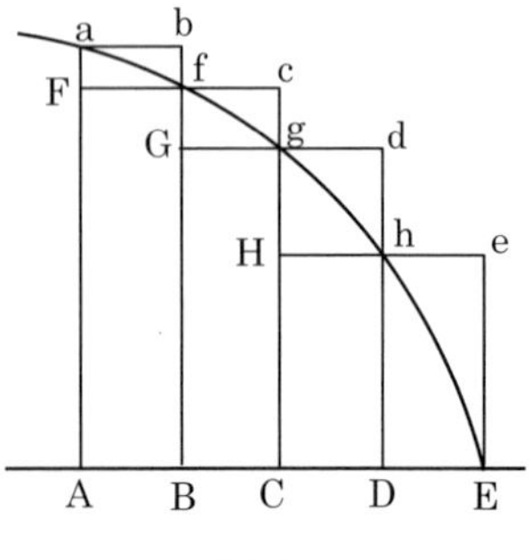

図 8–1

またニュートンは、1687 年刊行の「プリンキピア」(自然哲学の数学的諸原理)では、幾何学を使って、物体の運動や天体の運行等について解析し、微積分の概念を確立した。**図 8–1** を使って、微積分の基本となるニュートンの考察の一例を示そう。ある関数の曲線 agE と直線 Aa、AE に囲まれ図形を内接矩形の集合 Af、Bg、Ch 及び外接長矩形の集合 Ab、Bc、Cd、De によって近似する。曲線に囲まれた面積 AaE は内接図形 AFfGgHhD より大きく、外接図形 AabfcgdheE より小さい。これら外接図形と内接図形の面積の差は、矩形 Fb、

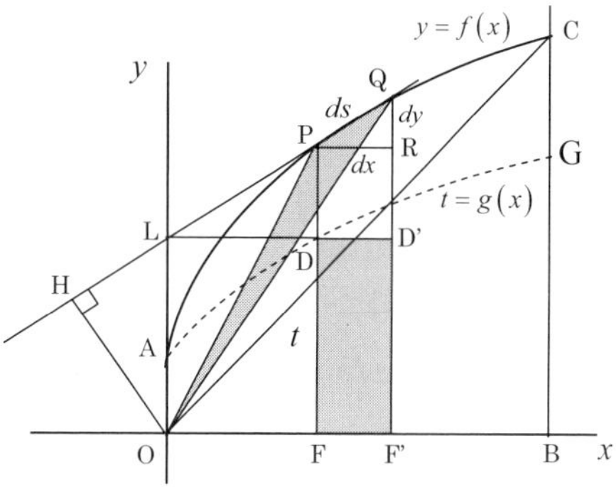

図 8-2

Gc、Hd、De の面積の和になり、それは矩形 AabB に等しい。従ってこの矩形の幅 AB を無限に小さくすると、矩形 AabB の面積は無限に小さくできる。従って上記の内接図形、外接図形及び曲線に囲まれた図形 AaE は、極限において相等しくなるであろう。

一方偉大な哲学者でもあり数学者でもあったライプニッツは、1675 年頃までには微積分学の基本的概念に到達していたという。彼は現在我々が使っている微積分の記号、dx の d や積分記号 $\int$ を使っている。因みに d は differentia（差）に、$\int$ は summa（和）の先頭の文字に由来する。またライプニッツは、微分して $f(x)$ に成る関数 $F(x)$ を $\int f(x)dx$ で表し、微分と積分が互いに逆の演算であることを示した。さらにライプニッツは現在の言葉で言う部分積分法を発見している。**図 8-2** に、その概略を示そう [1)]。ある関数 $y = f(x)$ 上の微小部分 PQ の延長線と y 軸との交点を L とし、O からその直線に下ろした垂線の足を H とする。ΔPQR を微小直角三角形として、$\mathrm{PR} = dx$, $\mathrm{QR} = dy$, $\mathrm{PQ} = ds$ とする。ΔPQR とΔOLH は相似であるから、$\mathrm{OL} = t$, $\mathrm{OH} = h$ として、

$$\frac{ds}{dx} = \frac{t}{h} \qquad \therefore hds = tdx$$

従って、微小三角形 OPQ の面積は、微小長方形 FDD'F'の面積の $\frac{1}{2}$ に等しい。従って微小三角形 OPQ の総和としての図形 OAPC の面積は、点 P の移動に伴い作られるある関数 $t = g(x)$ と x 軸に囲まれる面積 OAGB の $\frac{1}{2}$ に等しい。これをライプニッツは「積分変換公式」と呼んでいる。以上を整理すると、関数 $f(x)$ と x 軸によって挟まれた領域 OAPCB の面積＝図形 OAPC の面積+△OBC の面積＝$\frac{1}{2}$（OAGB の面積）+△OBC の面積、となる。ここで、P の座標を (x, y) として、現在の表記で表せば、

$$t = y - x\frac{dy}{dx}$$

であるから、次式が成り立つ。ここで O, B, C の座標をそれぞれ $(0,0)$, $(b,0)$, (b,c) とする。

$$\int_0^b ydx = \frac{1}{2}\int_0^b tdx + \frac{1}{2}bc = \frac{1}{2}\int_0^b \left(y - x\frac{dy}{dx} \right) dx + \frac{1}{2}bc$$

整理すると、次式を得る。

$$\int_0^b y dx = bc - \int_0^b x \frac{dy}{dx} dx$$

この式は後述する部分積分の式である。

ヨーロッパにおける微積分の発見、さらにはイギリスにおける産業革命、それに続く物理、化学、熱力学の発展等は、ヨーロッパを中心に基礎学問、さらには科学・技術の進展の奔流となり、現在に続いてくるのである。

一方、微積分が発見された頃わが国においては、大阪夏の陣も終わり徳川5代将軍綱吉の時代である。この頃関孝和が微積分の概念に到達していたという説もある(これについては異論もある)。しかし永い鎖国の時代も影響し、わが国の学問は自然科学の進展という大きな流れの中に参加することはなかった。その風潮は明治維新から太平洋戦争の終結を経て、現在においても、基礎学問に対する重要性の認識に関する彼我の差として、なお存在していると筆者は考えている。

ニュートンやライプニッツの微積分は、ベルヌーイ兄弟からさらには L.オイラー(1707–1783)へと引き継がれ、今日我々が高校や大学で普通に学ぶことができる微積分学に発展してゆくのである。現在我々があたりまえのように使っている記号は、先人たちが、いろいろな規則や計算法を十分吟味して考え出されてきたものである。

このような歴史的背景を見つめながら、微積分を学んでいこう。

＊ この節の内容は主に次の著書を参考にしている。

1) 数学を築いた天才たち(上下)、スチュワート・ホリングデール著、岡部恒春監訳、ブルーバックス、講談社、1994

2) 世界の名著 26、ニュートン、自然哲学の数学的諸原理、河辺六男訳、中央公論社、1971

3) 物語数学史、小堀憲、新潮社、1984

4) 現代数学の流れ 1、上野建爾他、岩波書店、2006

5) 数学史入門、佐々木力、ちくま学芸文庫、2005

8.2　微分係数

関数 $f(x)$ 上の2点AおよびBの x 座標を a 及び $a+h$ とする。**図 8-3** において、

$$\frac{f(a+h)-f(a)}{h}$$

は点A，Bを通る直線の勾配であり、関数 $f(x)$ の2点A，B間の平均変化率である。ここで h を限りなく0に近づけていくと、点Bは限りなく点Aに近づく。関数 $f(x)$ が

$h \to 0$ で収束し、連続であるとき、その極限値を $f(x)$ の $x=a$ での微分係数と呼び、$f'(a)$ で表す。即ち

$$f'(a)=\lim_{h \to 0}\frac{f(a+h)-f(a)}{h} \tag{8.1}$$

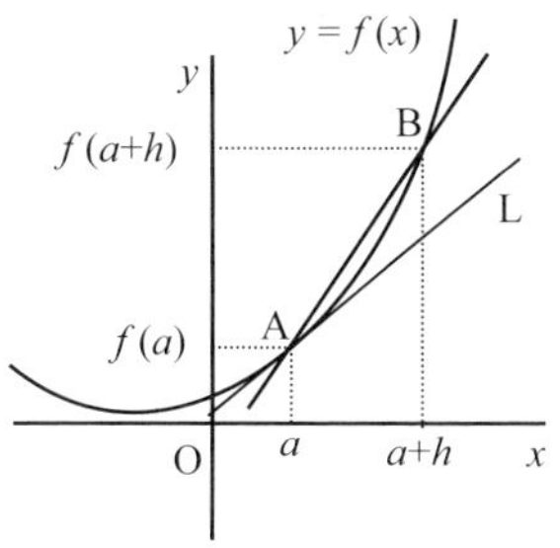

図 8-3

である。式(8.1)は微分係数の定義である。$f'(a)$ は何を表しているのであろうか。式(8.1)は $h \to 0$ の極限における直線の勾配であるから、それは点A、即ち $x=a$ においてf(x)に引いた接線 L の勾配である。関数 $y=f(x)$ が $x=a$ で微分可能ということは、その点 $(a, f(a))$ で接線が引けるということである。その接線の方程式は

$$y-f(a)=f'(a)\,(x-a) \tag{8.2}$$

である。ここで関数の微分可能と連続性について注意しよう。ある関数 $y=f(x)$ が $x=a$ で微分可能であれば $f(x)$ は $x=a$ で連続である。しかしこの逆「連続であれば微分可能である」は必ずしも真でない。連続であるが微分可能でない関数は存在する。例えば

$$y=f(x)=|x|$$

のような関数である。この関数は7章で示したように、$x=0$ で連続であるが滑らかでないので、微分不可能である。

例題 8.1　$y=(x+1)^2$ の $x=1$ における微分係数を求めよ。またそのグラフを描きその意味を確認せよ。

解　$y=f(x)=(x+1)^2$ とおき、微分係数の定義、式(8.1)に従って

$$f'(1)=\lim_{h \to 0}\frac{\{(1+h)+1\}^2-(1+1)^2}{h}=\lim_{h \to 0}\frac{(2+h)^2-4}{h}$$

$$=\lim_{h \to 0}\frac{4h+h^2}{h}=\lim_{h \to 0}(4+h)=4$$

図 8-4 に示すように、$f'(1)$ は $x=1$ における接線の勾配である。接線の式は

$y-4=4(x-1)$ 即ち $y=4x$ である。

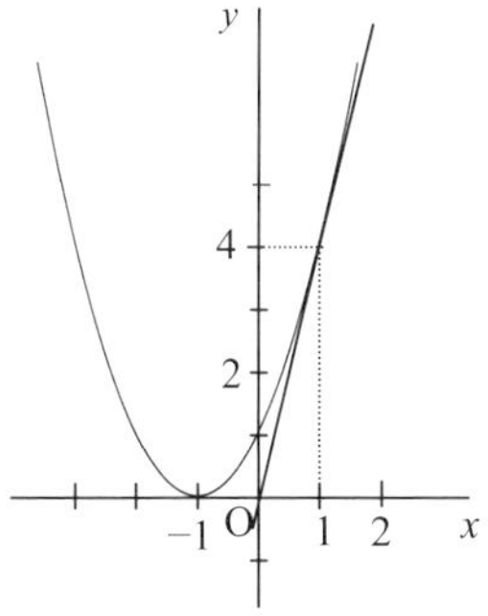

図 8-4

問 8.1　定義、式(8.1)に従い、次の関数の( )内の x 値における微分係数を求めよ。

1) $y=x^2$ $(x=2)$　　2) $y=(x+2)^2$ $(x=1)$

3) $y=x^3$ $(x=-1)$　　4) $y=x^3-x$ $(x=-1)$

8.3 導関数

微分係数 $f'(a)$ は関数 $f(x)$ 上の一点 $x=a$ における接線の勾配であった。ここでいろいろな点における微分係数を考えよう。即ち a を一般の変数 x とみなして、式(8.1)を適用すれば、

$$f'(x)=\lim_{h\to 0}\frac{f(x+h)-f(x)}{h} \tag{8.3}$$

となる。この式の極限値が存在するとき、それを $y=f(x)$ の導関数といい $y'=f'(x)$ と表す。式(8.3)は導関数の定義である。

即ち、微分係数 $f'(a)$ は導関数 $f'(x)$ の $x=a$ における値ということになる。$y=f(x)$ の導関数を求めることを、$f(x)$ を微分するという。導関数は $f'(x)$ の他に y' と表すときもある。また、どの変数について微分するかを明示したいときは、

$$\frac{dy}{dx},\ \frac{df}{dx},\ \frac{df(x)}{dx},$$

等で表示する。そのときの状況によりどの表示を使うか適当に選べばよい。

例題 8. 2 定義に従い次の関数の導関数を求めよ。

1) $f(x)=x^2$　　2) $f(x)=c$　(c は定数)

解 1) 定義式(8.3)により

$$f'(x)=\lim_{h\to 0}\frac{(x+h)^2-x^2}{h}=\lim_{h\to 0}\frac{\left(x^2+2hx+h^2\right)-x^2}{h}=\lim_{h\to 0}\frac{2hx+h^2}{h}$$

$$=\lim_{h\to 0}(2x+h)=2x$$

2) $f'(x)=\lim_{h\to 0}\dfrac{c-c}{h}=\lim_{h\to 0}\dfrac{0}{h}=0$　である。定数の導関数は 0 である。

例題 8. 3 $y=x^n$ のとき $y'=nx^{n-1}$ であることを示せ。現時点では n は自然数とする(後で実数まで拡張される)。

解 $y=f(x)$ とおき、定義に従って微分すると

$$f'(x)=\lim_{h\to 0}\frac{(x+h)^n-x^n}{h}$$

この式は式(7.14)と同じ内容であるから、詳細は省略する。$(x+h)^n$ を二項定理を用いて展開すると次式を得る。

$$\frac{(x+h)^n-x^n}{h}=nx^{n-1}+\frac{n(n-1)}{2}x^{n-2}h^1+\cdots+h^{n-1}$$

ここで $h\to 0$ とすれば、右辺第一項以外は全て 0 になるから

$$f'(x) = nx^{n-1} \tag{8.4}$$

式(8.4)は冪数 n が実数値まで拡張されるが、その証明は対数関数の微分の学習後になされる。従って当面はこの式が実数冪にも成り立つとして進めよう。

問 8. 2　定義に従って、次の関数の導関数を求めよ。

1）$y = 5x$　　2）$y = x^2+2$　　3）$y = x^3$　　4）$y = (x+1)^2$

8.4　微分の公式

定義に基づいて導関数を求めることは煩雑なので、いくつかの有用な微分の公式についてまとめておく。ここでは便宜のために導関数の定義を次のようにいろいろな形で表そう。

$$\frac{dy}{dx} = y' = f'(x) = \lim_{\Delta x \to 0} \frac{f(x+\Delta x) - f(x)}{\Delta x} = \lim_{\Delta x \to 0} \frac{\Delta f}{\Delta x} = \lim_{\Delta x \to 0} \frac{\Delta y}{\Delta x}$$

ここで $\Delta f = \Delta y = f(x+\Lambda x) - f(x)$ である。

1）定数倍の微分：$y = cf(x)$ のとき、　ただし c は定数

$$\Delta y = cf(x+\Delta x) - cf(x) = c\{f(x+\Delta x) - f(x)\} = c\Delta f$$

$$\therefore y' = \lim_{\Delta x \to 0} \frac{\Delta y}{\Delta x} = \lim_{\Delta x \to 0} \frac{c\Delta f}{\Delta x} = c \lim_{\Delta x \to 0} \frac{\Delta f}{\Delta x} = cf'(x)$$

2）和と差の微分：$y = f(x) \pm g(x)$ のとき

$$\Delta y = \{f(x+\Delta x) \pm g(x+\Delta x)\} - \{f(x) \pm g(x)\} = \{f(x+\Delta x) - f(x)\} \pm \{g(x+\Delta x) - g(x)\}$$
$$= \Delta f \pm \Delta g$$

ただし、$\Delta g = g(x+\Delta x) - g(x)$

$$\therefore\ y' = \lim_{\Delta x \to 0} \frac{\Delta y}{\Delta x} = \lim_{\Delta x \to 0} \frac{\Delta f \pm \Delta g}{\Delta x} = \lim_{\Delta x \to 0} \frac{\Delta f}{\Delta x} \pm \lim_{\Delta x \to 0} \frac{\Delta f}{\Delta x} = f'(x) \pm g'(x)$$

3）積の微分：$y = f(x)g(x)$ のとき

$$\Delta y = \{f(x+\Delta x)\,g(x+\Delta x)\} - \{f(x)\,g(x)\} = \{f(x+\Delta x)\,g(x+\Delta x)\}$$
$$- \{f(x)\,g(x)\} + f(x)\,g(x+\Delta x) - f(x)\,g(x+\Delta x)$$
$$= \{f(x+\Delta x) - f(x)\}\,g(x+\Delta x) + f(x)\,\{g(x+\Delta x) - g(x)\} = \Delta f\,g(x+\Delta x) + f(x)\,\Delta g$$

$$\therefore\ y' = \lim_{\Delta x \to 0} \frac{\Delta y}{\Delta x} = \lim_{\Delta x \to 0} \frac{\Delta f}{\Delta x} g(x+\Delta x) + \lim_{\Delta x \to 0} f(x)\frac{\Delta g}{\Delta x} = f'(x)\,g(x) + f(x)\,g'(x)$$

4）商の微分：$y = \dfrac{f(x)}{g(x)}$ のとき

これは $f(x)$ と $\dfrac{1}{g(x)}$ との積の微分であるから、$u(x) = \dfrac{1}{g(x)}$ とおいて $u'(x)$ を求め、3）の結果を利用すればよい。

$u(x)$ の増分を $\Delta u(x)$ とすれば

$$\Delta u(x)=\frac{1}{g(x+\Delta x)}-\frac{1}{g(x)}=-\frac{g(x+\Delta x)-g(x)}{g(x+\Delta x)g(x)}$$

$$\therefore\ u'(x)=\left(\frac{1}{g(x)}\right)'=\lim_{\Delta x\to 0}\frac{\Delta u}{\Delta x}=\lim_{\Delta x\to 0}\left(\frac{-1}{g(x+\Delta x)g(x)}\right)\left(\frac{g(x+\Delta x)-g(x)}{\Delta x}\right)=-\frac{g'(x)}{\{g(x)\}^2}$$

従って

$$y'=\left(f(x)\frac{1}{g(x)}\right)'=f'(x)\frac{1}{g(x)}+f(x)\left(\frac{1}{g(x)}\right)'=f'(x)\frac{1}{g(x)}-f(x)\left(\frac{g'(x)}{\{g(x)\}^2}\right)$$

$$=\frac{f'(x)g(x)-f(x)g'(x)}{\{g(x)\}^2}$$

となる。以下に上記の微分の公式をまとめておこう。

$$(cf(x))'=cf'(x) \tag{8.5}$$

$$(f(x)\pm g(x))'=f'(x)\pm g'(x) \tag{8.6}$$

$$(f(x)g(x))'=f'(x)g(x)+f(x)g'(x) \tag{8.7}$$

$$\left(\frac{f(x)}{g(x)}\right)'=\frac{f'(x)g(x)-f(x)g'(x)}{\{g(x)\}^2} \tag{8.8}$$

問 8.3　次の関数を微分せよ。

1）$y=\sqrt{x}$　　2）$y=\sqrt{x^3}$　　3）$y=2x^2\sqrt{x}$　　4）$y=\dfrac{1}{2x^2}$

5）$y=(x^2+3)(-x^3+3x^2+2)$　　6）$y=\dfrac{x^2}{x+2}$　　7）$y=\dfrac{x^2-4}{2x+1}$

8.5　合成関数、媒介変数表示関数及び逆関数の微分

(1)　合成関数の微分

$$y=(2x^2+1)^2 \tag{8.9}$$

この関数は$u=2x^2+1$とすれば、

$$y=u^2$$

となる。一般的に

$$y=f(u),\quad u=g(x) \tag{8.10a}$$

あるいは

$$y=f\{g(x)\} \tag{8.10b}$$

と表すことのできる関数を合成関数という。

ここで合成関数の導関数を求めてみよう。式(8.10a)を定義に従って微分すれば

$$y' = \frac{dy}{du} = \lim_{\Delta u \to 0} \frac{f(u+\Delta u) - f(u)}{\Delta u} = \lim_{\Delta u \to 0} \frac{\Delta y}{\Delta u} \tag{8.11}$$

$$u' = \frac{du}{dx} = \lim_{\Delta x \to 0} \frac{g(x+\Delta x) - g(x)}{\Delta x} = \lim_{\Delta x \to 0} \frac{\Delta u}{\Delta x} \tag{8.12}$$

式(8.11)、(8.12)より

$$\frac{dy}{du}\frac{du}{dx} = \lim_{\substack{\Delta u \to 0 \\ \Delta x \to 0}} \frac{\Delta y}{\Delta u}\frac{\Delta u}{\Delta x} = \lim_{\Delta x \to 0} \frac{\Delta y}{\Delta x} = \frac{dy}{dx}$$

を得る。即ち

$$\frac{dy}{dx} = \frac{dy}{du}\frac{du}{dx} \tag{8.13}$$

が成り立つ。式(8.13)の関係は、式(8.10)のような関数関係がいくつあっても成り立つことが同様に証明される。例えば

$$\frac{dy}{dx} = \frac{dy}{du}\frac{du}{dw}\frac{dw}{dx} \tag{8.14}$$

等である。

このような合成関数の微分を表すときには、導関数を$\frac{dy}{dx}$のような形式で表記することが便利であることがわかるであろう。また後述するが、陰関数の微分においては、この合成関数の微分法が用いられる。

例題 8. 4　式(8.9)の導関数を合成関数の微分法を用いて求めよ。

解　前述のようにこの関数を

$$y = u^2, \quad u = 2x^2 + 1$$

とおく。式(8.13)より

$$\frac{dy}{dx} = \frac{dy}{du}\frac{du}{dx} = 2u \times 4x = 8x\left(2x^2 + 1\right)$$

となる。

---

(2) 媒介変数表示関数の微分

同様の方法で、媒介変数(パラメーター)表示関数の導関数も求めることができる。t を媒介変数として、関数 $y = f(t)$, $x = g(t)$ から、$\frac{dy}{dx}$を求めよう。

$$\frac{dy}{dt} = \lim_{\Delta t \to 0} \frac{f(t+\Delta t) - f(t)}{\Delta t} = \lim_{\Delta t \to 0} \frac{\Delta y}{\Delta t} \tag{8.15}$$

$$\frac{dx}{dt} = \lim_{\Delta t \to 0} \frac{g(t+\Delta t) - g(t)}{\Delta t} = \lim_{\Delta t \to 0} \frac{\Delta x}{\Delta t} \tag{8.16}$$

$$\therefore \lim_{\Delta t \to 0} \frac{\Delta y / \Delta t}{\Delta x / \Delta t} = \lim_{\Delta t \to 0} \frac{f(t+\Delta t) - f(t)}{g(t+\Delta t) - g(t)} = \frac{dy}{dx} \tag{8.17}$$

$$\therefore \frac{dy}{dx} = \frac{dy/dt}{dx/dt} \qquad (8.18)$$

例題 8. 5 次の媒介変数 t の関数より、$\dfrac{dy}{dx}$ を求めよ。

解 $y = t^4 + t^2 + 1$, $x = t^2 + 1$

媒介変数関数の微分式(8.18)から、

$$\frac{dy}{dx} = \frac{dy/dt}{dx/dt} = \frac{4t^3 + 2t}{2t} = 2t^2 + 1 = 2x - 1$$

(因みに上の 2 式から t を消去すれば、$y = x^2 - x + 1$ となる)

(3) 逆関数の微分

$y = f(x)$ の逆関数は $x = f(y)$ であり、これを $y = f^{-1}(x)$ とかく。ここで

$$\Delta x = f(y + \Delta y) - f(y)、また \Delta y = f^{-1}(x + \Delta x) - f^{-1}(x)$$

とおくと、$\Delta y \to 0$ であれば $\Delta x \to 0$ であるから、微分の定義により

$$\frac{dx}{dy} = \lim_{\Delta y \to 0} \frac{f(y + \Delta y) - f(y)}{\Delta y} = \lim_{\Delta y \to 0} \frac{\Delta x}{\Delta y} = \lim_{\Delta x \to 0} \frac{1}{\dfrac{f^{-1}(x + \Delta x) - f^{-1}(x)}{\Delta x}} = \frac{1}{\dfrac{dy}{dx}}$$

$$\therefore \frac{dy}{dx} = \frac{df^{-1}(x)}{dx} = \frac{1}{\dfrac{dx}{dy}} = \frac{1}{f'(y)} \qquad (8.19)$$

例題 8. 6 次の関数の逆関数の導関数を求めよ。

1) $y = 3x + 2$ 2) $y = x^3 + 1$

解 1) 逆関数は $x = 3y + 2$ 故に $\dfrac{dx}{dy} = 3$, $\therefore \dfrac{dy}{dx} = \dfrac{1}{3}$

2) 逆関数は $x = y^3 + 1$ 故に $\dfrac{dx}{dy} = 3y^2$, $\therefore \dfrac{dy}{dx} = \dfrac{1}{3y^2} = \dfrac{1}{3}(x-1)^{-2/3}$

問 8. 4 次の関数を微分し、$\dfrac{dy}{dx}$ を求めよ。

1) $y = (2x^2 - x + 1)^2$ 2) $y = (3x^2 + 4)^3$ 3) $y = \sqrt{2x - 3}$ 4) $y = \dfrac{1}{(4x^2 + x)^2}$

5) $y = t^2$, $x = t$ 6) $y = t^2 - 4$, $x = t - 1$

8.6 三角関数、指数関数、対数関数の微分

ここでは三角関数、指数関数、対数関数の導関数を求めよう。

(1)　三角関数の微分

1)　$y = \sin x$ の導関数を定義に従って求めてみよう。

$$y' = \lim_{\Delta x \to 0} \frac{\sin(x + \Delta x) - \sin x}{\Delta x} \tag{8.20}$$

である。ここで右辺の分子 $\Delta y = \sin(x + \Delta x) - \sin x$ を三角関数の公式

$$\sin A - \sin B = 2\cos\left(\frac{A + B}{2}\right)\sin\left(\frac{A - B}{2}\right)$$

を用いて変形する。

$$\Delta y = \sin(x + \Delta x) - \sin x = 2\cos\left(x + \frac{\Delta x}{2}\right)\sin\frac{\Delta x}{2}$$

$$\therefore\ \frac{\Delta y}{\Delta x} = \cos\left(x + \frac{\Delta x}{2}\right)\frac{\sin\frac{\Delta x}{2}}{\frac{\Delta x}{2}} \tag{8.21}$$

ここで $\Delta x \to 0$ で $\left(\sin\frac{\Delta x}{2}\right) \Big/ \frac{\Delta x}{2}$ は1になるので(式(7.16)参照)

$$\lim_{\Delta x \to 0}\frac{\Delta y}{\Delta x} = \lim_{\Delta x \to 0}\cos\left(x + \frac{\Delta x}{2}\right)\frac{\sin\frac{\Delta x}{2}}{\frac{\Delta x}{2}} = \cos x$$

となる。即ち

$$y' = \sin' x = \cos x \tag{8.22}$$

2)　$y = \cos x$ の導関数も同様の方法で求めることができる。定義に従い

$$y' = \lim_{\Delta x \to 0} \frac{\cos(x + \Delta x) - \cos x}{\Delta x} \tag{8.23}$$

この場合三角関数の公式

$$\cos A - \cos B = -2\sin\left(\frac{A + B}{2}\right)\sin\left(\frac{A - B}{2}\right)$$

を用いる。

$$\Delta y = \cos(x + \Delta x) - \cos x = -2\sin\left(x + \frac{\Delta x}{2}\right)\sin\frac{\Delta x}{2}$$

であるから

$$\frac{\Delta y}{\Delta x} = -\sin\left(x + \frac{\Delta x}{2}\right)\frac{\sin\frac{\Delta x}{2}}{\frac{\Delta x}{2}}$$

$$\lim_{\Delta x\to 0}\frac{\Delta y}{\Delta x}=\lim_{\Delta x\to 0}\left[-\sin\left(x+\frac{\Delta x}{2}\right)\frac{\sin\frac{\Delta x}{2}}{\frac{\Delta x}{2}}\right]=-\sin x$$

$$\therefore\ y'=\cos' x=-\sin x \tag{8.24}$$

である。

式(8.22)及び(8.24)を幾何学的に求めることもできる。**図 8–5** は、半径 1 の円の角 x ラジアン及び微小角 $\varDelta x$ の関係を描いた図で、(b)は(a)の部分拡大図である。$\varDelta x$ は微小角なので、図(b)では円弧 AB は直線で近似されている。点 A, B より横軸に下ろした垂線の足を、P, Q とする。また B より縦軸に下ろした垂線の足を D とし、AP と BD の交点を C とする。

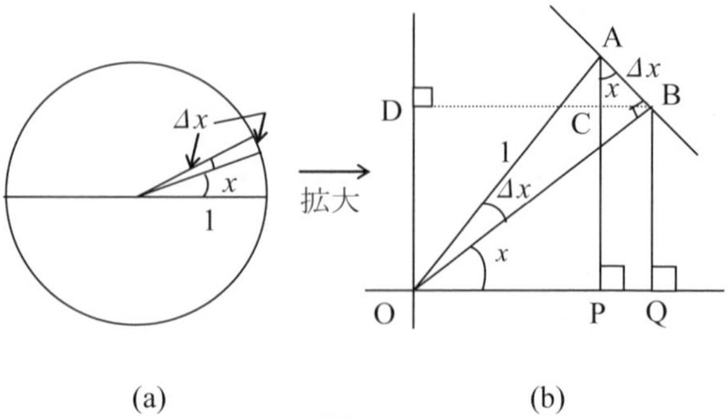

図 8–5

$$\sin(x+\Delta x)=\mathrm{AP}、\qquad \sin x=\mathrm{BQ}$$

であるから、

$$\sin' x=\lim_{\Delta x\to 0}\frac{\sin(x+\Delta x)-\sin x}{\Delta x}$$

$$=\lim_{\Delta x\to 0}\frac{\mathrm{AP}-\mathrm{BQ}}{\Delta x}=\lim_{\Delta x\to 0}\frac{\mathrm{AC}}{\Delta x}=\cos x$$

同様に

$$\cos' x=\lim_{\Delta x\to 0}\frac{\cos(x+\Delta x)-\cos x}{\Delta x}=\lim_{\Delta x\to 0}\frac{\mathrm{OP}-\mathrm{OQ}}{\Delta x}=\lim_{\Delta x\to 0}\frac{-\mathrm{PQ}}{\Delta x}=-\sin x$$

となる。

例題 8. 7 $y=\tan x$ を微分せよ。

解 商の微分法を適用する。

$$y'=\left(\frac{\sin x}{\cos x}\right)'=\frac{\sin' x\cos x-\sin x\cos' x}{\cos^2 x}=\frac{\cos^2 x+\sin^2 x}{\cos^2 x}$$

$$\therefore\ \frac{d\tan x}{dx}=\frac{1}{\cos^2 x}=\sec^2 x \tag{8.25}$$

例題 8. 8 $y=\sin^{-1}x$ を微分し、$\dfrac{dy}{dx}$ を求めよ。ただし y の値は主値の範囲とせよ。

解　$y=\sin^{-1}x$ の元の形は $x=\sin y$ である。ここで $-\dfrac{\pi}{2}\leq y\leq\dfrac{\pi}{2}$ である。

逆関数の微分式(8.19)を用いて、

$$\frac{dx}{dy}=\cos y \qquad \therefore \frac{dy}{dx}=\frac{d\sin^{-1}x}{dx}=\frac{1}{\cos y}$$

ただし $\cos y\neq 0$　故に $-\dfrac{\pi}{2}<y<\dfrac{\pi}{2}$ である。

ここで $\cos y$ を x を用いて表すことを考えよう。$\sin^2 y+\cos^2 y=1$ であるから、

$\cos^2 y=1-x^2$　　また y の範囲から $\cos y>0$ であるから

$\cos y=\sqrt{1-x^2}$

$$\therefore \frac{dy}{dx}=\frac{d\sin^{-1}x}{dx}=\frac{1}{\sqrt{1-x^2}}$$ 　ただし $-1<x<1$ である。

---

(2)　指数関数の微分

$y=e^x$ を定義に従って微分してみよう。

$$y'=\lim_{\Delta x\to 0}\frac{\mathrm{e}^{(x+\Delta x)}-e^x}{\Delta x}=\lim_{\Delta x\to 0}\frac{\mathrm{e}^x e^{\Delta x}-e^x}{\Delta x}=e^x\lim_{\Delta x\to 0}\frac{\mathrm{e}^{\Delta x}-e^0}{\Delta x}=e^x\lim_{\Delta x\to 0}\frac{\mathrm{e}^{(0+\Delta x)}-e^0}{\Delta x}$$

$$=e^x f'(0)$$

ここで、$f'(0)$ は $x=0$ における微分係数である。$y=e^x$ の $x=0$ での接線の勾配は1であることを思い出そう。(そのように e を定めたのである)

$$\therefore\ f'(0)=1$$

であるから、

$$\frac{de^x}{dx}=e^x \tag{8.26}$$

となる。即ち e^x という関数は、微分しても変化しない関数である。

例題 8.9　次の関数を微分せよ。ただし a, b は定数とする。

1）$y=ae^x$　　2）$y=ae^{bx}$

解　1）$y'=a\left(e^x\right)'=ae^x$

2）$u=bx$ とおいて、合成関数の微分法を適用する。

$$y'=\frac{dy}{dx}=\frac{dy}{du}\frac{du}{dx}=ae^u b=abe^{bx}$$

---

(3)　対数関数の微分

自然対数 $y=\ln x$ （$x>0$ とする）を微分してみよう。この関数を指数形にすれば、

$$x = e^y$$

であるから、

$$\frac{dx}{dy} = e^y$$

$$\therefore\ \frac{dy}{dx} = \frac{1}{\left(\dfrac{dx}{dy}\right)} = \frac{1}{e^y} = \frac{1}{x} \qquad (*)$$

となる。即ち

$$\frac{d\ln x}{dx} = \frac{1}{x} \tag{8.27}$$

式(8.27)を$x < 0\ (\therefore -x > 0)$にも適用してみよう。

$$\frac{d\ln(-x)}{dx} = \frac{1}{-x}(-1) = \frac{1}{x}$$

となる。従って、式(8.27)は一般的に次のように書ける。

$$\frac{d\ln|x|}{dx} = \frac{1}{x} \quad (-\infty < x < \infty,\ x \neq 0) \tag{8.27'}$$

ここで(＊)の式では逆関数の微分、式(8.19)を使っている。

8.7 陰関数の微分

今までは主に$y = f(x)$の形の関数を扱ってきた。この形式の関数を陽関数という。一方$f(x, y) = 0$の形で表されている関数を陰関数という。例えば円の方程式

$$x^2 + y^2 = 1 \tag{8.28}$$

は陰関数表示であり、

$$y = \pm\sqrt{1 - x^2}$$

は陽関数表示である。このように陽関数にすると無理数で表示される場合が多いので、陰関数で表示するほうが都合が良いことが多い。ここで陰関数を直接微分することを考えよう。式(8.28)をxで微分すると

$$\frac{dx^2}{dx} + \frac{dy^2}{dx} = 0$$

$$\therefore\ 2x + \frac{dy^2}{dy}\frac{dy}{dx} = 2x + 2y\frac{dy}{dx} = 0$$

$$\therefore\ \frac{dy}{dx} = -\frac{x}{y}$$

となる。

例題 8.10　$f(x, y) = x^2 + xy + 2y^2 - 1 = 0$を陰関数の微分法により微分せよ。

例題 8. 10 $f(x,y)=x^2+xy+2y^2-1=0$ を陰関数の微分法により微分せよ。

解 $$\frac{df(x,y)}{dx}=\frac{dx^2}{dx}+\frac{d(xy)}{dx}+\frac{d(2y^2)}{dy}\frac{dy}{dx}=0$$

$$\therefore\ \frac{df(x,y)}{dx}=2x+y+x\frac{dy}{dx}+4y\frac{dy}{dx}=0$$

$$\therefore\ \frac{dy}{dx}=-\frac{2x+y}{x+4y}$$

例題 8. 11 式(8.4)の関係が、n が負の整数の時も成り立つことを示せ。陰関数の微分を用いよ。

解 $y=x^{-n}$ (n は正の整数)として

$$yx^n=1$$

両辺を x で微分すると

$$\frac{dy}{dx}x^n+ynx^{n-1}=0$$

$$\therefore\frac{dy}{dx}=-ynx^{n-1}x^{-n}=-nx^{-n-1}$$

式(8.4)の関係は、対数の微分法を用いることによって、実数全体(即ち無理数を含む)まで拡張できる。ここで

$$y=x^{\alpha} \tag{8.29}$$

で、αを任意の実数とする。

式(8.29)の両辺の対数をとる。

$$\ln y=\alpha\ln x$$

陰関数の微分で、

$$\frac{d\ln y}{dy}\frac{dy}{dx}=\frac{\alpha}{x}$$

$$\therefore\ \frac{1}{y}\frac{dy}{dx}=\frac{\alpha}{x}$$

$$\therefore\ \frac{dy}{dx}=\frac{\alpha y}{x}=\frac{\alpha x^{\alpha}}{x}=\alpha x^{\alpha-1}$$

となる。即ち、任意の実数 α に対し

$$\frac{dx^{\alpha}}{dx}=\alpha x^{\alpha-1} \tag{8.30}$$

が成り立つ。

問 8.5 次の関数を微分せよ。

1) $y = e^{3x}$ 2) $y = \ln 2x$ 3) $y = x\ln x$ 4) $y = \cos x$

5) $y = \sin^2 x$ 6) $y = \cos^3 2x$

8.8 関数の増減

8.8.1 極大・極小

ここでは微分を用い、関数のグラフの形状の概略を知る方法について述べよう。関数 $y = f(x)$ 上の任意の点 $x = a$ における微分係数 $f'(a)$ は、その点においてその関数曲線に引いた接線の勾配であることは既に学んだ。従って次のことが成り立つ。

1) $f'(a) > 0$ のとき、接線の勾配は正、即ち $f(x)$ は $x = a$ で右上がり（増加）の状態にある。

2) $f'(a) < 0$ のとき、接線の勾配は負、即ち $f(x)$ は $x = a$ で右下がり（減少）の状態にある。

3) $f'(a) = 0$ のとき、接線の勾配は 0、即ち $f(x)$ は $x = a$ で水平の状態（極値を持つか、変曲点）にある。

図 8-6 を使って上の 1)～3) について考えよう。

1) $x > q$、$x < p$ では、接線の勾配は正、即ち $f'(x) > 0$ で $f(x)$ は x の増加と共に増加する。

2) $p < x < q$ では、接線の勾配は負、即ち $f'(x) < 0$ で $f(x)$ は x の増加と共に減少する。

3) $x = p$、$x = q$ では、$f'(x) = 0$ で $f(x)$ は極値をとる。

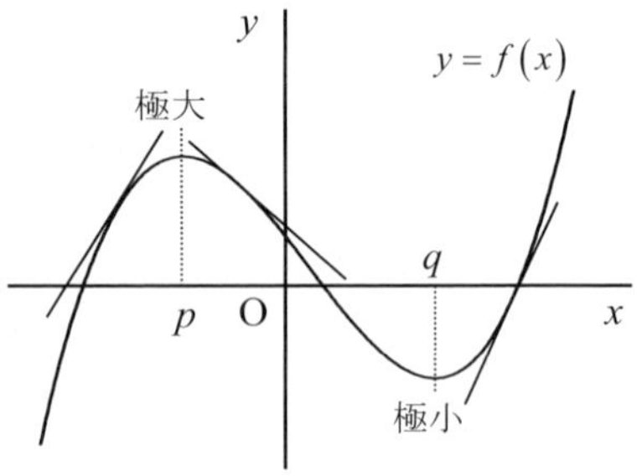

図 8-6

$x = p$ で $f(x)$ は極大となり、このとき $f(p)$ を極大値という。極大値を挟んで、x の増加とともに $f'(x)$ は正から負へ変化する。$x = q$ で $f(x)$ は極小となり、このとき $f(q)$ を極小値という。極小値を挟んで、x の増加とともに $f'(x)$ は負から正へ変化する。尚、極大、極小はそれらの極値の大きさにかかわらず、ピークが上に凸であれば極大であり、下に凸であれば極小である。従って **図 8-7** に示すように、一つの関数のグラフに極大、極小は複数存在し得る。また、極大値、極小値と最大値、最小値と混同してはいけない。一般的に x の範囲を限らなければ、$f(x)$ はいくらでも大きくあるいは小さくなり得るからである。**図 8-7** では、$a \le x \le b$ とすれば、最大値は $f(b)$ であり、最小値は $f(a)$ である。x の範囲のとり方によっては、極大値と最大値あるいは極小値と最小値は一致する場合もある。

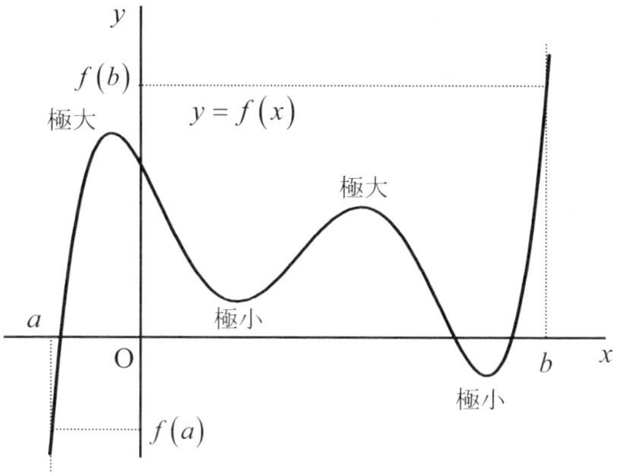

図 8-7

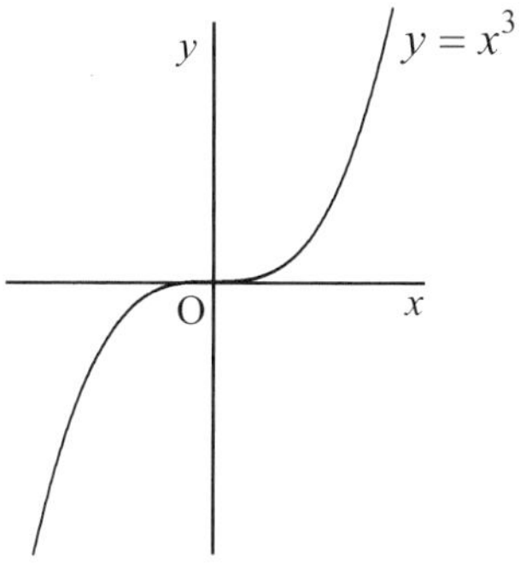

図 8-8

ここで注意すべき点は、$f'(a)=0$ のとき $f(x)$ は必ずしも極値をとるとは限らない。例えば **図 8-8** に示すように、$y=x^3$ は $x=0$ で $f'(0)=0$ となり、三重根をとり極値はとらない。

8.8.2　変曲点

関数 $y=f(x)$ の導関数（1 次微分）$f'(x)$ は、その関数の極値や増減等の情報を与えた。それでは $f'(x)$ をもう一度 x について微分したらどうなるであろうか。これは $f(x)$ の 2 次導関数（2 階導関数あるいは 2 次微分）といい、$f''(x)$ あるいは $\dfrac{d^2 f(x)}{dx^2}$ で表す。それでは 2 次導関数はその関数の如何なる情報を与えるのであろうか。2 次導関数 $f''(x)$ は（1 次）導関数 $f'(x)$ の導関数であるから、ちょうど $f'(x)$ の正負が $f(x)$ の増減を表したように、$f''(x)$ は $f'(x)$ の増減、即ち接線の勾配の増減を表す。接線の勾配は何によって決まるのであろうか。もし $f(x)$ が直線であれば、その直線上の各点での接線の勾配は変化しない。接線の勾配が変化するということは、その関数の曲率が変化していることである。例えば **図 8-9** に示されるように、関数 $f(x)$ が下に凸の形をしていれば、$f''(x)$ は x の増加と共に増加する。一方 $f(x)$ が上に凸の形であれば、$f''(x)$ は x の増加と共に減少する。この関係は $f''(x)$ の正負に係らず成り立つことである。以上のことを **図 8-7** で考えてみよう。まず極大点を挟んだ近傍では、曲線は上に凸であるから $f''(x)<0$ である。また極小点を挟んだ近傍では、曲線は下に凸であるから、$f''(x)>0$ である。従って極大点と極小点の間に、$f''(x)$ の符号が変化

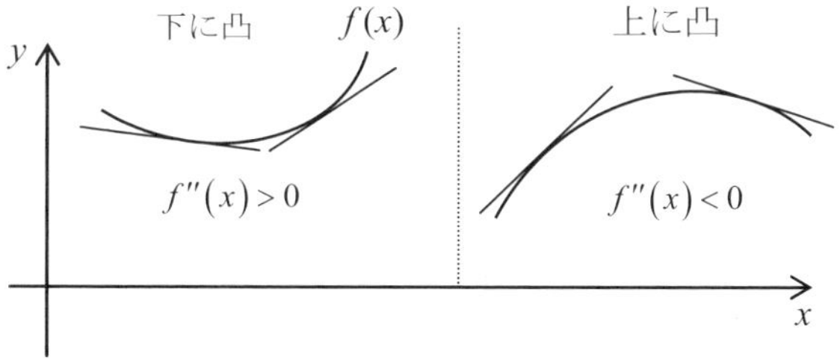

図 8-9

する点が必ずある。その変化する点では $f''(x)=0$ となる。即ち $f''(x)=0$ となる点は、**図 8‒10** に示すように曲線の曲率が正から負(あるいはその逆)に変化する点である。そのような点を変曲点という。即ち、

$f''(x)>0$　　下に凸

$f''(x)<0$　　上に凸

$f''(a)=0$　　変曲点　($x=a$ の前後で $f''(x)$ の符号が変わる)

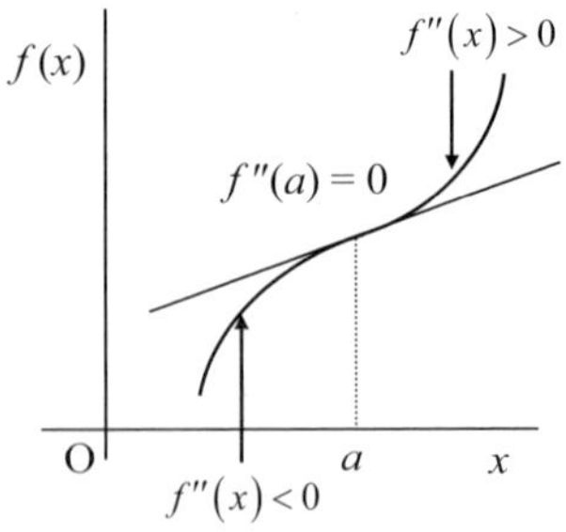

図 8‒10

ここで注意すべきことは、$f''(x)=0$ であっても必ずしも変曲点であるとはかぎらないことである。例えば $f(x)=x^4$ は $x=0$ で $f''(x)=0$ であるが、この点は変曲点ではなく、極小点である。この場合には、極値の両側で $f''(x)$ の符号は変化しない。

例題 8. 12　$f(x)=x^3-4x^2+4x$ のグラフの極大、極小、変曲点等を求め概形を描け(**図 8‒11**)。

解　$f(x)=x(x-2)^2$ であるから、解(根)は 0, 2 である(2 は重解(根))。また、

$f'(x)=3x^2-8x+4=(3x-2)(x-2)=0$

より、$x=\dfrac{2}{3}, 2$ で極値をとる。$f\left(\dfrac{2}{3}\right)=\dfrac{32}{27}$ で極大、

$f(2)=0$ で極小である。また 2 次微分

$f''(x)=6x-8=0$

より、$x=\dfrac{4}{3}$ が変曲点である。また、$x<\dfrac{4}{3}$ で $f''(x)<0$ で曲線は上に凸、$x>\dfrac{4}{3}$ で $f''(x)>0$ であるから、下に凸である。次のような表を作れば解り易い。

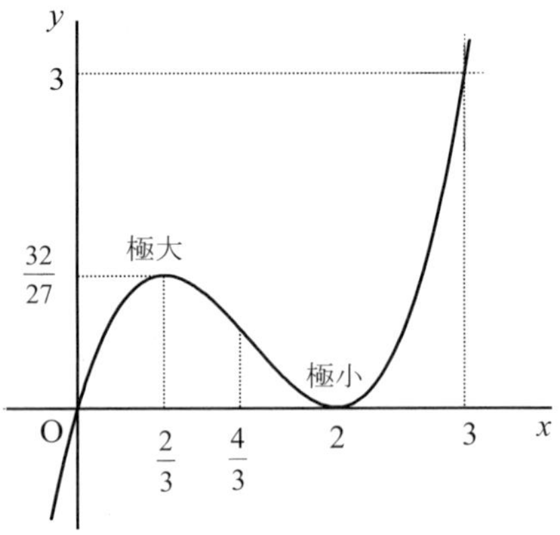

図 8‒11

x		2/3		4/3		2	
$f'(x)$	+	0	—			0	+
$f''(x)$	— 上に凸			0	+ 下に凸		
$f(x)$	↗	極大	↘	変曲点	↘	極小	↗

図 8‒11 のグラフでは、最大値及び最小値は存在しない。前述のように、x の範囲を限らなければ、$f(x)$ の値はいくらでも大きくあるいは小さくなり得るからである。x の範囲を $0\leq x\leq 3$ とすれば、$f(x)$ の最大値は 3、最小値は 0 である。

問 8. 6　極小値、極大値、変曲点を示し、次の関数のグラフを描け。

1）$f(x)=-x^3+3x+2$　　2）$f(x)=2x^3+3x^2-2x$　　3）$f(x)=-x^3+1$

8.9　関数の級数展開

8.9.1　マクローリン展開

ここでは多項式の係数が微分を用いて簡単な法則で決まることを示そう。関数 $f(x)$ が何回でも微分可能であるとして、次のように x の無限級数で表されるとする。

$$f(x)=a_0+a_1x+a_2x^2+a_3x^3+\cdots+a_nx^n+\cdots \tag{8.31}$$

ここで係数 a_n はどのように決まるのであろうか。まず定数項 a_0 は $x=0$ の y 切片であるから

$$f(0)=a_0$$

である。次に式(8.31)を x について微分すれば、定数項は消え x の次数は 1 次低下することに注目すれば、

$$f'(x)=a_1+2a_2x+3a_3x^2+\cdots+na_nx^{n-1}+\cdots \tag{8.32}$$

となるから、$x=0$ を代入すれば次式を得る。

$$f'(0)=a_1$$

さらに 2 次の導関数を求めれば

$$f''(x)=2\cdot 1a_2+3\cdot 2a_3x+4\cdot 3a_4x^2\cdots+n(n-1)a_nx^{n-2}+\cdots$$

となり、$x=0$ を代入すれば次式を得る。

$$f''(0)=2\cdot 1a_2 \qquad \therefore a_2=\frac{f''(0)}{2!}$$

さらに 3 次導関数 $f^{(3)}(x)$ は

$$f^{(3)}(x)=3\cdot 2\cdot 1a_3+4\cdot 3\cdot 2a_4x\cdots+n(n-1)(n-2)a_nx^{n-3}+\cdots$$

となる。従って

$$f^{(3)}(0)=3\cdot 2\cdot 1a_3 \qquad \therefore a_3=\frac{f^{(3)}(0)}{3!}$$

となる。一般に k 次の導関数 $f^{(k)}(x)$ は

$$f^{(k)}(x)=k!a_k+(k+1)\cdots 2a_{k+1}x\cdots+n(n-1)(n-2)\cdots(n-k+1)a_nx^{n-k}+\cdots$$

従って

$$f^{(k)}(0)=k!a_k \qquad \therefore a_k=\frac{f^{(k)}(0)}{k!}$$

となる。従って元の関数は次式で与えられる。

$$f(x)=f(0)+f'(0)x+\frac{f''(0)}{2!}x^2+\frac{f^{(3)}(0)}{3!}x^3+\cdots+\frac{f^{(n)}(0)}{n!}x^n+\cdots$$

$$=\sum_{n=0}^{\infty}\frac{f^{(n)}(0)}{n!}x^n \qquad (8.33)$$

式(8.33)は関数 $f(x)$ のマクローリン級数といい、多くの関数はこの展開式で表すことができる。それは、如何なる大きな数 x に対しても

$$\lim_{n\to\infty}\frac{x^n}{n!}=0$$

が成り立つからである。なぜなら、

$$x^n=\overbrace{x\times x\times\cdots\times x}^{n}$$

であり、$n!=n(n-1)(n-2)\cdots 2\cdot 1$ であるから、n が x より大きくなにつれて、$n!$のほうが x^n より大きくなるからである。

マクローリン級数は $x=0$ の近傍でよい近似となる。因みに $x=a$ の近傍では次のテイラー級数で近似される。

$$f(x)=\sum_{n=0}^{\infty}\frac{f^{(n)}(a)}{n!}(x-a)^n \qquad (8.34)$$

8.9.2 二項定理の拡張

6章では n を自然数として、$(a+b)^n$ を二項定理を用いた展開について述べた。その際 $a^{n-r}\,b^r$ 項の係数は n 個から r 個選ぶ組合せの数 ${}_n\mathrm{C}_r$ に等しいことを示した。ここでは二項定理を一般化し、$f(x)=(1+x)^\alpha$ $(|x|<1$、α は実数)の展開と考え、マクローリン展開を利用する。式(8.33)により次のように展開できる。

$$f(x)=(1+x)^\alpha=1+\alpha x+\alpha(\alpha-1)\frac{x^2}{2!}+\alpha(\alpha-1)(\alpha-2)\frac{x^3}{3!}+\cdots$$

$$+\alpha(\alpha-1)(\alpha-2)\cdots(\alpha-n+1)\frac{x^n}{n!}+\cdots$$

$$=1+\binom{\alpha}{1}x+\binom{\alpha}{2}x^2+\binom{\alpha}{3}x^3+\cdots+\binom{\alpha}{n}x^n+\cdots=\sum_{n=0}^{\infty}\binom{\alpha}{n}x^n$$

となる。ここで

$$\binom{\alpha}{n}=\frac{\alpha(\alpha-1)(\alpha-2)\cdots(\alpha-n+1)}{n!} \qquad (n=0,1,2,\cdots),\quad \binom{\alpha}{0}=1$$

で、一般化された二項係数と言われる。

8.9.3 いろいろな関数の級数展開

式(8.33)を用いて、いろいろな関数を級数展開しよう。

1） 三角関数

（1.1）$f(x)=\sin x$ の展開

$$f(0)=0$$
$$f'(x)=\cos x \quad \therefore f'(0)=1$$
$$f''(x)=-\sin x \quad \therefore f''(0)=0$$
$$f^{(3)}(x)=-\cos x \quad \therefore f^{(3)}(0)=-1$$
$$f^{(4)}(x)=\sin x \quad \therefore f^{(4)}(0)=0$$

従って $f^{(5)}(x)=f'(x)$ となる

$$\therefore \quad f(x)=\sin x = x-\frac{1}{3!}x^3+\frac{1}{5!}x^5-\frac{1}{7!}x^7+\frac{1}{9!}x^9+\cdots$$
$$=\sum_{n=0}^{\infty}(-1)^n\frac{x^{2n+1}}{(2n+1)!} \quad (|x|<\infty) \qquad (8.35)$$

（1.2）$f(x)=\cos x$ の展開

$$f(0)=1$$
$$f'(x)=-\sin x \quad \therefore f'(0)=0$$
$$f''(x)=-\cos x \quad \therefore f''(0)=-1$$
$$f^{(3)}(x)=\sin x \quad \therefore f^{(3)}(0)=0$$
$$f^{(4)}(x)=\cos x \quad \therefore f^{(4)}(0)=1$$

従って $f^{(5)}(x)=f'(x)$ となる。故に

$$f(x)=\cos x = 1-\frac{1}{2!}x^2+\frac{1}{4!}x^4-\frac{1}{6!}x^6+\frac{1}{8!}x^8+\cdots$$
$$=\sum_{n=0}^{\infty}(-1)^n\frac{x^{2n}}{(2n)!} \quad (|x|<\infty) \qquad (8.36)$$

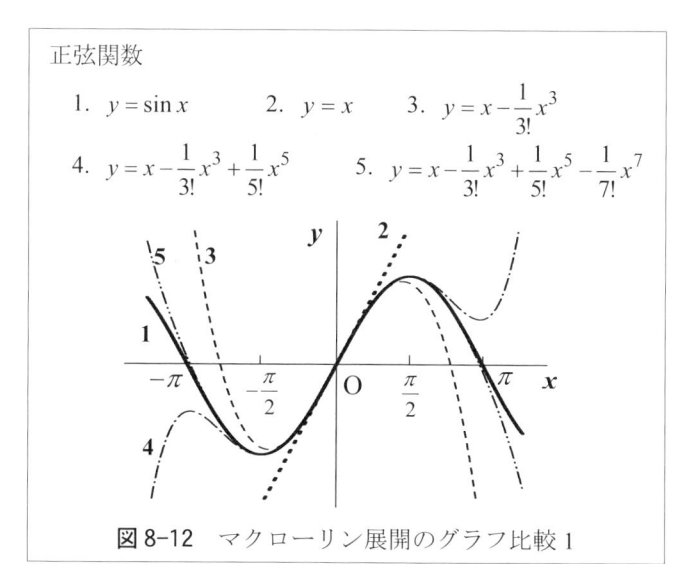

正弦関数

1. $y=\sin x$　2. $y=x$　3. $y=x-\frac{1}{3!}x^3$

4. $y=x-\frac{1}{3!}x^3+\frac{1}{5!}x^5$　5. $y=x-\frac{1}{3!}x^3+\frac{1}{5!}x^5-\frac{1}{7!}x^7$

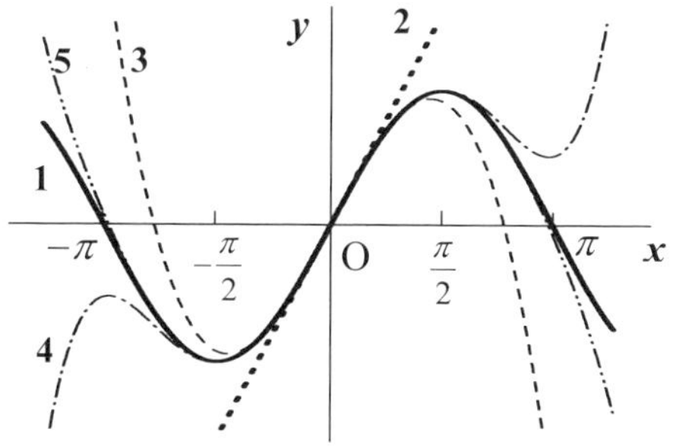

図 8-12　マクローリン展開のグラフ比較 1

図 8-12 には、正弦関数とそのマクローリン級数(8.35)によるグラフの比較を示す。曲線 1(太い実線)は正弦関数そのもののグラフ、曲線 2〜5 は展開式のグラフで 1 項から 4 項までの近似を示す。図から $x=0$ の近傍では、第 1 項だけ(曲線 2)でもよい近似であることが解る。これによって前章の式(7.16)が成り立つことも納得できる。第 4 項まで考慮すれば(曲線 5)、$x=\pm\pi$ 程度まで、即ち 1 周期にわたりよい近似であることが解る。従ってマクローリン級数は十分よい近似であるといえる。

2) 指数関数

$$f(x)=e^x$$

では、$f(0)=1,\quad f'(x)=e^x$ であるから

$$f'(0)=f''(0)=f^{(k)}(0)=1$$

である。従って

$$\begin{aligned} f(x)=e^x &=1+x+\frac{1}{2!}x^2+\frac{1}{3!}x^3+\cdots+\frac{1}{n!}x^n+\cdots \\ &=\sum_{n=0}^{\infty}\frac{x^n}{n!}\quad (|x|<\infty) \end{aligned} \tag{8.37}$$

図 8-13 には、指数関数とそのマクローリン級数(8.37)によるグラフの比較を示す。曲線 1 は指数関数そのもののグラフ、曲線 2〜5 は展開式のグラフで 2 項から 5 項までの近似を示す。図から $x=0$ の極近傍では、第 2 項まで(曲線 2)でもよい近似であることが解る。第 5 項まで考慮すれば(曲線 5)、かなりよい近似であることが解る。

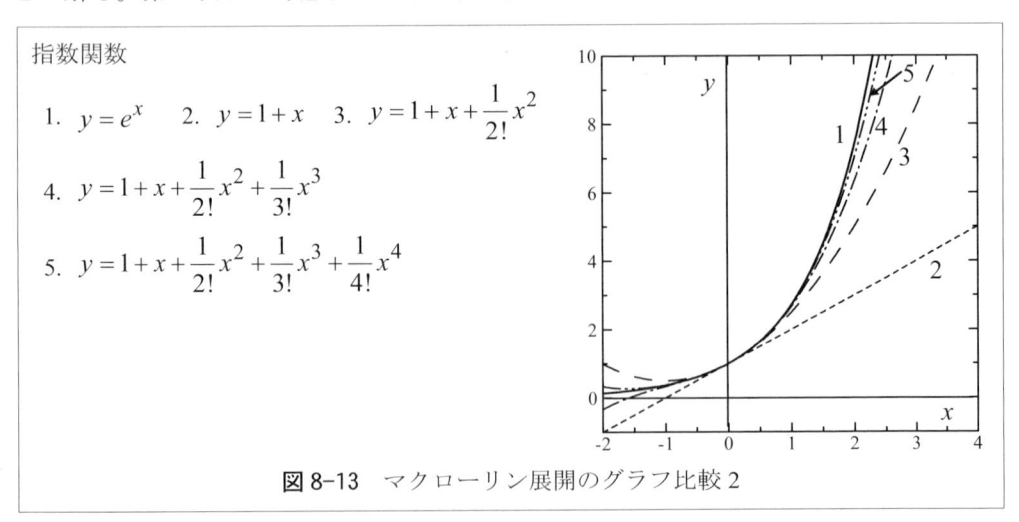

指数関数

1. $y=e^x$　2. $y=1+x$　3. $y=1+x+\frac{1}{2!}x^2$

4. $y=1+x+\frac{1}{2!}x^2+\frac{1}{3!}x^3$

5. $y=1+x+\frac{1}{2!}x^2+\frac{1}{3!}x^3+\frac{1}{4!}x^4$

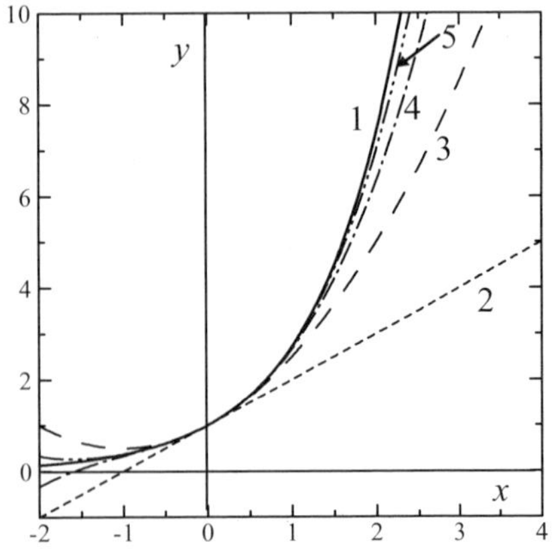

図 8-13　マクローリン展開のグラフ比較 2

3) 対数関数

$f(x)=\ln x$ は $x=0$ をとることができない(対数の真数は正でなければならない)ので、$f(x)=\ln(1+x)$ を展開する。

$$f(0)=\ln 1=0$$
$$f'(x)=(1+x)^{-1} \qquad \therefore f'(0)=1$$
$$f''(x)=(-1)(1+x)^{-2} \qquad \therefore f''(0)=-1$$
$$f^{(3)}(x)=(-1)^2\,2(1+x)^{-3} \qquad \therefore f^{(3)}(0)=2$$
$$f^{(4)}(x)=(-1)^3\,3!(1+x)^{-4} \qquad \therefore f^{(4)}(0)=-3!$$

一般項は

$$f^{(n)}(x)=(-1)^{n-1}(n-1)!(1+x)^{-n} \qquad \therefore f^{(n)}(0)=(-1)^{n-1}(n-1)!$$

従って

$$f(x)=\ln(1+x)=x-\frac{1}{2}x^2+\frac{1}{3}x^3-\frac{1}{4}x^4+\cdots+(-1)^{n-1}\frac{1}{n}x^n+\cdots$$
$$=\sum_{n=1}^{\infty}(-1)^{n-1}\frac{x^n}{n} \qquad (-1<x\le 1) \tag{8.38}$$

ただし、式(8.38)が収束する x の範囲は $-1<x\le 1$ である(これは右辺各項で、$1/n!$ が $1/n$ に約分されているからである)。

4）複素関数

$f(x)=e^{ix}$ を展開する。

式(8.37)の x に ix を代入すればよいから

$$f(x)=e^{ix}=1+ix+\frac{1}{2!}(ix)^2+\frac{1}{3!}(ix)^3+\cdots+\frac{1}{n!}(ix)^n+\cdots$$
$$=\left(1-\frac{1}{2!}x^2+\frac{1}{4!}x^4-\frac{1}{6!}x^6+\cdots\right)+i\left(x-\frac{1}{3!}x^3+\frac{1}{5!}x^5-\frac{1}{7!}x^7+\cdots\right) \tag{8.39}$$

この式の右辺第一項及び第二項はそれぞれ式(8.36)及び式(8.35)に相当するから,

次のオイラーの公式が成り立つ。

$$e^{ix}=\cos x+i\sin x \tag{8.40}$$

例題 8. 13　$f(x)=\ln(1-x)$ をマクローリン級数に展開せよ。ただし $-1\le x<1$ とする。

解　式(8.38)の $x=-x$ を代入してもよいが、ここでは式(8.33)に従って求めよう。

$$f(0)=\ln 1=0$$
$$f'(x)=-(1-x)^{-1} \qquad \therefore f'(0)=-1$$
$$f''(x)=-(1-x)^{-2} \qquad \therefore f''(0)=-1$$
$$f^{(3)}(x)=-2(1-x)^{-3} \qquad \therefore f^{(3)}(0)=-2$$
$$f^{(4)}(x)=-3!(1-x)^{-4} \qquad \therefore f^{(4)}(0)=-3!$$

一般項は

$$f^{(n)}(x) = -(n-1)!(1-x)^{-n} \qquad \therefore f^{(n)}(0) = -(n-1)!$$

従って

$$f(x) = \ln(1-x) = -x - \frac{1}{2}x^2 - \frac{1}{3}x^3 - \frac{1}{4}x^4 + \cdots + -\frac{1}{n}x^n + \cdots$$

$$= -\sum_{n=1}^{\infty} \frac{x^n}{n} \qquad (-1 \le x < 1)$$

問 8.7 マクロ―リン展開を利用して、次の関数の極限値を求めよ。

1） $\lim_{x \to 0} \frac{\sin x}{x}$　　2） $\lim_{x \to 0} \frac{e^x - 1}{x}$　　（式(7.22)である）

8.10 指数関数と三角関数の重要な関係

ここではオイラーの公式(8.40)を用いて、指数関数と三角関数の重要な関係について述べる。

8.10.1 オイラーの公式からの加法定理の導出

式(8.40)から

$$e^{i(\alpha+\beta)} = \cos(\alpha+\beta) + i\sin(\alpha+\beta) \tag{8.41}$$

一方

$$e^{i(\alpha+\beta)} = e^{i\alpha}e^{i\beta} = (\cos\alpha + i\sin\alpha)(\cos\beta + i\sin\beta)$$

$$= \cos\alpha\cos\beta + i^2 \sin\alpha\sin\beta + i(\sin\alpha\cos\beta) + i(\cos\alpha\sin\beta)$$

$$= (\cos\alpha\cos\beta - \sin\alpha\sin\beta) + i(\sin\alpha\cos\beta + \cos\alpha\sin\beta)$$

この式と式(8.41)が等しいとおける場合はそれぞれの式の実数部と虚数部がそれぞれ等しい場合であるから

$$\cos(\alpha+\beta) = \cos\alpha\cos\beta - \sin\alpha\sin\beta$$

$$\sin(\alpha+\beta) = \sin\alpha\cos\beta + \cos\alpha\sin\beta$$

となり、加法定理が導かれた。

8.10.2 ド・モアブルの定理（5.5 参照）

$$(\cos x + i\sin x)^n = \cos nx + i\sin nx \tag{8.42}$$

を導こう。

$$(\cos x + i\sin x)^n = e^{inx} = \cos nx + i\sin nx$$

である。

例題 8.14 ド・モアブルの定理を使って、三角関数の倍角の公式を導け。

$$(\cos x + i\sin x)^2 = \cos 2x + i\sin 2x$$

また

$$(\cos x + i\sin x)^2 = \cos^2 x - \sin^2 x + 2i\sin x\cos x$$

であるから、実数部と虚数部をそれぞれ等しいとおいて次式を得る。

$$\cos 2x = \cos^2 x - \sin^2 x$$

$$\sin 2x = 2\sin x\cos x$$

問 8. 8　次の式を導け。

1）$\cos x = \dfrac{e^{ix} + e^{-ix}}{2}$　　2）$\sin x = \dfrac{e^{ix} - e^{-ix}}{2i}$　　3）$e^{i\pi} = -1$

【演習問題】

8.1 次の関数を微分せよ。ただし log は常用対数とする。

1） $y=2x^3+4x^2+1$ 2） $y=\dfrac{x}{x+1}$ 3） $y=\sqrt[3]{3x+2}$ 4） $y=\ln\left(x^2+1\right)$

5） $y=\ln\left(x^3+2x+1\right)$ 6） $y=\log(x+1)$ 7） $y=\log\left(x^3+1\right)$ 8） $y=\sqrt[3]{3x^2+4}$

8.2 次の関数を微分せよ。

1） $y=\sin\left(2x^2+1\right)$ 2） $y=\cos\left(3x^3+2\right)$ 3） $y=\tan^2 x$ 4） $y=\cos^3 x$

5） $y=\sin(a+bx)$ 6） $y=3\cos x-\cos^3 x$ 7） $y=e^{\left(x^2+1\right)}$ 8） $y=\ln\sqrt{2x^2+1}$

8.3 次の関数の逆関数の導関数を求めよ。ただし三角関数の逆関数は主値の範囲とする。

1） $y=\cos x$ 2） $y=\tan x$ 3） $y=e^{2x}$

8.4 式(8.4)が、n が有理数のときも成立することを示せ。

ヒント：a, b を正の整数として、$y=x^n=x^{a/b}$ とおき、$y^b=x^a$ の両辺を微分する。

8.5 アルキメデス螺旋のパラメーター表示は、$y=t\sin t,\ x=t\cos t$ となる。$t=\pi$ における接線の勾配を求めよ。(いんとろ 10 参照)

8.6 次の関数の $x=1$ における接線の勾配及び変曲点を求め、グラフの概略を描け。

1） $y=\ln\sqrt{x^2+1}$ 2） $y=ae^{-hx^2}$ $(a,h>0)$（正規分布(12 章参照)の式である）

8.7 $y=2x^3+3ax^2+6x+12$ が極値を持たないための定数 a の範囲を求めよ。

8.8 次の関数をマクローリン級数に展開せよ。

1） $f(x)=2x^5-4x^4-x^3+6x^2+3$ 2） $f(x)=\tan x$ （x^3 項まで求めよ）

8.9 次の問に答えよ。

1) 周の長さが一定の矩形を作り面積を最大にしたい。いかなる形状にすればよいか。

2) 周の長さの和を一定値 $2l$ として二つの正方形を作り、その面積の和を最小にしたい。どのように作ればよいか、またそのときの面積の和を求めよ。

3) 円周の長さの和を一定値 $2l$ として二つの円を作り、その面積の和を最小にしたい。どのように作ればよいか、またそのときの面積の和を求めよ。

9章　積　分

いんとろ9　面積とは何か、円とトイレットペーパー

先生：この章では積分と面積の密接な関係について学ぼう。そもそも面積とは何であろうか。面積とは「ある線分に囲まれた 2 次元平面上のある量」である。ここで一辺が 1 の正方形の面積を1と決める。そうすれば、二辺がそれぞれ a, b である長方形の面積は ab となる。また面積が持つであろう妥当な概念は次のような性質である。

1）図形を回転、移動させても面積は不変である。(合同の図形の面積は等しい)

2）ある図形を複数個の部分に分割したとき、各部分の面積の和は元の図形の面積に等しい（分割と統合)。

3）A の図形の内側に B の図形が完全に含まれるなら、B の面積は、A のそれよりも大きくはない。

定積分による面積の計算は、長方形の面積が二辺の積で与えられることに基礎を置いている。また任意の三角形は必ず平行四辺形に等積変形できるから、三角形の面積は(底辺×高さ)/2 で与えられる。任意の多角形は複数の三角形に分割できるから面積を求めることが可能となる。それでは円はどうであろうか。

方法 A）図 i9-1 は中心から円を微小な扇形に分割し、半円分のそれらを開いて多数の山形として、上下を重ね平行四辺形様の図形にするという方法である。分割を細かくすればするほど、平行四辺形の一辺は半円周に近づき、平行四辺形様の図形の面積は円の面積に近づく。即ち半円周が πr であるから、円の面積は πr^2 である。この方法は分割と統合であり、分割を無限にして微小角 $d\theta$ を $0 \sim 2\pi$ まで積分することに相当するからまともである。

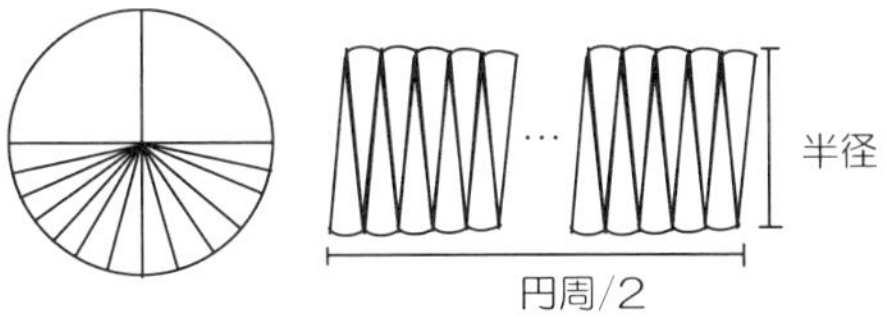

図 i9-1

翔太：細かく割っても四角形の辺は波型にガタガタします。

先生：そうだ。だけどどんどん分割数を増やしていくと、その波型が細かくなり、だんだん直線に近づくのが解るだろう。

りさ：私は相当細かく分割したから、翔太君のより波型が小さくなりました。

先生：そうだね。現実にはできないけれど、さらに分割数を増やし、無限に増やしていくと波型がなくなり直線になるとみなせるんだよ。（議論の方向は正しい）

方法 B） 次に図 i9-2 の方法はどうであろうか。芯まで詰まったトイレットペー パー を断面が円に見える方向から見て(a)、中心まで縦に切れ目を入れ、底辺が水平になるように開く(b)という方法である。そうすると薄いトイレットペーパー が水平に重なった底辺の長さ $2\pi r$、高さ r の “二等辺三角形” 様の形になり、この三角形の面積は πr^2 なので、元の円の面積は πr^2 であるという仕組みである（『博士がくれた贈り物』、小川洋子他、東京図書、2007)。確かにこれはひらめき的であるとともに大胆な方法である。

先生：どうだ、底辺 $2\pi r$、高さ r の二等辺三角形ができただろう！

翔太：わー、本当だ、円が三角形に変身した！
まり：この三角形を半分にして重ね合わせると長方形になるよ。先生、円と同じ面積の長方形ができました。
先生：うーん、本当だ。だけど……

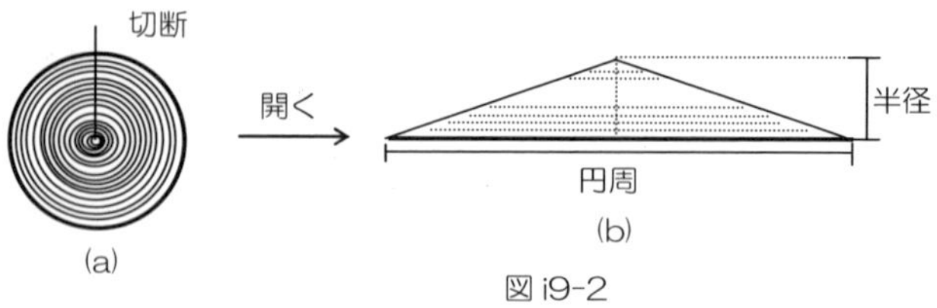

図 i9-2

（円周に等しい長さの線分は存在するが定規とコンパスでは作図できない(いんとろ 10 参照)。さらには円と同面積の正方形（従って長方形も）は存在するが、それを幾何学的に作図することは、19 世紀後半になって不可能であることが証明されている。）

りさ：だけど先生、ものや図形は形を変えても面積は変化しないの？　(a)と(b)は同じ面積なのかなー、先生どうなの？
先生：うーん……二等辺三角形の可視化に問題があるのかなー？　だけどそれがこの方法の目玉なのだがなー。

（一般的にものや図形は変形すれば、長さや面積や体積が変化することは重要な事実である。）（円の面積が、直角を挟む一辺がその円の半径に、他の一辺が円周に等しい直角三角形の面積に等しくなることは、遠く古代、アルキメデスによって示されている。（付録 A9.1）

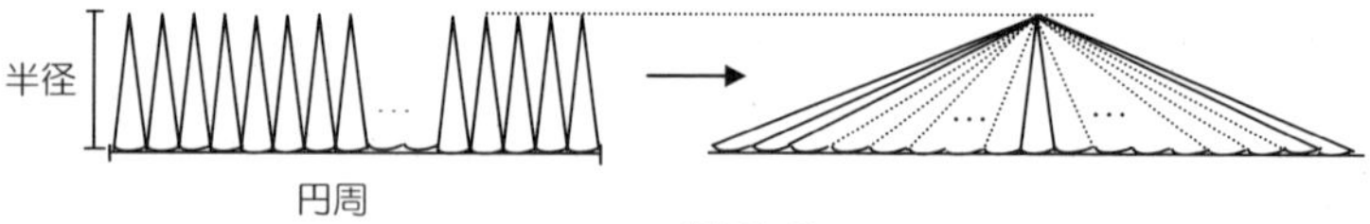

図 i9-3

放課後の先生の独り言：底辺の長さ＝円周と言っていいのかなー？　ここが問題の本質だなー。
眠りながらの先生の考え：方法 A）と同じように円を細かく扇形に分割し、その分割を無限に細かくしていけば、扇形は微小三角形に近似できるであろう。それらを開いて底辺はそのままにして、各微小三角形の頂点を水平に移動し一点に集めれば（等積変形）、底辺は円周に高さは半径に等しい二等辺三角形になろう（図 i9-3）。これは結局方法 A）と同じなのだが、これならりさが持った素朴な疑問も解消できるであろう。因みに、円筒に巻尺（ひも）を巻いて円周を測る方法は、π の近似値を求めているのであるから問題ないことも付け加えておこう。ムニャムニャ、ZZZ…ZZ…

9.1　不定積分

微分は微小部分に分割していき、その点における接線を引く、あるいはその点における変化率を求めるという操作であったが、積分は基本的には、微小部分に分割したものを足し合わせるという操作である。微分と積分は密接に関係している。

微分して $f(x)$ になる関数 $F(x)$ を $f(x)$ の原始関数という。即ち

$$F'(x)=f(x) \qquad \text{あるいは} \qquad \frac{dF(x)}{dx}=f(x) \tag{9.1}$$

である。例えば

$$f(x)=3x^2$$

とすれば、微分して $3x^2$ になる関数は容易に見つかる。例えば x^3 がその一つであるが、この他にも x^3+1、$x^3-0.5$、x^3+25 等 $3x^2$ の原始関数は無数にある。しかしこれら全ての関数は x^3 を共通項としてもち、定数項のみが異なる形をしている。従って定数項を c とおけばこれら全ての原始関数は x^3+c と表記できる。そこで一般に関数 $f(x)$ の原始関数を

$$F(x)+c$$

と表記し、これを $f(x)$ の不定積分といい

$$\int f(x)dx$$ （「インテグラル∫・エフエックス $f(x)$・ディー エックス dx」と読む）

で表す。不定積分に含まれる任意定数 c を積分定数という。即ち

$$\int f(x)\,dx=F(x)+c \tag{9.2}$$

である。関数 $f(x)$ の不定積分を求めることを、$f(x)$ を積分するという。尚、$f(x)$ が連続関数であれば、その原始関数は必ず存在することが証明されている。しかし、初等関数の範囲内でその原始関数を、必ずしも求めることができるとは限らない。

ここで冪関数の積分公式を挙げておこう。
積分は微分の逆であるから式(8.30)を参考にすればよい。

$$\int x^{\alpha}dx=\frac{1}{\alpha+1}x^{\alpha+1}+c \qquad (\alpha\neq-1) \tag{9.3}$$

また式(9.1)と(9.2)から次の重要な式が得られる。

$$\frac{d}{dx}\int f(x)dx=f(x) \tag{9.4}$$

また

$$\int F'(x)\,dx=F(x)+c$$

$F(x)$ を改めて $f(x)$ とおいて、定数項を除けば

$$\int f'(x)dx=f(x) \tag{9.5}$$

となる。

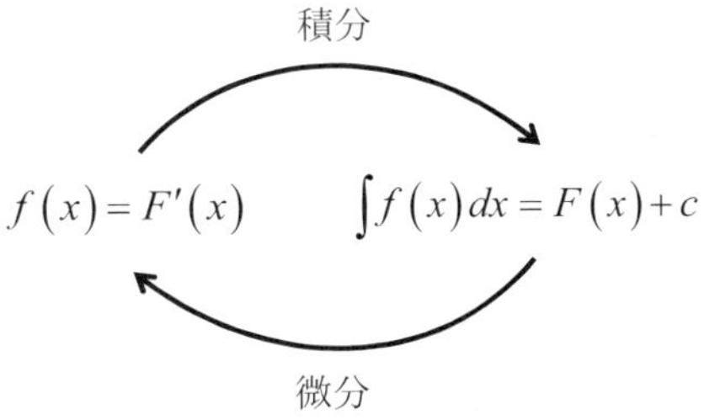

図 9-1

式(9.4)は不定積分の導関数は、元の被積分関数に等しくなること、式(9.5)は導関数の不定積分は元の被積分関数に等しくなることを示す。**図 9-1** を参考にすれば、式(9.4)は、$f(x)$ を積分し不定

積分を得て、さらにそれを微分すると元の $f(x)$ に戻ることを示している。式(9.5)は、$F(x)+c$ からみて、$F(x)+c$ を微分し、さらにそれを積分すれば、元の $F(x)+c'$ に戻ることを示している。ただし一度定数項を微分しているので、定数はもとに戻らない。簡単な具体例で示そう(次項で述べる不定積分の基本的な性質を使う)。

$$f(x)=2x+1$$

とすると

$$\int f(x)dx = x^2+x+c$$

$$\frac{d}{dx}\int f(x)dx = \frac{d}{dx}\left(x^2+x+c\right)=2x+1=f(x)$$

となり、式(9.4)が成り立つ。また、

$$\int f'(x)dx = \int 2dx = 2x+c'$$

となり、定数項を除いて式(9.5)が成り立つ。

問 9. 1 次の関数を積分せよ。

1) $f(x)=k$ (定数)　2) $f(x)=x^4$　3) $f(x)=\cos x$

問 9. 2 $f(x)=x^2+x+2$ として、式(9.4)、(9.5)の関係を確かめよ。

9.2 積分の基本公式

1) 定数倍、和と差の積分

微分の基本的性質

$$(kf(x))' = kf'(x) \tag{8.5}$$

$$(f(x)\pm g(x))' = f'(x)\pm g'(x) \tag{8.6}$$

が成り立つように、積分にも次の関係が成り立つ。

$$\int kf(x)dx = k\int f(x)dx \tag{9.6}$$

$$\int (f(x)\pm g(x))dx = \int f(x)dx \pm \int g(x)dx \tag{9.7}$$

例題 9. 1 次の関数を積分せよ。

1) $y=-x^3+5x+1$　2) $y=(2x+1)(x-2)$

解 1)右辺各項を別々に積分する：

$$\int\left(-x^3+5x+1\right)dx = -\frac{x^4}{4}+\frac{5}{2}x^2+x+c$$

2) 右辺を展開して項別に積分する：

$$\int\left(2x^2-3x-2\right)dx=\frac{2x^3}{3}-\frac{3}{2}x^2-2x+c$$

2）部分積分法

積の微分法の公式

$$\left(f(x)g(x)\right)'=f'(x)g(x)+f(x)g'(x) \tag{8.7}$$

は次のように変形して積分公式とすることができる。両辺を積分すれば

$$f(x)g(x)=\int f'(x)g(x)dx+\int f(x)g'(x)dx$$

並べ替えて

$$\int f'(x)g(x)dx=f(x)g(x)-\int f(x)g'(x)dx \tag{9.8}$$

式(9.8)を部分積分法という。

問 9.3　次の式を積分せよ。

1）$y=x\sin x$　2）$y=x\cos x$　3）$y=x\,e^x$　4）$y=x^2\sin x$　5）$y=x^2\cos x$

3）置換積分法

合成関数の微分法のように、複雑な関数は置換積分法によって比較的容易に積分可能である。$x=g(u)$ とおけば、次式が成立する。

$$\int f(x)dx=\int f(x)\frac{dx}{du}du=\int f\{g(u)\}g'(u)du \tag{9.9}$$

一般的には右辺の形の式から左辺に変換する場合が多い。このとき x の関数から出発するとして、$u=g(x)$ とおいて

$$\int f\{g(x)\}g'(x)dx=\int f(u)\frac{du}{dx}dx=\int f(u)du \tag{9.10}$$

となる。これらの式は複雑に見えるが、実際に計算すると比較的容易である。

例題 9.2　次の関数を置換積分法により積分せよ。

1）$f(x)=(2x+1)^3$　　2）$f(x)=2x\left(x^2+3\right)^3$

解　1）$u=2x+1$ とおけば、$x=\frac{1}{2}(u-1)$　$\therefore\frac{dx}{du}=\frac{1}{2}$

$$\therefore\int f(x)dx=\int(2x+1)^3\frac{dx}{du}du=\frac{1}{2}\int u^3du=\frac{1}{8}u^4+c=\frac{1}{8}(2x+1)^4+c$$

2）$u=x^2+3$ とおけば、$du=2xdx$ である。

$$\int f(x)dx=\int 2xu^3dx=\int u^3du=\frac{1}{4}u^4+c=\frac{1}{4}\left(x^2+3\right)^4+c$$

4）対数の積分

対数の微分式(8.27')より

$$d\ln|x| = \frac{1}{x}dx$$

両辺を積分すれば(積分定数は省略)

$$\ln|x| = \int\frac{1}{x}dx$$

を得る。対数の微分と合成関数の微分法を組み合わせて

$$\frac{d\ln|f(x)|}{dx} = \frac{d\ln|f(x)|}{df(x)}\frac{df(x)}{dx} = \frac{f'(x)}{f(x)}$$

を得る。両辺を x で積分すると

$$\ln|f(x)| = \int\frac{f'(x)}{f(x)}dx \tag{9.11}$$

を得る。

例題 9. 3　$f(x) = \dfrac{2x}{x^2+1}$ を積分せよ。

解　$u = x^2+1$ とおけば、$\dfrac{du}{dx} = 2x \quad \therefore du = 2xdx$

$\displaystyle\int\frac{2x}{x^2+1}dx = \int\frac{1}{u}du = \ln u + c = \ln\left(x^2+1\right) + c$　(式(9.11)の形になっていることに注意しよう)

問 9. 4　次の関数を積分せよ。

1）$f(x) = x^3+2x^2+1$　　2）$f(x) = \left(x^3+1\right)(2x-1)$　　3）$f(x) = \dfrac{1}{x}$

4）$f(x) = (3x-2)^3$　　5）$f(x) = \sqrt{2x-3}$　　6）$f(x) = x\sqrt{x^2-2}$

9.3　定積分

定積分は微分を利用して面積あるいは体積を求めることを可能にする。ここではまず面積を求めることから始める。

関数 $f(x)$ の閉区間 $[a,\ b]$、$(a \le x \le b)$、に関する定積分を次のように表記する。

$$\int_a^b f(x)dx \tag{9.12}$$

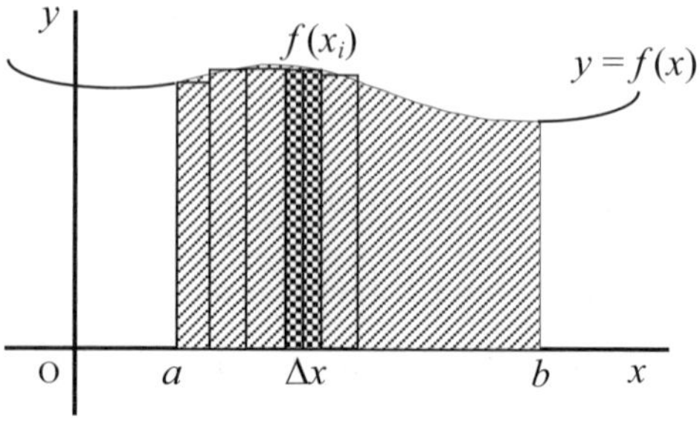

図 9-2

式(9.12)で与えられる $f(x)$ の定積分

は何を表しているのであろうか。答を先取りすると、式(9.12)は **図9-2**に示すように、$f(x)$と x 軸に挟まれた閉区間$[a,\ b]$(斜線部分)の面積に等しい。この面積を次のようにして求めてみよう。

区間$[a, b]$を図のように幅Δxの細長い長方形に区分する。各長方形の面積(網掛け部分)は$f(x_i)\Delta x$となる。区間$[a, b]$の全ての長方形にわたって和をとれば

$$\sum_i f(x_i)\Delta x$$

となり、これは曲線と矩形の違いがあるが、ほぼ斜線部分の面積に等しくなる。分割の幅を狭くするほど、この近似はよくなり、幅を無限に小さくすれば、即ち$\Delta x \to dx$となり、また和の記号Σは積分記号$\int$で置き換えることができる。ここに無限小に区分し、和をとるという微分と積分の関係が現われている。即ち定積分(9.12)は **図 9-2** の斜線部分の面積を表すことになる。

さらに式(9.1)に戻ってみよう。

$$dF(x) = f(x)dx \tag{9.13}$$

この式の右辺は関数$f(x)$の区間$[a,\ b]$を無限小の幅に分割した長方形の面積を表している。式(9.13)を区間$[a, b]$にわたって積分すれば、

$$\int_a^b dF(x) = \int_a^b f(x)dx \tag{9.14}$$

ここで区間$[a, b]$を無限小幅 dx の微小区間に n 等分したとして

$$a = x_0 < x_1 < x_2 < x_3 < \cdots < x_{n-1} < x_n = b$$

とする。ここで微分の定義により

$$F(x_i + dx) - F(x_i) = F'(x_i)dx = f(x_i)dx \tag{9.15}$$

が成り立つ。ここで$f(x_i)dx$は各微小長方形の面積である。また $x_i+dx = x_{i+1}$ であるから

$$F(x_1) - F(a) = f(a)dx$$
$$F(x_2) - F(x_1) = f(x_1)dx$$
$$F(x_3) - F(x_2) = f(x_2)dx$$
$$\vdots$$
$$F(b) - F(x_{n-1}) = f(x_{n-1})dx$$

これらの式を全て加えると右辺は **図 9-2** の斜線部分の面積に等しいので

$$F(b) - F(a) = \int_a^b dF(x) = \int_a^b f(x)dx$$

が成り立つ。一般に次の記号を使う。

$$\int_a^b f(x)dx = [F(x)]_a^b = F(b) - F(a) \tag{9.16}$$

これで定積分と面積を関連付けることができた。式(9.16)は原始関数の差をとっているから定数項は消えるので、$f(x)$の原始関数であれば、どの原始関数を使ってもよいことになる。また式(9.16)から、次の定積分の性質も導くことができる。

$$\int_a^b kf(x)\,dx = k\int_a^b f(x)\,dx \qquad (k\text{は定数}) \tag{9.17}$$

$$\int_a^b \{f(x) \pm g(x)\}\,dx = \int_a^b f(x)\,dx \pm \int_a^b g(x)\,dx \tag{9.18}$$

$$\int_a^b f(x)\,dx = -\int_b^a f(x)\,dx \tag{9.19}$$

$$\int_a^a f(x)\,dx = 0 \tag{9.20}$$

$$\int_a^b f(x)\ dx = \int_a^c f(x)\ dx + \int_c^b f(x)\ dx \tag{9.21}$$

例題 9.4 次の定積分を求めよ。またその表す面積を図示せよ。

1） $\int_0^2 x\,dx$　　2） $\int_0^1 x^2 dx$　　3） $\int_1^2 (x^2-1)\,dx$

解 **図 9-3** 参照、 1） 与式 $= \left[\frac{x^2}{2}\right]_0^2 = 2$　　2） 与式 $= \left[\frac{x^3}{3}\right]_0^1 = \frac{1}{3}$

3） 与式 $= \left[\frac{x^3}{3} - x\right]_1^2 = \frac{8}{3} - 2 - \left(\frac{1}{3} - 1\right) = \frac{4}{3}$

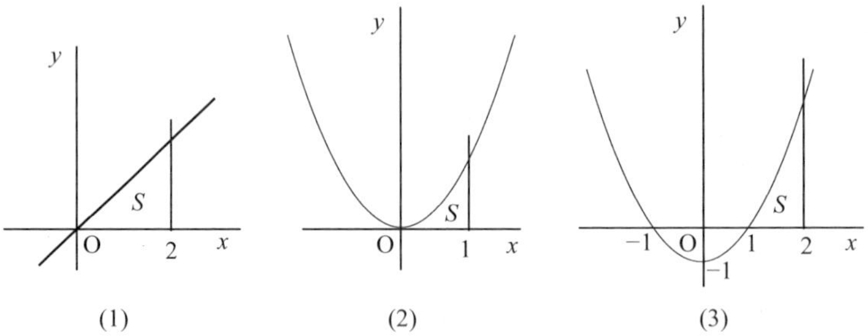

図 9-3

例題 9.5 次の関数の示された閉区間[ ]における定積分を求めよ。また面積との関連を考えよ。

1） $y = x^2 - 1$, $[-1, 1]$　　2） $y = x^3$, $[0, 2], [-2, 0], [-2, 2]$

解 1） $\int_{-1}^1 (x^2 - 1)dx = \left[\frac{x^3}{3} - x\right]_{-1}^1 = -\frac{4}{3}$

図 9-4 で $y = x^2 - 1$, 区間$[-1,1]$と x 軸に囲まれた領域の面積 S に負号をつけた値で

ある。グラフに囲まれた部分が $y<0$ にあるので積分値は負になる。

2)　$\int_0^2 x^3 dx = \left[\frac{x^4}{4}\right]_0^2 = 4$

図 9-5 で $y=x^3$ の区間[0,2]と x 軸に囲まれた領域の面積 S に等しい。

$$\int_{-2}^0 x^3 dx = \left[\frac{x^4}{4}\right]_{-2}^0 = -4$$

図 9-4 で $y=x^3$ の区間[−2,0]と x 軸に挟まれた領域の面積に等しい。$y<0$ なので積分値は負になっているが、面積の絶対値は S に等しい。

$$\int_{-2}^2 x^3 dx = \left[\frac{x^4}{4}\right]_{-2}^2 = 0$$　　$S+(-S)$ で積分値は 0 になる。

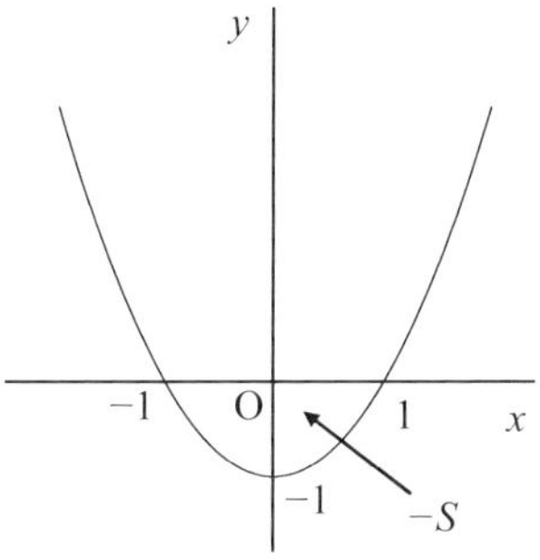

図 9-4

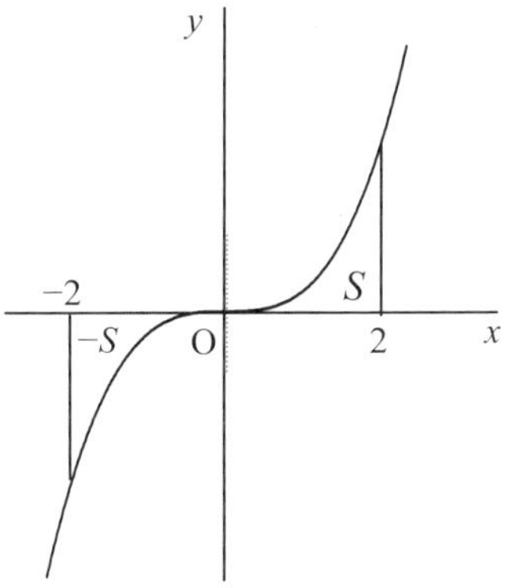

図 9-5

問 9.5　次の定積分を求めよ。

1)　$\int_0^1 \left(x^3-2\right)dx$　2)　$-\int_0^2 x^2 dx$　3)　$\int_0^{\pi/4} \sin x\, dx$　4)　$\int_0^1 e^x dx$

5)　$\int_0^a \sqrt{a^2-x^2}\, dx$

9.4　定積分の応用

定積分を応用すると、いろいろな図形の面積や体積を求めることができる。

9.4.1　曲線に挟まれた部分の面積

図 9-6 に示されるような閉区間[a, b]で、二つの関数、$y=f(x)$ と $y=g(x)$ に挟まれた部分（網掛け部）の面積 S を求めよう。S は区間[a, b]で、

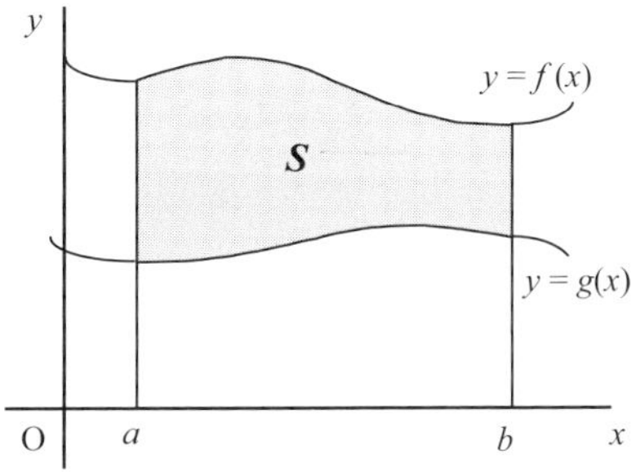

図 9-6

$y=f(x)$ と x 軸に挟まれた領域の面積から、$y=g(x)$ と x 軸に挟まれた領域の面積の差であるから、次式で与えられる。

$$S=\int_a^b f(x)dx-\int_a^b g(x)dx=\int_a^b\{f(x)-g(x)\}dx \tag{9.22}$$

この式は関数の位置(正あるいは負)に関係なく成立する。例えば例題 9.5、2)の区間[−2, 0]の問題では、x 軸、即ち $y=0$ と $y=x^3$ に挟まれた領域の面積 S と考えれば

$$S=\int_{-2}^{0}\left(0-x^3\right)dx=-\left[\frac{x^4}{4}\right]_{-2}^{0}=4$$

となり、符号も含めて面積を与える。

例題 9. 6 $y=x^2$ と $y=2x+3$ に挟まれる領域の面積を求めよ。

解 $x^2=2x+3$ より二つのグラフの交点を求める(**図 9-7** 参照)。

$x^2-2x-3=(x-3)(x+1)=0$ より、交点の x 座標は 3 と−1 である。よって、

$$\therefore\ S=\int_{-1}^{3}\left(2x+3-x^2\right)dx=\left[x^2+3x-\frac{x^3}{3}\right]_{-1}^{3}=\frac{32}{3}$$

面積 S は、$y=0$ と $y=-x^2+2x+3$ に挟まれた部分の面積に等しい。(カバリエリの原理*の応用)

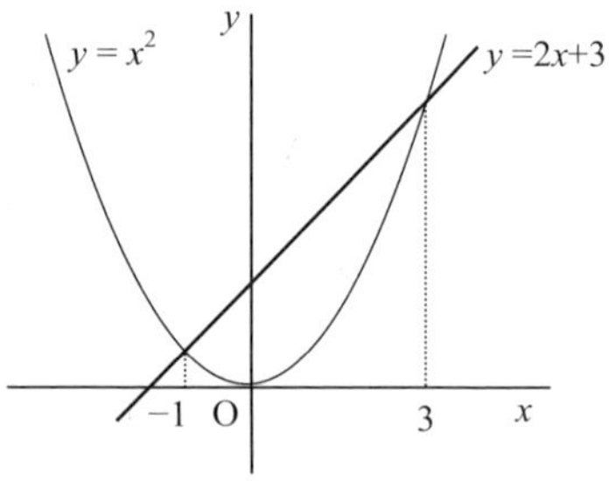

図 9-7

* カバリエリの原理：複数の立体を平行な平面で切ったとき、あらゆる切り口で断面積が等しければ、それらの立体の体積は等しい。平面図形の場合は平行な直線と線分に置き換えられ、図形の面積が等しくなる。

9.4.2 円の面積、球の表面積

半径 a の円の方程式は

$$y^2+x^2=a^2$$

であった。従って

$$y=\sqrt{a^2-x^2}$$

が半円の正の部分を表す式である(**図 9-8**)。この式を積分すれば円の面積となる。問 9.5、5)は正にそれを求めた問題である。積分区間は[0, a]であるから円の四半分の面積になる。即ち、$x=a\sin\theta$ とおいて、

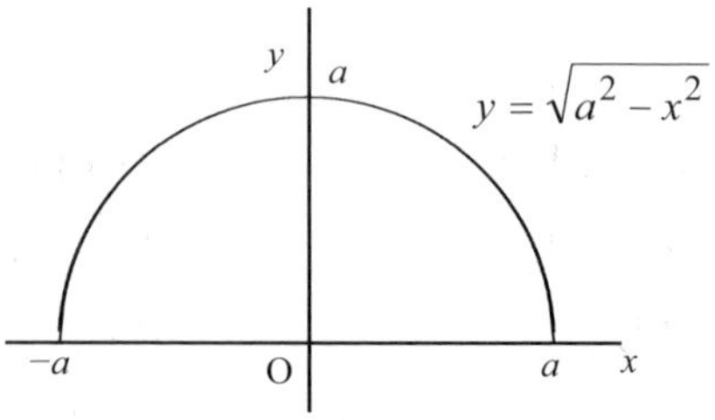

図 9-8

$$S = 4\int_0^a \sqrt{a^2 - x^2}\, dx = \pi a^2$$

となる。

円の面積は次のようにしても求めることができる。**図 9-9** に示されるように、半径 x の円周の長さは $2\pi x$ である。ここで厚さが無限小 dx の円環を考えよう。円環の面積は $2\pi x\, dx$ であるから、次の積分で円の面積が求まる。

$$S = \int_0^a 2\pi x\, dx = \pi a^2$$

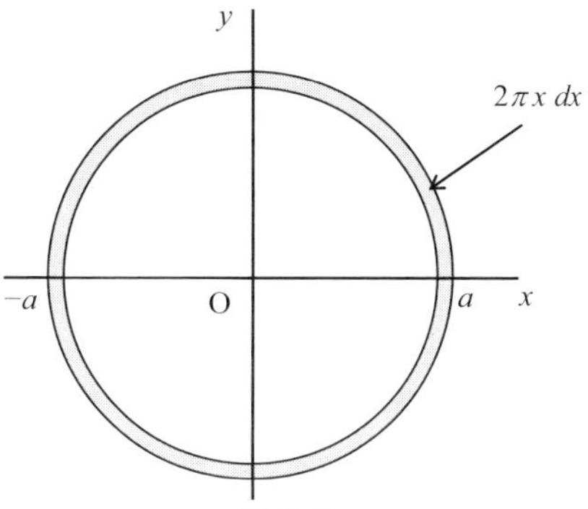

図 9-9

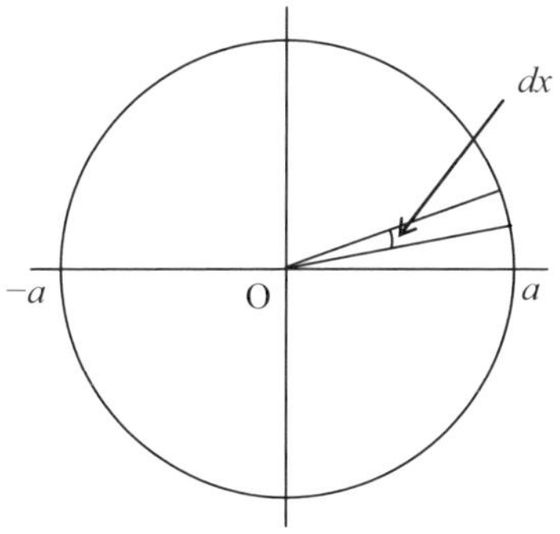

図 9-10

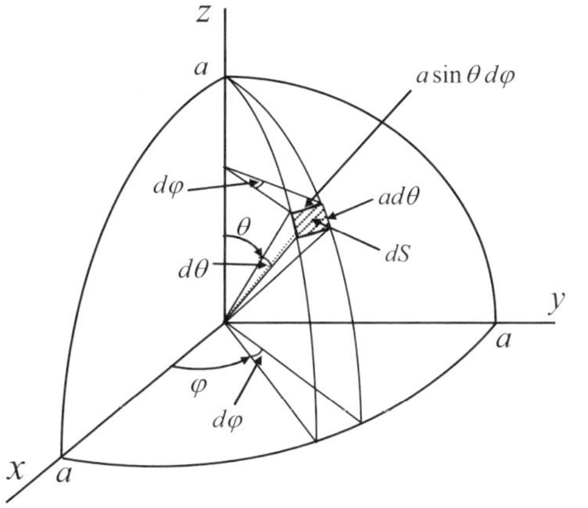

図 9-11

問 9. 6　**図 9-10** を参考にして、次の問に答えよ。

1）半径 a の円の微小中心角 dx の張る円弧の長さを求めよ。

2）1）の微小中心角 dx の張る扇形の面積を求め、積分を用いて円の面積を求めよ。

問 9. 7　**図 9-11** は半径 a の球の第一象限を表している。この図を参考にして、次の問に答えよ。ただし、φ 及び θ は、微小面積素片への x 軸及び z 軸からの角度である。

1）球表面の微小面積素片（図の斜線を施した扇形部分）の面積は $a^2 \sin\theta\, d\theta d\varphi$ で与えられることを示せ。

2）球の表面積を積分を用いて求めよ。またこの結果から球の体積を求めよ。

9.4.3 回転体の体積

積分を用いて回転体の体積を求めることができる。

図 9-12 に示すように、$y = f(x)$ を x 軸を中心にして回転させたときにできる立体図

形の体積は次のように求めることができる。図の網掛け部は関数 $f(x)$ を回転させたときにできる半径 $f(x)$ の無限小の厚さ dx をもつディスクである。このディスクの底面積は $\pi f^2(x)$ である。従って体積は $\pi f^2(x)dx$ となる。これを閉区間 $[a, b]$ にわたり積分すれば、求める回転体の体積 V となる。即ち

$$V = \pi\int_a^b f^2(x)dx \tag{9.23}$$

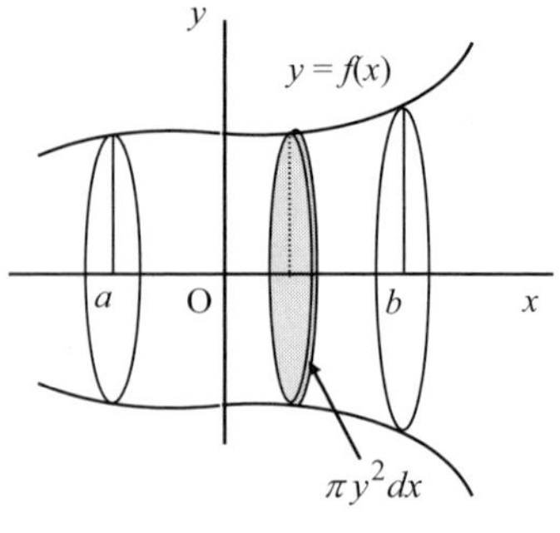

図 9-12

例題 9.7 直線 $y = x$ を x 軸を中心に回転させたときの、$0 \le x \le a$ における回転体の体積を求めよ。

図 9-13 を参考にして、

$$V = \pi\int_0^a y^2 dx = \pi\int_0^a x^2 dx = \pi\left[\frac{x^3}{3}\right]_0^a = \frac{\pi a^3}{3}$$

これは円錐の体積である。

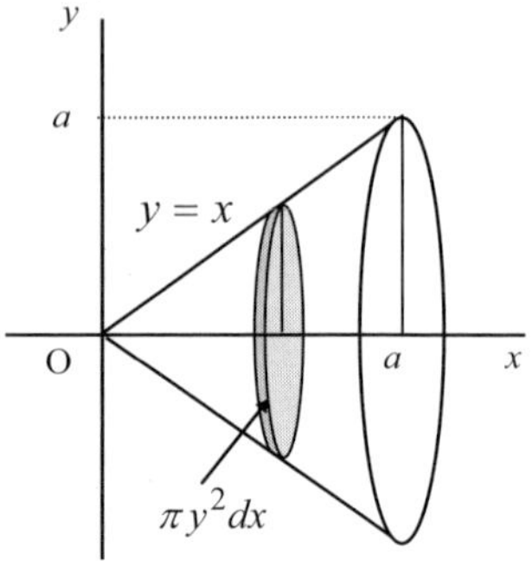

図 9-13

問 9.8 半径 a の半円 $y = \sqrt{a^2 - x^2}$ を x 軸の周りに回転させると球になる。積分を用いて球の体積を求めよ。

付録 A9.1 円の面積——古代ギリシア哲人の解析——

ギリシアの哲人アルキメデスは、「任意の円の面積は、直角を挟む一辺が円の半径に等しく、他の一辺が円周に等しい三角形の面積に等しい」ことを示した。今から二千数百年前のことである。右図を用いてその概略を示そう*。

任意の円を O として、高さがその円の半径に等しく底辺が円周に等しい三角形を E とする（図 9-14）（本来この三角形は描けないであろうが、理解を助けるために図示す

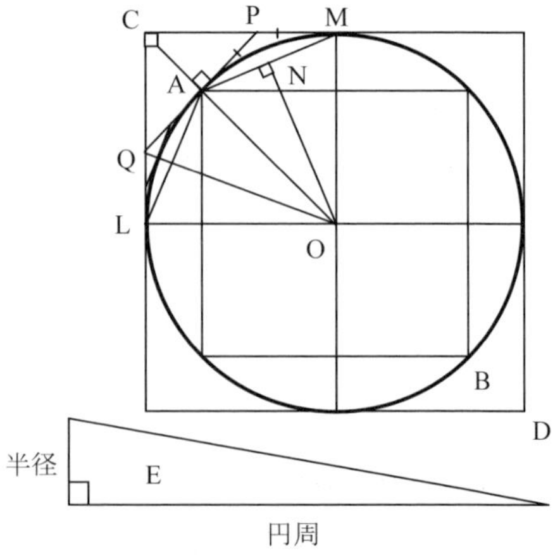

図 9-14

る)。

1) まず△E の面積が円 O の面積より小さいと仮定しよう。その円に内接する正方形 AB を描き、さらにその正方形の辺によって張られる円弧を二等分し次々に内接する正多角形を描いていくと、先の仮定によりついには内接正多角形の面積が、△E の面積を越えるときが来る。このとき中心 O からその内接多角形の一辺に引いた垂線を ON とすれば、ON は円の半径より必ず小さい。またその内接正多角形の周は円周(△E の底辺)より小さい。即ち内接多角形の面積は△E の面積より小さい。これは先の結論と矛盾する。従って△E の面積が円 O の面積より小さいということはない。

2) 次に△E の面積が円 O の面積より大きいと仮定しよう。まず外接正方形 CD を描き、その対角線と円周との交点 A(円弧 LM の中点)で接線を引き、外接正方形との交点を Q、P とする。∠A は直角であるから、CP>AP であり、AP=PM であるから CM>AP+PM である。このように外接正多角形の辺が張る円弧の中点から接線を引き、次々と外接正多角形を描いていくと、外接多角形の周は必ず小さくなっていく。また先の仮定により外接多角形の面積が△E の面積より小さくなるときが必ず来る。しかし OA は円の半径であり、外接正多角形の周は必ず円周より大きいから＊＊外接多角形の面積が△E の面積より小さくなることはあり得ない。従って△E の面積が円 O の面積より大きいということはない。即ち△E の面積は円 O の面積より大きくも小さくもなり得ないから、両者は等しいことになる。

さらにアルキメデスは $3\frac{10}{71}<$円周率$<3\frac{1}{7}$ と求めている。

＊　世界の名著 9、ギリシアの科学、中央公論社(1972)、p.483、(一部変更)

＊＊　円周<外接多角形の周、を示そう。内接多角形の周<外接多角形の周であり、円周は内接多角形の周の極限値(上限値)で定義されるから、円周≦外接多角形の周となる。ここで円周＝外接多角形の周となったとする。然るに上述のように、外接多角形の周は角数が増えると必ず小さくなるから、周の長さがより小さい外接多角形が必ず存在し、矛盾することになる。

∴ 円周<外接多角形の周

【演習問題】

9.1 次の関数の不定積分を求めよ。

1) $y=x^2$ 2) $y=\sqrt{2x}$ 3) $y=(3x+2)^5$ 4) $y=\sin^2 x$ 5) $y=\cos^2 x$

9.2 次の関数の不定積分を求めよ。

1) $y=\dfrac{x}{\sqrt{x^2-4}}$ 2) $y=\sin^3 x\cos x$ 3) $y=\dfrac{\cos x}{1+\sin x}$ 4) $y=\dfrac{x^3}{\sqrt{3-x^2}}$

5) $y=\dfrac{1}{x^2+a^2}$ 6) $f(x)=\sqrt{a^2-x^2}$

9.3 次の定積分を計算せよ。

1) $\int_0^2 (x-2)^3 dx$ 2) $\int_0^1 x\sqrt{2-x}dx$ 3) $\int_0^a \dfrac{a}{\sqrt{a^2-x^2}}dx$ 4) $\int_0^{\pi/2}\sin x\cos xdx$

5) $\int_0^{\pi/2}\sin^2 x\cos xdx$ 6) $\int_0^1 xe^{-x}dx$ 7) $\int_1^3 x^2\ln xdx$

9.4 次の曲線で囲まれた部分の面積を求めよ。

1) $y=-x^2+2x+3,\ y=x^2-x+1$ 2) $y=\sin x,\ y=\cos\left(x+\dfrac{\pi}{2}\right)\ (0\le x\le\pi)$

3) $y=\sin x,\ y=\cos x-1\ (0\le x\le 2\pi)$

9.5 π は円の半径に依らず一定であることを示せ。

9.6 $y=x^2$ を y 軸を中心軸として回転させたときの回転体の体積を求めよ。ただし $0\le y\le 2$ とせよ。また、この回転体の体積の 7 割まで液体で満たすときの液体の高さ(深さ)を求めよ。

9.7 $y=\sin x$ について次の体積を求めよ。ただし、$0\le x\le\pi$ とせよ。

1) x 軸を中心軸として回転させたときにできる立体の体積

2) y 軸を中心軸として回転させたときにできる立体の体積

9.8 次は楕円の式である。以下の問に答えよ。

$$\frac{x^2}{a^2}+\frac{y^2}{b^2}=1,\ (a,b>0)$$

1) 上の式で囲まれた部分の面積(楕円の面積)を求めよ。

2) x 軸を中心として回転させたときの回転体の体積を求めよ。

3) y 軸を中心として回転させたときの回転体の体積を求めよ。

10 章　ベクトルの基礎

いんとろ 10　πの作図

円周の長さに等しい線分は、定規とコンパスのみを用いた作図法では作図できないことが証明されている。即ちある長さを1としたとき、その π 倍の長さの線分は普通の作図法では作図できない。しかしある特別な方法によればこれが作図できるのである。その方法は遠くギリシアの自然科学者アルキメデス(Archimedes)が 2200 年以上も前に示している。驚く限りである。

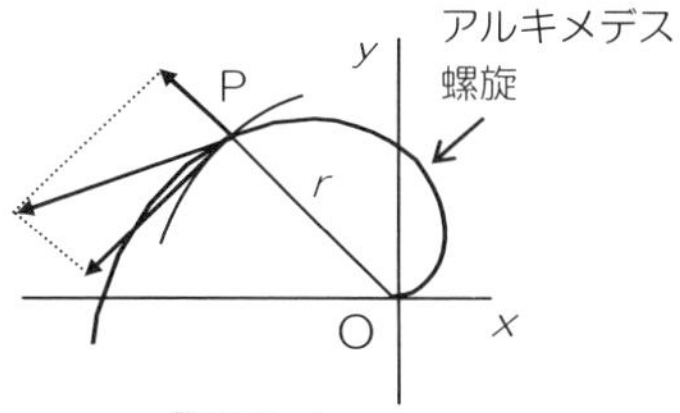

図 i10-1

先生：今日はアルキメデス螺旋(渦線)を使い長さ π の線分を作図してみよう。これはこの章で学ぶベクトル合成の概念を巧みに使っているのだよ。

翔太：アルキメデス螺旋とはなんですか。

先生：アルキメデス螺旋とは、原点 O を中心として一定角速度で回転している直線上を、一定速度で O から離れていく点 P の軌跡が描く曲線だよ。これは O を中心とした、蚊取り線香のような一定間隔の渦巻きになるんだ。そこで直線上の速度を v として、原点からの距離 r を表してみよう。

りさ：v は一定だから

$$r = vt \qquad \text{(i10.1)}$$

です。

先生：角速度を ω として、回転角 θ を表してみよう。

まり：

$$\theta = \omega t \qquad \text{(i10.2)}$$

です。

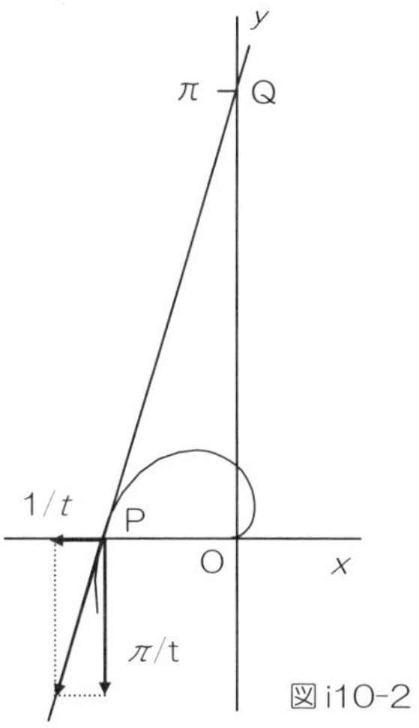

図 i10-2

先生：よーくできたな。次に r と θ の関係はどうなるかな。

翔太：これは簡単だ。

$$r = \frac{v}{\omega}\theta = k\theta \qquad \text{(i10.3)}$$

となるよ。

先生：その通り。ここで k は定数だから、P の軌跡は、原点からの距離が回転角に比例して増加する螺旋になる。そこで図 i10-1 に示すように、アルキメデス螺旋上の任意の点 P における速度は、P 点における回転軸に沿った速度ベクトルと、その点における $\overline{OP}$ を半径とする円の接線方向の速度ベクトルの合成ベクトルになり、その合成ベクトルの方向が点 P における接線の方向になるんだ。即ち二つの速度ベクトルを二辺とする長方形の対角線が、合成ベクトルの大きさと方向を与えている。

りさ：うーん、少し難しいなー。

先生：そこで、図 i10-2 に示すように、x 軸の正方向から出発し、時刻 t 後に π だけ回転し x 軸の負の方向の点 P に達したとする。$\overline{OP} = 1$ とすれば、このとき x 軸の負の方向に向う速度ベクトルの大きさは $1/t$ である。また、回転方向の速度ベクトルは、x 軸に垂直方向でその大きさは π/t である。両ベクトルを合成したベクトルが点Pにおけるアルキメデス螺旋の接線方向に一致する。さてこの接線を延長し、y 軸との交点をQとすれば、三角形の相似関係から、

$$\frac{\pi/t}{1/t}=\pi=\frac{\overline{OQ}}{\overline{OP}}$$

従って $\overline{OP}=1$ であるから、$\overline{OQ}=\pi$ となる。どーだ、π が作図できただろう。

みんな：なるほど、すごいなー。

先生：もちろんこの関係は図を用いなくても直接関数の微分から求まるよ。簡単化のために係数を全て 1 とすれば、アルキメデス螺旋のパラメーター表示は、$y=t\sin t, x=t\cos t$ となるだろ。そこで $t=\pi$ における接線の勾配は、

$$\left.\frac{dy}{dx}\right|_{t=\pi}=\left.\frac{dy/dt}{dx/dt}\right|_{t=\pi}=\pi$$

となる。

世界の名著 9、中央公論社、p. 471、1972
竹之内脩、伊藤隆、π—πの計算　アルキメデスから現代まで、共立出版、2007

10.1　スカラーとベクトル

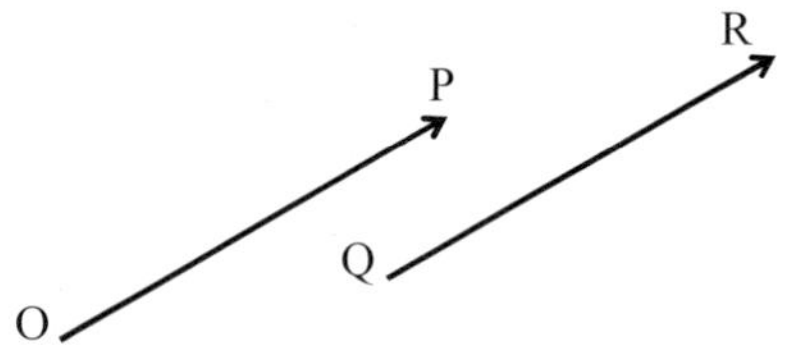

図 10-1

諸君が日常接する数量には、温度、長さ、時間、質量のように大きさのみで表示できる量と、速度、加速度、変位（位置の変化）、力のように、大きさと向き（ここでは“向き”に方向も含める）を決めなければ、状態を正確に決めることができない量がある。前者即ち、大きさのみで表示できる量をスカラー（scalar）といい、後者のように大きさと向きを持つ量をベクトル（vector）という。**図 10-1** に示すように、ベクトルは長さと向きを持つ線分、有向線分 $\overrightarrow{OP}$ で表される。有向線分は矢印で表される。O を起点（始点）、P を終点と言い、線分の長さがベクトルの大きさであり、矢印の方向がベクトルの向きである。今後この章では、スカラーは細字 $A, B, C\cdots$、$a, b, c\cdots$ 等で表し、ベクトルは太字 $\boldsymbol{A}, \boldsymbol{B}, \boldsymbol{C}\cdots$、$\boldsymbol{a}, \boldsymbol{b}, \boldsymbol{c}\cdots$ 等で表す。またベクトル $\boldsymbol{A}$ の大きさは A あるいは絶対値記号を用いて $|\boldsymbol{A}|$ で表す。起点と終点が異なっても、長さと向きが同じであれば、同じベクトルである。**図 10-1** で $\overrightarrow{OP}$ と $\overrightarrow{QR}$ は、線分の長さが等しく、向きも等しいので同じベクトルである。

ベクトル $\boldsymbol{A}$ と $\boldsymbol{B}$ が等しいとき、即ち、

$\overrightarrow{OP}=\boldsymbol{A},\ \overrightarrow{QR}=\boldsymbol{B}$ のとき

$$\boldsymbol{A}=\boldsymbol{B} \tag{10.1}$$

で表す。またベクトル $\boldsymbol{A}$ と大きさが等しく向きが逆のベクトルを $\boldsymbol{A}$ の逆ベクトル(負ベクトル)と言い $-\boldsymbol{A}$ で表す。即ち

$$\overrightarrow{\mathrm{PO}}=-\boldsymbol{A}$$

である。大きさが1のベクトルを単位ベクトルと言う。また大きさが0であるベクトルを零ベクトルといい0で表す(零ベクトルでは向きは問題にならないので、普通の数0と同様に扱える)。

ベクトルの起点を、空間のある一点に固定してベクトルを表すとき、それらのベクトルを位置ベクトルという。位置ベクトルの起点は自由に選べるが、多くの場合座標系の原点にとることが多い。

問 10.1　次の量をスカラーとベクトルに分類せよ。

1）速度　2）質量　3）温度　4）力　5）エネルギー　6）圧力
7）変位　8）体積　9）加速度　10）長さ

10.2　ベクトルの和及び差

図 10-2 を参照にして、二つのベクトル $\boldsymbol{A}$ と $\boldsymbol{B}$ の和と差を考えよう。$\boldsymbol{A}$ と $\boldsymbol{B}$ は起点を共にしているが、ベクトルは大きさ(線分の長さ)と向き(矢印の方向)が同じであれば、同じベクトルであるから、ベクトル $\boldsymbol{B}$ を、ベクトル $\boldsymbol{A}$ の終点が起点となるように平行移動する。ここで $\overrightarrow{\mathrm{OP}}+\overrightarrow{\mathrm{PQ}}$ を考えよう。これはOを起点としてPまで移動し、さらにそこから向きを変えてQまで移動したことに相当する。これをベクトルで表せば $\boldsymbol{A}+\boldsymbol{B}$ と書く。またこれらの二つの移動を合成すれば、$\overrightarrow{\mathrm{OP}}+\overrightarrow{\mathrm{PQ}}=\overrightarrow{\mathrm{OQ}}$ となる。これは $\boldsymbol{A}$ と $\boldsymbol{B}$ の和がベクトル $\boldsymbol{C}$ となることを意味し、これを

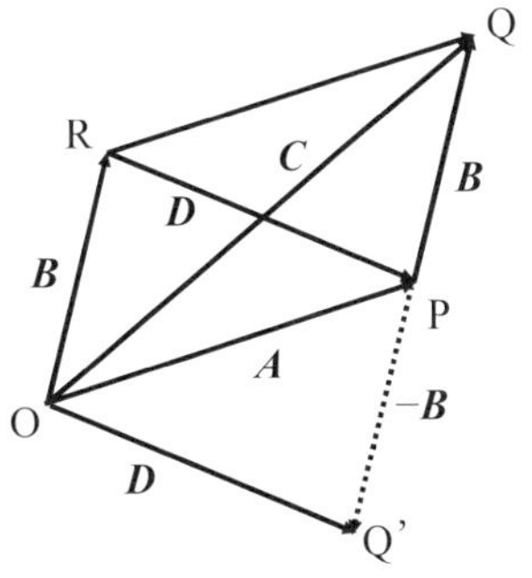

図 10-2

$$\boldsymbol{A}+\boldsymbol{B}=\boldsymbol{C} \tag{10.2}$$

と表す。ベクトル $\boldsymbol{C}$ はベクトル $\boldsymbol{A}$ と $\boldsymbol{B}$ を合成したベクトルであり、これをベクトル $\boldsymbol{A}$ と $\boldsymbol{B}$ の合成ベクトルという。ベクトル $\boldsymbol{C}$ はベクトル $\boldsymbol{A}$ と $\boldsymbol{B}$ を二辺とする平行四辺形の対角線に一致するので、これを平行四辺形の法則と呼ぶこともある。

ベクトルの差は逆ベクトルとの和と考え、$\boldsymbol{A}+(-\boldsymbol{B})=\boldsymbol{A}-\boldsymbol{B}$ で表し、$\overrightarrow{\mathrm{RP}}=\boldsymbol{D}$ とすると、

$$\boldsymbol{A}-\boldsymbol{B}=\boldsymbol{D} \tag{10.3}$$

で表す。**図 10-2** では、ベクトル $-\boldsymbol{B}$ を $\boldsymbol{B}$ と逆向きの点線で示してある。式(10.2)では、

まずOを起点として最初にベクトル$\boldsymbol{A}$をひき、さらにその終点を起点としてベクトル$\boldsymbol{B}$をひいて$\boldsymbol{A}$と$\boldsymbol{B}$の和を求めたのであるが、Oを起点として最初に$\boldsymbol{B}$をひき、さらにその終点を起点として$\boldsymbol{A}$をひいても、$\boldsymbol{A}$と$\boldsymbol{B}$の和を求めることができ、その和はベクトル$\boldsymbol{C}$になる。従って、

$$\boldsymbol{A}+\boldsymbol{B}=\boldsymbol{B}+\boldsymbol{A} \tag{10.4}$$

となり、ベクトルの加法では普通の数式同様交換の法則が成り立つ。

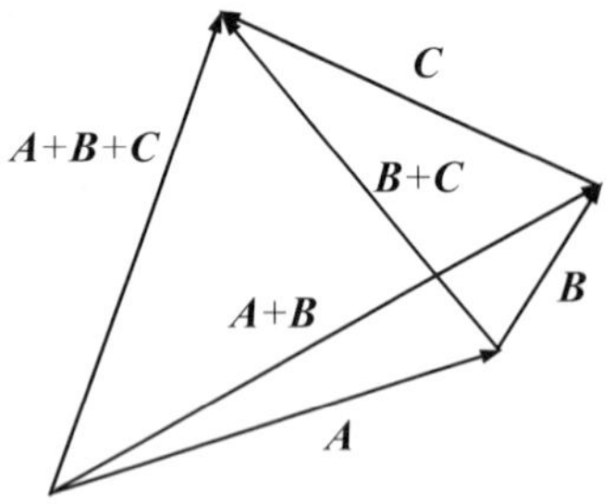

図 10-3

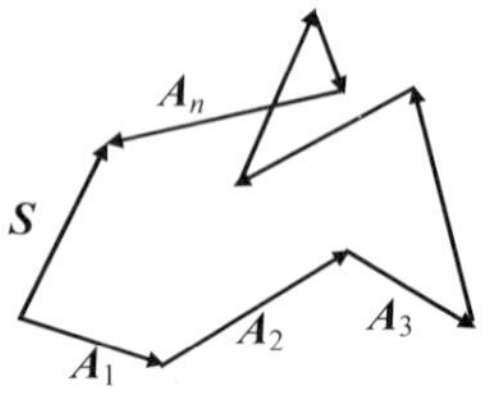

図 10-4

三つ以上のベクトルの加法において、**図 10-3** に示すように結合の法則が成り立つ。

$$(\boldsymbol{A}+\boldsymbol{B})+\boldsymbol{C}=\boldsymbol{A}+(\boldsymbol{B}+\boldsymbol{C}) \tag{10.5}$$

さらにベクトルの加法においては括弧を必要とせず、

$$(\boldsymbol{A}+\boldsymbol{B})+\boldsymbol{C}=\boldsymbol{A}+\boldsymbol{B}+\boldsymbol{C} \tag{10.6}$$

さらに **図 10-4** に示すように、ベクトルがいくつあってもそれらの和$\boldsymbol{S}$は次で与えられる。

$$\boldsymbol{S}=\boldsymbol{A}_1+\boldsymbol{A}_2+\boldsymbol{A}_3+\boldsymbol{A}_4+\cdots+\boldsymbol{A}_n \tag{10.7}$$

10.3　ベクトルのスカラー倍

任意のスカラーa及びベクトル$\boldsymbol{A}$に対し、$\boldsymbol{A}$をa倍したベクトルを$a\boldsymbol{A}$で表し、次のように定義する。

1）$a>0$のとき、$a\boldsymbol{A}$は$\boldsymbol{A}$と同じ向きで、大きさは$\boldsymbol{A}$のa倍のベクトルである。

2）$a<0$のとき、$a\boldsymbol{A}$は$\boldsymbol{A}$と逆向きで、大きさは$\boldsymbol{A}$の$|a|$倍のベクトルである。

3）$a=0$のとき、$a\boldsymbol{A}$は零ベクトル$\boldsymbol{0}$である。

以上のことから、ベクトル$\boldsymbol{A}$と$\boldsymbol{B}$が一つの直線に平行であるとき（これをベクトル$\boldsymbol{A}$と$\boldsymbol{B}$が共線であるという）、$\boldsymbol{A}=a\boldsymbol{B}$が成り立つ。

任意のスカラーa、bに対し、次の分配法則が成り立つ。

$$(a+b)\boldsymbol{A}=a\boldsymbol{A}+b\boldsymbol{A} \tag{10.8}$$

$$a(\boldsymbol{A}+\boldsymbol{B})=a\boldsymbol{A}+a\boldsymbol{B} \tag{10.9}$$

例題 10.1　式(10.8)を証明せよ。

解　**図 10-5** を参照。$b\boldsymbol{A}$ を $a\boldsymbol{A}$ の延長線上に平行移動して、両者の和をとる。

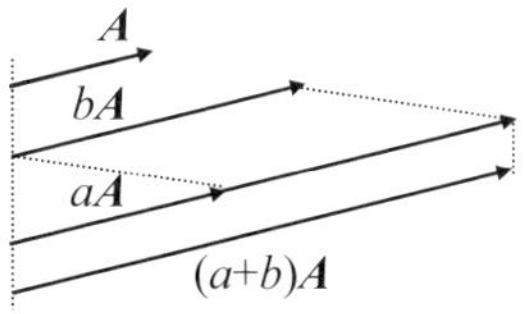

図 10-5

問 10.2　式(10.9)を証明せよ。

例題 10.2　O を起点とする位置ベクトル $\boldsymbol{A}$, $\boldsymbol{B}$ の終点 A, B を結ぶ線分 AB を m:n に分ける点(内分点)を P とし、その位置ベクトルを $\boldsymbol{P}$ とする。$\boldsymbol{P}$ を $\boldsymbol{A}$, $\boldsymbol{B}$ を用いて表せ。外分点のときはどうなるか。

解　**図 10-6a** において、

$$\frac{\mathrm{AP}}{\mathrm{PB}}=\frac{m}{n},\quad \therefore n\overrightarrow{\mathrm{AP}}=m\overrightarrow{\mathrm{PB}},\quad n\left(\boldsymbol{P}-\boldsymbol{A}\right)=m\left(\boldsymbol{B}-\boldsymbol{P}\right),$$

$$\therefore \boldsymbol{P}=\frac{n\boldsymbol{A}+m\boldsymbol{B}}{m+n} \tag{10.10}$$

点 P が AB の二等分点の場合は

$$\boldsymbol{P}=\frac{\boldsymbol{A}+\boldsymbol{B}}{2}$$

となる。

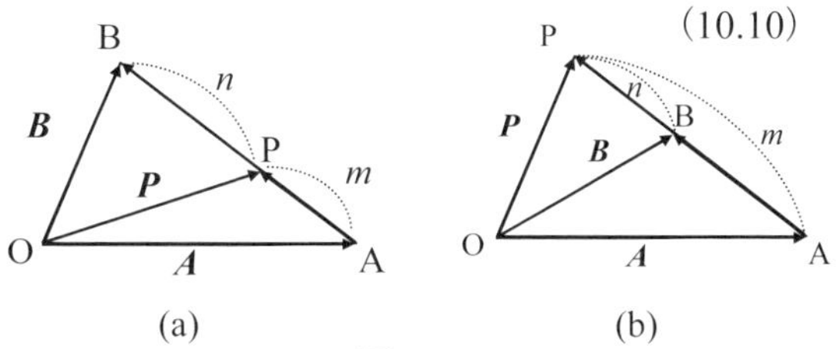

図 10-6

点 P が外分点、即ち AB の延長上にある場合は、m あるいは n のいずれかが負になる。**図 10-6b** において、線分 AB を m:n に分ける外分点を P とし、ベクトルの向き $\overrightarrow{\mathrm{PB}}$ が $\overrightarrow{\mathrm{BP}}$ になることに注意すれば、内分点のときと同様に、

$$\frac{\mathrm{AP}}{\mathrm{BP}}=\frac{m}{n},\quad \therefore n\overrightarrow{\mathrm{AP}}=m\overrightarrow{\mathrm{BP}},\quad n\left(\boldsymbol{P}-\boldsymbol{A}\right)=m\left(\boldsymbol{P}-\boldsymbol{B}\right),$$

$$\therefore \boldsymbol{P}=\frac{n\boldsymbol{A}-m\boldsymbol{B}}{n-m}$$

となる。

問 10.3　平行四辺形の対角線は互いに他を二等分することを証明せよ。

10.4　ベクトルの合成、分解

ベクトルの和や差を使って、ベクトルを合成できる。これは物体の変位や速度あるいは物体に働く力等を考えるときに便利である。例えば **図 10-7** に示すように、一定速度 $\boldsymbol{v}_1$ で流れている川を、その流れに対し速度 $\boldsymbol{v}_2$ で進む船の川岸に対する速度 $\boldsymbol{v}$ は、

$\boldsymbol{v}_1$ と $\boldsymbol{v}_2$ の合成ベクトルとなり次式で与えられる。

$$\boldsymbol{v} = \boldsymbol{v}_1 + \boldsymbol{v}_2 \tag{10.11}$$

平行四辺形の法則により、$\boldsymbol{v}$ は $\boldsymbol{v}_1$ と $\boldsymbol{v}_2$ を二辺とする平行四辺形の対角線の一つに一致する。$\boldsymbol{v}$ の大きさは、は $\boldsymbol{v}_1$ と $\boldsymbol{v}_2$ の大きさとこれら二つのベクトルのなす角に依存する。このベクトルの合成は、見方を変えればベクトル $\boldsymbol{v}$ を、ベクトル $\boldsymbol{v}_1$ と $\boldsymbol{v}_2$ に分解していることにもなる(次節ベクトルの成分参照)。ただし分解の仕方は、分解する方向によって無数の方法が可能である。

例題 10.3　東に向かって 4m/s で流れている川を、北に向い 3m/s(静水に対する速度)の速度で船を進めた。船の進む方向を作図し、そのときの速さを求めよ。

解　**図 10-7** を参照して、川の流れは東向きに $\boldsymbol{v}_1$=4m/s、船は北向きに $\boldsymbol{v}_2$=3m/s の速度で進む。従ってピタゴラスの定理により、合成速度 $\boldsymbol{v}$ は 5m/s となる。方向は東から反時計回りに $\cos\theta = \dfrac{4}{5}$、あるいは $\theta = \cos^{-1}\dfrac{4}{5}$ の角度である。

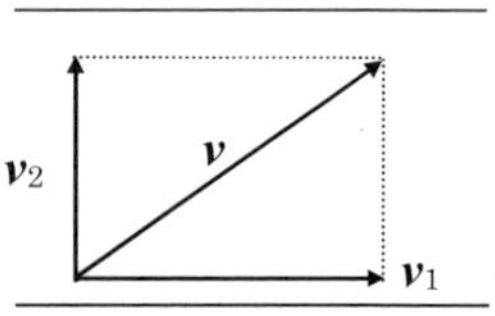

図 10-7

問 10.4　雨粒は大地に対し垂直に速度 $\boldsymbol{v}_1$ で落下している。東に速度 $\boldsymbol{v}_2$ で進行する電車内から見た雨粒の速度をベクトルで表し作図せよ。

10.5　ベクトルの成分

前節でベクトルの分解について簡単に触れたが、ここではその代表的な方法について述べよう。**図 10-8** に示すような直線直交座標(デカルト座標(Cartesian coordinate)ともいう)考えよう。3 つの座標軸 x, y, z 軸は直線であり、互いに原点 O で直角に交わる(これを直交するという)。**図 10-8a** では x, y, z 軸の正の向きの関係は、それぞれ右手の親指、人差し指、中指を相互に直角に広げたときの向き関係に一致する。従ってこの座標系を右手系という。この場合右ねじを x 軸から y 軸に向けて回転させたとき、ねじの進む方向は、z 軸の正の向きに一致するように、座標軸がとられている。これに反し **図 10-8b** に示すように、同様なことが左手に当てはまるような座標系を左手系という。この教科書では右手系を用いている。

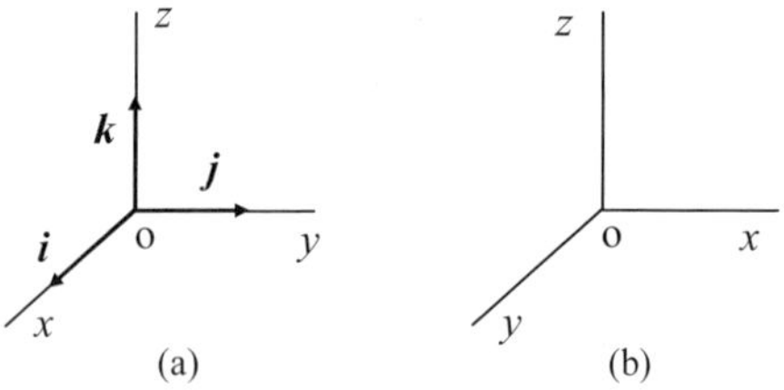

図 10-8

いまx, y, z軸それぞれの正の向きに単位ベクトル$\boldsymbol{i}, \boldsymbol{j}, \boldsymbol{k}$をとる。単位ベクトルであるからそれらの大きさは1である。即ち

$$|\boldsymbol{i}| = |\boldsymbol{j}| = |\boldsymbol{k}| = 1 \tag{10.12}$$

このようなベクトル$\boldsymbol{i}, \boldsymbol{j}, \boldsymbol{k}$を基本ベクトルという。これらの基本ベクトルを用いれば、任意のベクトル$\boldsymbol{A}$の起点を原点Oにあわせたとき、**図10-9**に示すように、$\boldsymbol{A}$は次のように表すことができる。

$$\boldsymbol{A} = A_x\boldsymbol{i} + A_y\boldsymbol{j} + A_z\boldsymbol{k} \tag{10.13}$$

ここでA_x, A_y, A_zはそれぞれx, y, z軸上への$\boldsymbol{A}$の正射影の長さであり、$\boldsymbol{A}$のx成分、y成分、z成分という。

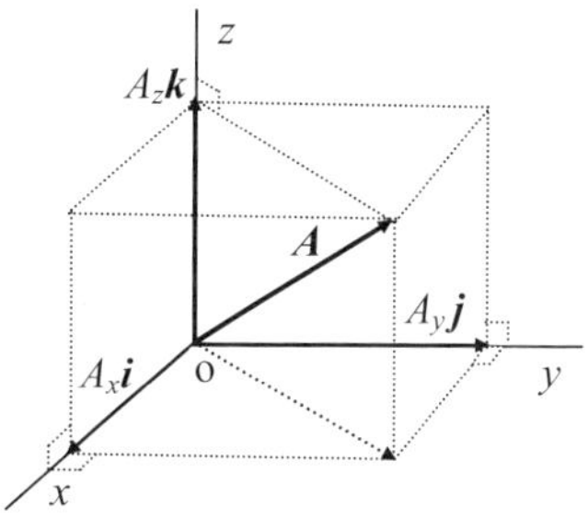

図10-9

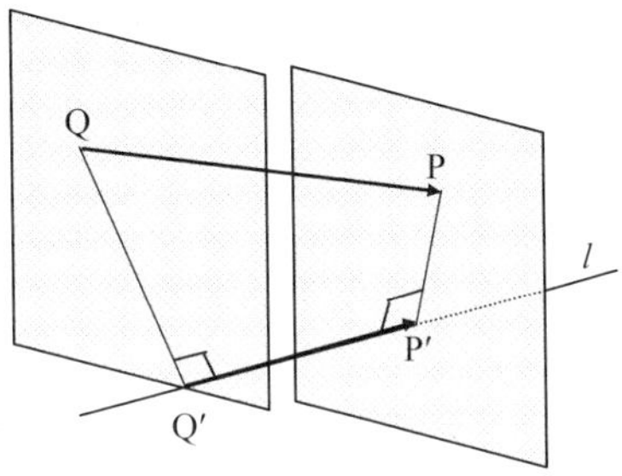

図10-10

ある点Pの直線lへの正射影とは、**図10-10**に示すように、点Pを含みlに垂直な面とlとの交点P′(垂線の足)をいう。従って線分(ベクトル)の正射影とは、その線分(ベクトル)の両端点P, Q(起点と終点)をそれぞれ含み、直線lに垂直な面とlとの交点P′, Q′を結ぶ線分(ベクトル)のことである。

ベクトル$\boldsymbol{A}$がxy平面に平行である(z軸上への正射影は0である、即ち$A_z=0$)ときは、$\boldsymbol{A} = A_x\boldsymbol{i} + A_y\boldsymbol{j}$で表される。また$\boldsymbol{A}$が$x$軸に平行な場合($y$, z軸上への正射影は0である、即ち$A_y=A_z=0$)は$\boldsymbol{A} = A_x\boldsymbol{i}$で表される。

式(10.13)はベクトル$\boldsymbol{A}$の直行座標x, y, z軸方向への分解であるが、同時にx, y, z軸方向の三ベクトル$A_x\boldsymbol{i}, A_y\boldsymbol{j}, A_z\boldsymbol{k}$の合成でもある。しばしばベクトルをその成分で表し、次のように書くこともある。

$$\boldsymbol{A} = \left(A_x, A_y, A_z\right) \tag{10.14}$$

この表記法を用いれば、基本ベクトルは次のように書ける。

$$\boldsymbol{i} = (1,0,0), \quad \boldsymbol{j} = (0,1,0), \quad \boldsymbol{k} = (0,0,1)$$

ベクトル$\boldsymbol{A}$の大きさは、ピタゴラスの定義により次式で与えられる。
2次元ベクトル$\boldsymbol{A} = \left(A_x, A_y\right)$では

$$A=|\boldsymbol{A}|=\sqrt{A_x{}^2+A_y{}^2} \qquad (10.15)$$

3次元ベクトル $\boldsymbol{A}=\left(A_x,A_y,A_z\right)$ では

$$A=|\boldsymbol{A}|=\sqrt{A_x{}^2+A_y{}^2+A_z{}^2} \qquad (10.16)$$

また、$\boldsymbol{A}=\left(A_x,A_y,A_z\right)$ 及び $\boldsymbol{B}=\left(B_x,B_y,B_z\right)$ とするとき、$\boldsymbol{A=B}$ は $A_x=B_x$, $A_y=B_y$, $A_z=B_z$ を意味する。即ち全ての成分がそれぞれ等しいとき、それらのベクトルは等しいことになる。

例題 10.4　原点 O を起点とする位置ベクトル $\boldsymbol{A}=(3,4)$ 及び $\boldsymbol{B}=(-1,3,2)$ の大きさ(長さ)を求めよ。

解　式(10.15)あるいは式(10.16)より、

$$A=\sqrt{3^2+4^2}=\sqrt{25}=5\text{、}\quad B=\sqrt{(-1)^2+3^2+2^2}=\sqrt{14}$$

各座標軸上の成分は、それぞれ単純に加減算できるから、ベクトル $\boldsymbol{A}=\left(A_x,A_y,A_z\right)$ 及び $\boldsymbol{B}=\left(B_x,B_y,B_z\right)$ の和及び差は

$$\boldsymbol{A}+\boldsymbol{B}=\left(A_x+B_x,A_y+B_y,A_z+B_z\right) \qquad (10.17)$$

$$\boldsymbol{A}-\boldsymbol{B}=\left(A_x-B_x,A_y-B_y,A_z-B_z\right) \qquad (10.18)$$

即ち、$\boldsymbol{A}\pm\boldsymbol{B}=\left(A_x\pm B_x\right)\boldsymbol{i}+\left(A_y\pm B_y\right)\boldsymbol{j}+\left(A_z\pm B_z\right)\boldsymbol{k}$ となる。また m を任意のスカラーとすれば、

$$m\boldsymbol{A}=\left(mA_x,mA_y,mA_z\right)=mA_x\boldsymbol{i}+mA_y\boldsymbol{j}+mA_z\boldsymbol{k}$$

である。

問 10.5　$\boldsymbol{A}=(2,-1,3)$, $\boldsymbol{B}=(1,-2,-4)$ のとき、次のベクトルを成分表示し、大きさを求めよ。

1) $3\boldsymbol{A}$　　2) $2\boldsymbol{A}+\boldsymbol{B}$　　3) $\boldsymbol{A}-2\boldsymbol{B}$　　4) $\boldsymbol{A}-\boldsymbol{B}$　　5) $2\boldsymbol{A}-\boldsymbol{B}$

ベクトル $\boldsymbol{A}$ が x 軸、y 軸、z 軸の正方向と成す角をそれぞれ α,β,γ とすると(**図 10-11**)、

$$A_x=A\cos\alpha,\quad A_y=A\cos\beta,\quad A_z=A\cos\gamma$$

となる。ここで、

$$l=\cos\alpha=\frac{A_x}{A},\quad m=\cos\beta=\frac{A_y}{A},\quad n=\cos\gamma=\frac{A_z}{A} \qquad (10.19)$$

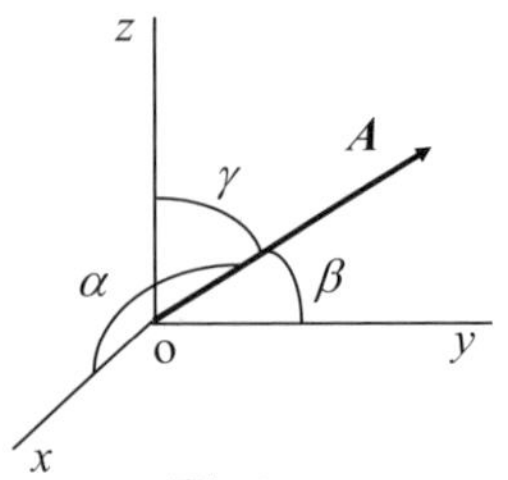

図 10-11

はベクトルの方向を表し、l,m,n を方向余弦といい、

$$l^2+m^2+n^2=1 \qquad (10.20)$$

が成り立つ。

例題 10.5　一点 O を起点とするベクトル$\overrightarrow{\mathrm{OA}}=\boldsymbol{A}=(1,3,2)$及び$\overrightarrow{\mathrm{OB}}=\boldsymbol{B}=(2,-1,4)$とするとき、ベクトル$\overrightarrow{\mathrm{AB}}$及びその大きさと方向余弦を求めよ。また式(10.20)が成り立つことを確認せよ。

解　図 10-12 を参照して、$\overrightarrow{\mathrm{AB}}=\overrightarrow{\mathrm{OB}}-\overrightarrow{\mathrm{OA}}$であるから、式(10.18)を用いて、

$$\overrightarrow{\mathrm{AB}}=(1,-4,2),\ \left|\overrightarrow{\mathrm{AB}}\right|=\sqrt{21},$$

$$l=1/\sqrt{21},\ m=-4/\sqrt{21},\ n=2/\sqrt{21}$$

故に式(10.20)が成立している。

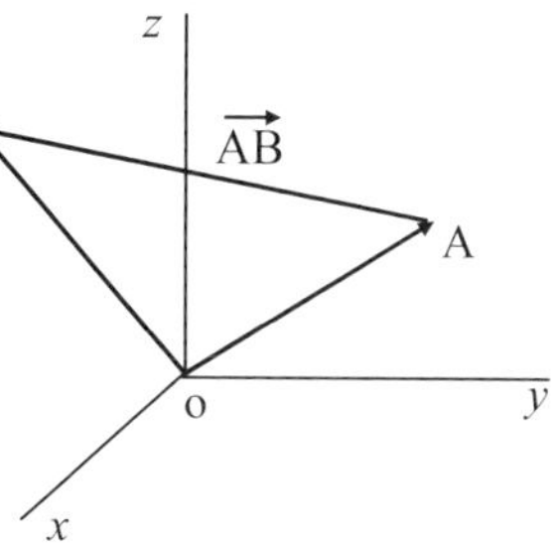

図 10-12

問 10.6　一点 O を起点とするベクトル$\overrightarrow{\mathrm{OA}}=\boldsymbol{A}$及び$\overrightarrow{\mathrm{OB}}=\boldsymbol{B}$とするとき、次のベクトル$\overrightarrow{\boldsymbol{AB}}$及びその大きさと方向余弦を求めよ。また式(10.20)が成り立つことを確認せよ。

1)　$\boldsymbol{A}=(2,4,4),\boldsymbol{B}=(1,2,3)$　　2)　$\boldsymbol{A}=(2,-1,2),\boldsymbol{B}=(-1,2,4)$

3)　$\boldsymbol{A}=(0,1,3),\boldsymbol{B}=(2,-1,4)$

10.6　ベクトルの積

10.6.1　スカラー積

ベクトル$\boldsymbol{A},\boldsymbol{B}$(どちらも零ベクトルでないとする)の起点を一致させるように平行移動したときの両ベクトルのなす角を$\theta\ (0\le\theta\le\pi)$とする(図 10-13)。このときスカラー積(内積ともいう)を$\boldsymbol{A}\cdot\boldsymbol{B}$で表し、次式で定義する。

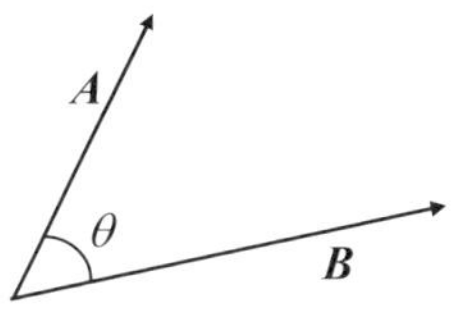

図 10-13

$$\boldsymbol{A}\cdot\boldsymbol{B}=AB\cos\theta \tag{10.21}$$

ここでA及びBは$\boldsymbol{A}$及び$\boldsymbol{B}$の大きさである。従ってスカラー積は、$\boldsymbol{A}$の$\boldsymbol{B}$上への正射影の長さと$\boldsymbol{B}$の長さの積、あるいは$\boldsymbol{B}$の$\boldsymbol{A}$上への正射影の長さと$\boldsymbol{A}$の長さの積、に等しい一つのスカラー量(実数値)である。

スカラー積には次の重要な性質がある。

$$\boldsymbol{A}\cdot\boldsymbol{B}=0\quad\left(\theta=\frac{\pi}{2}\right) \tag{10.22}$$

$$\boldsymbol{A}\cdot\boldsymbol{B}=AB\quad(\theta=0) \tag{10.23}$$

式(10.21)によれば$\theta=\dfrac{\pi}{2}$即ち$\boldsymbol{A},\ \boldsymbol{B}$は互いに垂直(これを$\boldsymbol{A}\perp\boldsymbol{B}$と記す)であるとき、

$\boldsymbol{A}\cdot\boldsymbol{B}=0$ が成り立つ。また $\boldsymbol{A},\boldsymbol{B}$ のいずれかが零ベクトルでなければ、$\boldsymbol{A}\cdot\boldsymbol{B}=0$ のとき $\theta=\dfrac{\pi}{2}$ となる。即ち、

$$\boldsymbol{A}\cdot\boldsymbol{B}=0 \Leftrightarrow \boldsymbol{A}\perp\boldsymbol{B} \tag{10.24}$$

式(10.23)では $\theta=0$ であるから、$\boldsymbol{A},\boldsymbol{B}$ は互いに平行(これを $\boldsymbol{A}/\!/\boldsymbol{B}$ と記す)である。ベクトルの向きが逆の場合は、$\theta=\pi$ であるから

$$\boldsymbol{A}\cdot\boldsymbol{B}=-AB$$

となる。また $\boldsymbol{A}=\boldsymbol{B}$ のときは

$$\boldsymbol{A}\cdot\boldsymbol{A}=A^2$$

である。従って直交座標系の基本ベクトル $\boldsymbol{i},\boldsymbol{j},\boldsymbol{k}$ に対し、次式が成り立つ。

$$\boldsymbol{i}\cdot\boldsymbol{i}=\boldsymbol{j}\cdot\boldsymbol{j}=\boldsymbol{k}\cdot\boldsymbol{k}=1 \tag{10.25}$$

$$\boldsymbol{i}\cdot\boldsymbol{j}=\boldsymbol{j}\cdot\boldsymbol{k}=\boldsymbol{k}\cdot\boldsymbol{i}=0 \tag{10.26}$$

これらの性質を用いてスカラー積を成分で表示すれば、

$$\begin{aligned}\boldsymbol{A}\cdot\boldsymbol{B}&=\left(A_x\boldsymbol{i}+A_y\boldsymbol{j}+A_z\boldsymbol{k}\right)\cdot\left(B_x\boldsymbol{i}+B_y\boldsymbol{j}+B_z\boldsymbol{k}\right)\\&=A_xB_x\boldsymbol{i}\cdot\boldsymbol{i}+A_xB_y\boldsymbol{i}\cdot\boldsymbol{j}+A_xB_z\boldsymbol{i}\cdot\boldsymbol{k}\\&+A_yB_x\boldsymbol{j}\cdot\boldsymbol{i}+A_yB_y\boldsymbol{j}\cdot\boldsymbol{j}+A_yB_z\boldsymbol{j}\cdot\boldsymbol{k}\\&+A_zB_x\boldsymbol{k}\cdot\boldsymbol{i}+A_zB_y\boldsymbol{k}\cdot\boldsymbol{j}+A_zB_z\boldsymbol{k}\cdot\boldsymbol{k}\end{aligned}$$

故に

$$\boldsymbol{A}\cdot\boldsymbol{B}=A_xB_x+A_yB_y+A_zB_z \tag{10.27}$$

従って、$\boldsymbol{A},\boldsymbol{B}$ のなす角 θ の余弦は

$$\cos\theta=\frac{\boldsymbol{A}\cdot\boldsymbol{B}}{AB}=\frac{A_xB_x+A_yB_y+A_zB_z}{\sqrt{{A_x}^2+{A_y}^2+{A_z}^2}\sqrt{{B_x}^2+{B_y}^2+{B_z}^2}}$$

で与えられる。

10.6.2　スカラー積の公式

スカラー積の定義から、次の公式が成り立つ。

i) $\boldsymbol{A}\cdot\boldsymbol{B}=\boldsymbol{B}\cdot\boldsymbol{A}$　　(交換法則)　　(10.28)

ii) $c\left(\boldsymbol{A}\cdot\boldsymbol{B}\right)=\left(c\boldsymbol{A}\right)\cdot\boldsymbol{B}$　　(c は任意のスカラー)(結合法則)　　(10.29)

iii) $\left(\boldsymbol{A}+\boldsymbol{B}\right)\cdot\boldsymbol{C}=\boldsymbol{A}\cdot\boldsymbol{C}+\boldsymbol{B}\cdot\boldsymbol{C}$　　(分配法則)　　(10.30)

i) 式(10.28)の証明：

左辺＝ $\boldsymbol{A}\cdot\boldsymbol{B}=AB\cos\theta$、　　右辺＝ $\boldsymbol{B}\cdot\boldsymbol{A}=BA\cos\theta$　　∴ 左辺＝右辺

ii) 式(10.29)の証明：

ベクトル $c\boldsymbol{A}$ と $\boldsymbol{B}$ のなす角も θ であるから、

左辺 $=c\left(AB\cos\theta\right)$、　　右辺 $=\left(cA\right)B\cos\theta=cAB\cos\theta$　　∴ 左辺＝右辺

iii）式(10.30)の証明：簡単化のために2次元空間で証明する。**図 10-14** に示すように、$\boldsymbol{A}$ 及び $\boldsymbol{B}$ の終点P及びQから $\boldsymbol{C}$ 上へ下ろした垂線の足をP'及びQ'とする。ベクトル $\boldsymbol{C}$ の大きさを C として、

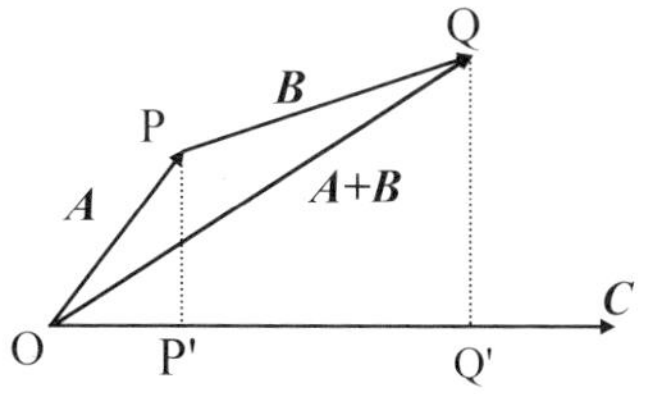

図 10-14

$$左辺 = \overline{\mathrm{OQ'}} \times C$$

$$右辺 = \overline{\mathrm{OP'}} \times C + \overline{\mathrm{P'Q'}} \times C = \overline{\mathrm{OQ'}} \times C$$

∴ 左辺＝右辺

3次元空間では、一般的に $\boldsymbol{A}$ と $\boldsymbol{C}$ を含む平面内に必ずしも $\boldsymbol{B}$ の終点Qが存在しない。しかしPあるいはQを含み $\boldsymbol{C}$ に垂直な面が $\boldsymbol{C}$ と交わる点(P, Qの正射影)はそれぞれP', Q'となる。従って3次元空間でも、$\boldsymbol{A}+\boldsymbol{B}$ の $\boldsymbol{C}$ 方向成分は $\overline{\mathrm{OQ'}}$ となり、$\boldsymbol{B}$ の $\boldsymbol{C}$ 方向成分は $\overline{\mathrm{P'Q'}}$ となるから、2次元空間と同様の式が成り立つ。

例題 10.6　ベクトル $\boldsymbol{A} = 2\boldsymbol{i} + 3\boldsymbol{j} - 2\boldsymbol{k}$ と $\boldsymbol{B} = -\boldsymbol{i} + 2\boldsymbol{j} + 2\boldsymbol{k}$ が直交することを示せ。

解　スカラー積 $\boldsymbol{A} \cdot \boldsymbol{B} = -2 + 6 - 4 = 0$ となり、$\cos\theta = 0$,　$\therefore \theta = \dfrac{\pi}{2}$ となり $\boldsymbol{A}$, $\boldsymbol{B}$ は直交する。

問 10.7　式(10.30)をベクトルの成分表示を用いて証明せよ。

問 10.8　次のベクトル $\boldsymbol{A}, \boldsymbol{B}$ のなす角を求めよ。

1）$\boldsymbol{A} = 4\boldsymbol{i} - 2\boldsymbol{j} + \boldsymbol{k}$,　$\boldsymbol{B} = 2\boldsymbol{i} + 3\boldsymbol{j} - 2\boldsymbol{k}$　　2）$\boldsymbol{A} = 2\boldsymbol{i} + 3\boldsymbol{j} - \boldsymbol{k}$,　$\boldsymbol{B} = -\boldsymbol{i} + 2\boldsymbol{j} - 3\boldsymbol{k}$

問 10.9　平行四辺形の対角線が互いに直交する条件を示せ。

10.6.3　ベクトル積

ベクトル $\boldsymbol{A}, \boldsymbol{B}$ のなす角を θ として、$\boldsymbol{A}, \boldsymbol{B}$ のなす平面に垂直で、$\boldsymbol{A}$ から $\boldsymbol{B}$ に向って180°以内の角度方向に右ねじを回すとき、そのねじの進む方向に等しい向きを持ち、その大きさが $AB\sin\theta$ であるベクトルを、$\boldsymbol{A}, \boldsymbol{B}$ のベクトル積(あるいは外積)と定義し、これを

$$\boldsymbol{A} \times \boldsymbol{B}$$

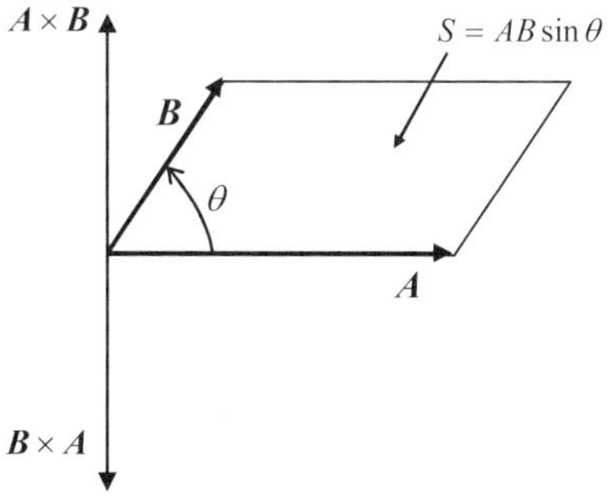

図 10-15

で表す(**図 10-15**)。$\boldsymbol{A} \times \boldsymbol{B}$ の大きさ $AB\sin\theta$ は、起点を同じくして $\boldsymbol{A}, \boldsymbol{B}$ をひくとき、これらを隣り合う二辺とする平行四辺形の面積に等しい。即ち

$$|\boldsymbol{A}\times\boldsymbol{B}| = AB\sin\theta \tag{10.31}$$

である。従って$\boldsymbol{B}\times\boldsymbol{A}$は$\boldsymbol{B}$から$\boldsymbol{A}$に向って右ねじを回すとき、そのねじの進む方向に等しい向きを持つベクトルであるから、$\boldsymbol{A}\times\boldsymbol{B}$と大きさは等しいが逆向きのベクトルとなる(**図 10-15**)。即ち、

$$\boldsymbol{A}\times\boldsymbol{B} = -\boldsymbol{B}\times\boldsymbol{A} \tag{10.32}$$

このように、ベクトル積においては交換の法則は成り立たない。また$\boldsymbol{A}$と$\boldsymbol{B}$が直交するとき、$\sin\theta=1$であるから

$$|\boldsymbol{A}\times\boldsymbol{B}| = AB$$

となる。また、$\boldsymbol{A}$, $\boldsymbol{B}$がいずれも零ベクトルでなく、両ベクトルが平行にあるときは、$\sin\theta=0$であるから、$\boldsymbol{A}$と$\boldsymbol{B}$のベクトル積は零ベクトルとなる。

$$\boldsymbol{A}\times\boldsymbol{B} = \boldsymbol{0}$$

従って、自分自身とのベクトル積も

$$\boldsymbol{A}\times\boldsymbol{A} = \boldsymbol{0}$$

である。ベクトル積のこのような特性は、簡単ではあるが重要である。

直交座標系における基本ベクトル$\boldsymbol{i},\boldsymbol{j},\boldsymbol{k}$は、互いに直交しているから、これらのベクトル積に対し次の関係が成立する。

$$\boldsymbol{i}\times\boldsymbol{i} = \boldsymbol{j}\times\boldsymbol{j} = \boldsymbol{k}\times\boldsymbol{k} = \boldsymbol{0} \tag{10.33}$$

$$\left.\begin{aligned}\boldsymbol{i}\times\boldsymbol{j} &= -(\boldsymbol{j}\times\boldsymbol{i}) = \boldsymbol{k}\\ \boldsymbol{j}\times\boldsymbol{k} &= -(\boldsymbol{k}\times\boldsymbol{j}) = \boldsymbol{i}\\ \boldsymbol{k}\times\boldsymbol{i} &= -(\boldsymbol{i}\times\boldsymbol{k}) = \boldsymbol{j}\end{aligned}\right\} \tag{10.34}$$

これらの基本ベクトル間の関係式を使えば、ベクトル積の成分表示を得ることができる。$\boldsymbol{A}$及び$\boldsymbol{B}$のx, y, z成分をそれぞれA_x, A_y, A_z及びB_x, B_y, B_zとすれば

$$\begin{aligned}\boldsymbol{A}\times\boldsymbol{B} &= (A_x\boldsymbol{i}+A_y\boldsymbol{j}+A_z\boldsymbol{k})\times(B_x\boldsymbol{i}+B_y\boldsymbol{j}+B_z\boldsymbol{k})\\ &= A_xB_x(\boldsymbol{i}\times\boldsymbol{i})+A_xB_y(\boldsymbol{i}\times\boldsymbol{j})+A_xB_z(\boldsymbol{i}\times\boldsymbol{k})\\ &\quad +A_yB_x(\boldsymbol{j}\times\boldsymbol{i})+A_yB_y(\boldsymbol{j}\times\boldsymbol{j})+A_yB_z(\boldsymbol{j}\times\boldsymbol{k})\\ &\quad +A_zB_x(\boldsymbol{k}\times\boldsymbol{i})+A_zB_y(\boldsymbol{k}\times\boldsymbol{j})+A_zB_z(\boldsymbol{k}\times\boldsymbol{k})\end{aligned}$$

ここで式(10.33),(10.34)の関係を使えば

$$\boldsymbol{A}\times\boldsymbol{B} = (A_yB_z-A_zB_y)\boldsymbol{i}+(A_zB_x-A_xB_z)\boldsymbol{j}+(A_xB_y-A_yB_x)\boldsymbol{k} \tag{10.35}$$

となる。この式は行列式を用いて表せば次のようになる(これは記憶しやすい表示法である)。

$$A \times B = \begin{vmatrix} i & j & k \\ A_x & A_y & A_z \\ B_x & B_y & B_z \end{vmatrix} \quad (10.36)$$

3次以下の行列式は次の方法により展開できる。(実線で結ばれた数値は+に、破線で結ばれた数値は−とする)

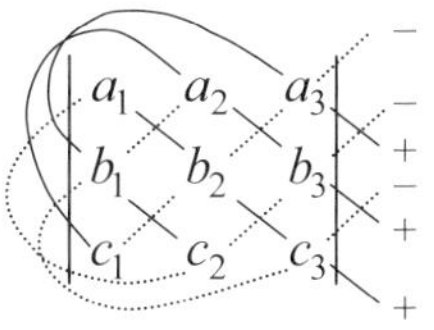

$$\begin{vmatrix} a_1 & a_2 & a_3 \\ b_1 & b_2 & b_3 \\ c_1 & c_2 & c_3 \end{vmatrix} = a_1 b_2 c_3 + a_2 b_3 c_1 + a_3 b_1 c_2 - a_3 b_2 c_1 - a_2 b_1 c_3 - a_1 b_3 c_2 \quad (10.37)$$

＊行列式については適当な参考書を参照されたい。

問 10.10 次のベクトル a, b のベクトル積を求めよ。

1) $a = 2i + 3j - 5k, \ b = i + 2j - 3k$ 2) $a = 3i - 1j + 4k, \ b = -2i + j - 5k$
3) $a = (1, -2, 3), \ b = (2, -1, 4)$

例題 10.7 ベクトル $A = 4i - 2j - 6k$ と $B = 2i - j - 3k$ が平行であることを示せ。

解 $A = 2B$ であるから両者は平行である。あるいはベクトル積 $A \times B$ の各成分が零となることを示す。

例えば、x 成分 $= A_y B_z - A_z B_y = (-2)(-3) - (-6)(-1) = 0$、$y$ 及び z 成分も同様に 0 となる。

行列式表示では、

$$A \times B = \begin{vmatrix} i & j & k \\ 4 & -2 & -6 \\ 2 & -1 & -3 \end{vmatrix} = 0$$

となる。(各自、式(10.37)の方法に従って計算してみよ)

10.6.4 ベクトル積の公式

ここではベクトル積の公式をまとめておこう。

i) $A \times B = -B \times A$ （交換法則は成立しない） (10.32)

ii) $(cA) \times B = A \times (cB) = c(A \times B)$ （c は任意のスカラー）（結合法則） (10.38)

iii) $A \times (B + C) = A \times B + A \times C$ （分配法則） (10.39)

ii)の証明：図 10-16 に示すように、ベクトル A, B のなす平行四辺形の面積を S とすると、cA, B あるいは A, cB がなす平行四辺形の面積は cS であり、それらは同一平面

上にある。故に$c(\boldsymbol{A}\times\boldsymbol{B})$は$\boldsymbol{A}\times\boldsymbol{B}$と方向は一致し、大きさは$c$倍である。

iii)の証明：幾つかの証明法があるが、ここでは成分表示を用いて証明する。

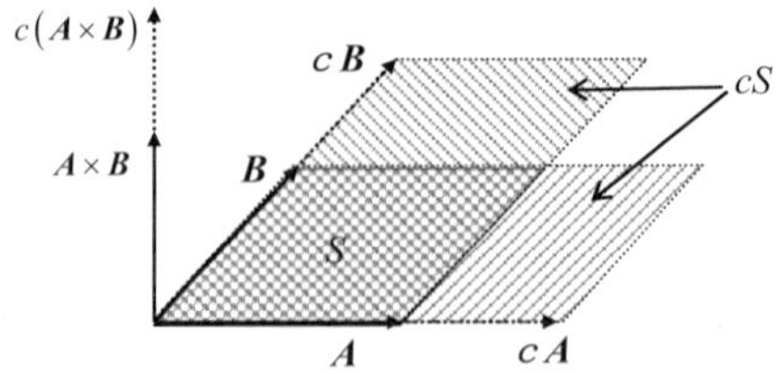

図 10-16

式(10.35)よれば、$\boldsymbol{A}\times(\boldsymbol{B}+\boldsymbol{C})$の$x$成分は、

$$A_y(B_z+C_z)-A_z(B_y+C_y)=(A_yB_z-A_zB_y)+(A_yC_z-A_zC_y) \tag{10.40}$$

となり、この式の右辺は$\boldsymbol{A}\times\boldsymbol{B}+\boldsymbol{A}\times\boldsymbol{C}$の$x$成分に等しい。他の成分についても同様のことが言えるから、式(10.39)は成り立つ。

行列式の性質を使えばさらに容易に証明できる。

$$\boldsymbol{A}\times(\boldsymbol{B}+\boldsymbol{C})=\begin{vmatrix}\boldsymbol{i} & \boldsymbol{j} & \boldsymbol{k}\\ A_x & A_y & A_z\\ B_x+C_x & B_y+C_y & B_z+C_z\end{vmatrix}=\begin{vmatrix}\boldsymbol{i} & \boldsymbol{j} & \boldsymbol{k}\\ A_x & A_y & A_z\\ B_x & B_y & B_z\end{vmatrix}+\begin{vmatrix}\boldsymbol{i} & \boldsymbol{j} & \boldsymbol{k}\\ A_x & A_y & A_z\\ C_x & C_y & C_z\end{vmatrix} \tag{10.41}$$

最右辺は$\boldsymbol{A}\times\boldsymbol{B}+\boldsymbol{A}\times\boldsymbol{C}$の行列式表示である。右辺第一項から第二項への変換には、行列式の性質“任意の行(または列)の各要素が、2 数の和(差)であるとき、この行列式は他の行(または列)はそのままの 2 つの行列式の和(差)で表される”。を使っている。

問 10.11　$\boldsymbol{A}\times(\boldsymbol{B}+\boldsymbol{C})$の$y$成分及び$z$成分を式(10.40)に習い成分で表示せよ。

10.7　ベクトル関数

10.7.1　関数のパラメーター表示

ある変数t(スカラー)の値に対応してベクトル$\boldsymbol{A}(t)$が決まるとき、$\boldsymbol{A}(t)$を変数tのベクトル関数といい、次のように表す。

$$\boldsymbol{A}=\boldsymbol{A}(t) \tag{10.42}$$

このとき$\boldsymbol{A}$の各成分もtの関数であるから、$\boldsymbol{A}$のx, y, z成分をそれぞれA_x, A_y, A_zとすれば、直交座標系では基本ベクトルを用いて次のように表される。

$$\boldsymbol{A}=A_x(t)\boldsymbol{i}+A_y(t)\boldsymbol{j}+A_z(t)\boldsymbol{k} \tag{10.43}$$

この式はそれぞれの成分をtをパラメーターとして表示していることになる。

ここで$\boldsymbol{A}$を原点Oを起点とする位置ベクトルとすれば、tを変化させたときに$\boldsymbol{A}$の終

点の描く軌跡が $\boldsymbol{A}(t)$ の表す図形となる。2 次元では平面曲線、3 次元では空間曲線となる。

例題 10.8　次のベクトル関数の終点の描く曲線を求めよ。

$\boldsymbol{A}(t)=t\,\boldsymbol{i}+t^2\boldsymbol{j}$

解　t にいろいろな数値を代入すれば、例えば、

$$\boldsymbol{A}(0)=0,\quad \boldsymbol{A}(1)=\boldsymbol{i}+\boldsymbol{j},\quad \boldsymbol{A}(-1)=-\boldsymbol{i}+\boldsymbol{j},$$
$$\boldsymbol{A}(2)=2\boldsymbol{i}+4\boldsymbol{j},\quad \boldsymbol{A}(-2)=-2\boldsymbol{i}+4\boldsymbol{j},\cdots$$

が得られ、それらの点を直行座標軸上にプロットすればよい。代数的に求めるには後の解析に便利であるから、x 成分、y 成分をそれぞれ $x,\ y$ で表すと、$x=t$, $y=t^2$ となるから、t を消去すれば　$y=x^2$ となる。従って **図 10-17** に示す放物線である。

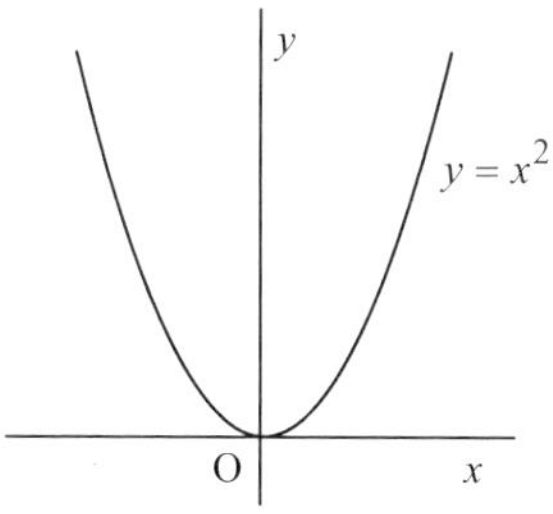

図 10-17

問 10.12　次のベクトル関数の表す xy 平面における曲線を求めよ。

1）$\boldsymbol{A}(t)=(t-1)\boldsymbol{i}+(t^2-4)\boldsymbol{j}$　　2）$\boldsymbol{A}(t)=(t+2)\boldsymbol{i}+(t^2-9)\boldsymbol{j}$

3）$\boldsymbol{A}(t)=(t+1)\boldsymbol{i}+(t^3+1)\boldsymbol{j}$　　4）$\boldsymbol{A}(t)=\cos t\,\boldsymbol{i}+\sin t\,\boldsymbol{j}\quad(0\le t\le 2\pi)$

10.7.2　空間における直線の方程式

直線は

1）直線の向き（方向）とその直線が通る一点

2）その直線が通る二点

の内いずれかを定めれば一義的に定まる。

1）空間内の一点 A を通り、与えられたベクトル $\boldsymbol{b}$ に平行な直線 l を表す方程式を求めよう。ベクトル $\boldsymbol{b}$ を直線の方向ベクトルという（ある直線の方向ベクトルは無数に存在するが、その成分比は同一である）。原点を O とし、直線 l 上の任意の点を P とする。A 及び P の位置ベクトルを $\boldsymbol{a}$ 及び $\boldsymbol{r}$ とする（**図 10-18**）。

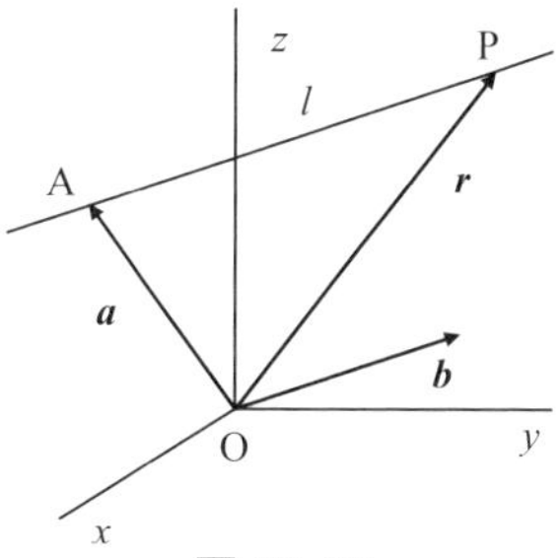

図 10-18

$$\overrightarrow{\mathrm{OP}}=\overrightarrow{\mathrm{OA}}+\overrightarrow{\mathrm{AP}}$$

であり、$\overrightarrow{\mathrm{AP}}$ は $\boldsymbol{b}$ に平行であるから、任意の実数 $t\,(-\infty\le t\le\infty)$ を用いて、$\overrightarrow{\mathrm{AP}}=t\boldsymbol{b}$ となる。故に

$$\boldsymbol{r}=\boldsymbol{a}+t\boldsymbol{b}\tag{10.44}$$

が成り立つ。t が変化するにつれて、点 P は直線 l 上を移動する。ここで t をパラメーターあるいは媒介変数といい、式(10.44)を直線のベクトル方程式という。$\boldsymbol{r}=(x,y,z)$, $\boldsymbol{a}=(a_1,a_2,a_3)$, $\boldsymbol{b}=(b_1,b_2,b_3)$ として、式(10.44)を成分表示すれば、

$$\left.\begin{aligned} x&=a_1+tb_1 \\ y&=a_2+tb_2 \\ z&=a_3+tb_3 \end{aligned}\right\} \qquad (10.45)$$

となる。この式は直線 l のパラメーター表示である。式(10.45)から t を消去すれば次式を得る。

$$\frac{x-a_1}{b_1}=\frac{y-a_2}{b_2}=\frac{z-a_3}{b_3} \qquad (10.46)$$

この式も直線の方程式の一つの表現である。式(10.46)から求まる $x\sim y, y\sim z, z\sim x$ の関係は、それぞれ xy 平面、yz 平面、zx 平面へのこの直線の射影を表す式である。ここで方向ベクトルの各成分が分母に現れていることに注意しよう。また各項の分母が 0 のときは、分子も 0 になることに注意する。例えば $b_3=0$ とすると、$z-a_3=0$ になる。これはベクトル $\boldsymbol{b}$ 及び $\overrightarrow{\mathrm{AP}}$ の z 成分(z 軸への正射影)が 0 であることを意味する。即ち **図 10-19** に示すように、直線 l は z 軸に垂直な平面$(z=a_3)$、即ち xy 平面に平行であることを意味する。同様に $b_2=b_3=0$ のときは、直線 l は z 軸及び y 軸に垂直な平面内にある。即ち xy 平面と xz 平面の交線$(y=a_2, z=a_3)$になり、yz 平面に垂直(x 軸に平行)であることを意味する。

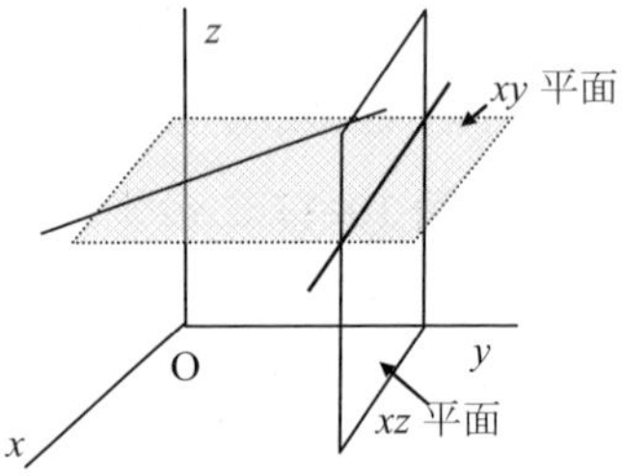

図 10-19

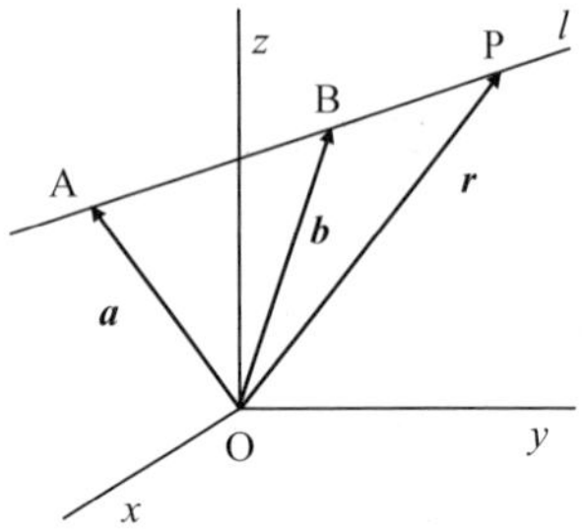

図 10-20

2) 直線の方程式は、その直線が通る二点を決めることによっても定まる。ここでは二点 A, B を通る直線 l の式を求めよう。直線 l 上に A, B と異なる任意の点 P をとり、A, B, P の位置ベクトルをそれぞれ

$$\boldsymbol{a}=(a_1,a_2,a_3),\ \boldsymbol{b}=(b_1,b_2,b_3),\ \boldsymbol{r}=(x,y,z)$$

とする(**図 10-20**)。$\boldsymbol{r}=\boldsymbol{a}+\overrightarrow{\mathrm{AP}}$ となり、t を変数として $\overrightarrow{\mathrm{AP}}=t\overrightarrow{\mathrm{AB}}=t(\boldsymbol{b}-\boldsymbol{a})$ とおけるから、直線の方程式は

$$\boldsymbol{r}=\boldsymbol{a}+t(\boldsymbol{b}-\boldsymbol{a}) \qquad (10.47)$$

あるいは

$$\boldsymbol{r}=(1-t)\boldsymbol{a}+t\boldsymbol{b} \tag{10.48}$$

これを書き換えれば

$$\boldsymbol{r}=\alpha\boldsymbol{a}+\beta\boldsymbol{b} \tag{10.49}$$

ただし$(\alpha+\beta=1)$である。式(10.49)を成分表示し、$\alpha=1-\beta$とおいて式(10.46)の形の式を得る。

式(10.47)では、$(\boldsymbol{b}-\boldsymbol{a})$を直線の方向を規定する方向ベクトルと考えればよい。式(10.47)を成分表示すれば

$$\left.\begin{aligned} x&=a_1+t(b_1-a_1) \\ y&=a_2+t(b_2-a_2) \\ z&=a_3+t(b_3-a_3) \end{aligned}\right\} \tag{10.50}$$

故に次式を得る。

$$\frac{x-a_1}{b_1-a_1}=\frac{y-a_2}{b_2-a_2}=\frac{z-a_3}{b_3-a_3} \tag{10.51}$$

この場合も式(10.46)と同様のことが言える。例えば$b_3-a_3=0$とすると、$z-a_3=0$になる。即ち直線lはz軸に垂直な平面、即ちxy平面に平行であることを意味する。

例題 10.9　方向ベクトルが$\boldsymbol{b}=(1,1,0)$で点$\mathrm{A}(1,3,0)$を通る直線の式を求めよ。

解　式(10.46)より、$\dfrac{x-1}{1}=\dfrac{y-3}{1}$,　$z=0$

故に、$y=x+2$

問 10.13　次の直線の方程式を求めよ。

1）方向ベクトルが$\boldsymbol{b}=(1,2,0)$で点$\mathrm{A}(2,3,0)$を通る直線。

2）二点$\mathrm{A}(1,2,2)$, $\mathrm{B}(3,3,-2)$を通る直線。

問 10.14　式(10.46)が次の条件に合うとき、直線の状態について答えよ。

1）$b_1=0$のとき　　　2）$b_1=b_3=0$のとき

10.7.3　空間における平面の方程式

平面は

1）平面の向き（方向）とその平面が含む一点

2）その平面が含む三点

のいずれかを定めれば一義的に定まる。平面の向きはその平面に垂直なベクトル（これを法線ベクトルという）によって規定できる。ある平面に対する法線ベクトルは無数に

存在するが、その成分比は全てにおいて同じである。

1）点 A を含み法線ベクトル $\boldsymbol{n}$ の平面πの方程式（**図 10-21**）：平面π上の任意の点を P とする。点 A,P の位置ベクトルをそれぞれ

$$\boldsymbol{a}=(a_1,a_2,a_3),\ \boldsymbol{r}=(x,y,z)$$

とすると、

$$\overrightarrow{\mathrm{AP}}=\boldsymbol{r}-\boldsymbol{a}$$

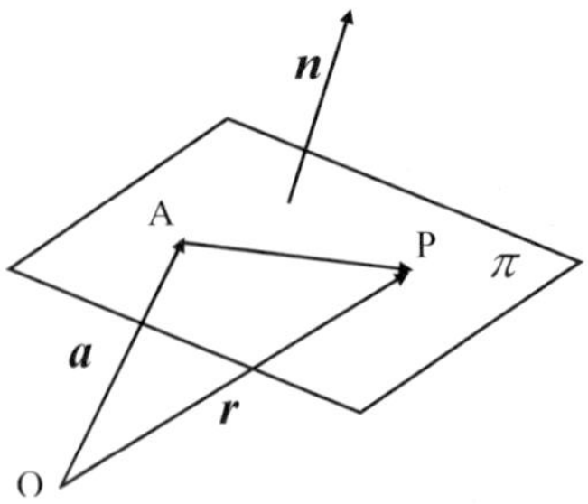

図 10-21

である。$\boldsymbol{r}-\boldsymbol{a}$は平面$\pi$上にあるから、$\boldsymbol{n}$ と $\boldsymbol{r}-\boldsymbol{a}$ は垂直である。従ってそれらのスカラー積は 0 となる。即ち$(\boldsymbol{r}-\boldsymbol{a})\perp\boldsymbol{n}$、故に

$$(\boldsymbol{r}-\boldsymbol{a})\cdot\boldsymbol{n}=0 \tag{10.52}$$

これが平面πのベクトル方程式である。法線ベクトルを$\boldsymbol{n}(n_1,n_2,n_3)$として、成分で表せば、

$$(x-a_1)n_1+(y-a_2)n_2+(z-a_3)n_3=0 \tag{10.53}$$

式(10.53)は、点A(a_1,a_2,a_3)を含み、法線ベクトル$\boldsymbol{n}(n_1,n_2,n_3)$の平面方程式である。これを展開して

$$n_1x+n_2y+n_3z-(n_1a_1+n_2a_2+n_3a_3)=0 \tag{10.54}$$

となる。ここで、x,y,zの係数に法線ベクトルの成分が現れていることに注意しよう。また、式(10.54)は係数をまとめれば、一般的に

$$ax+by+cz+d=0 \quad \text{ただし}\left(a^2+b^2+c^2\neq 0,\ \text{法線ベクトルは}(a,b,c)\right)$$

と書ける。例えば、式(10.53)で、法線ベクトルの z 成分が零、$n_3=0$の場合を考えよう。これは法線ベクトル $\boldsymbol{n}$ が z 軸に垂直な平面内にあることを意味する。従って $\boldsymbol{n}$ によって規定される平面πは z 軸に平行な平面となる。$n_2=n_3=0$の場合は、法線ベクトル $\boldsymbol{n}$ が y 軸及び z 軸に垂直な平面内にある(x 軸に平行である)ことを意味する。従って平面πは y 軸及び z 軸に平行な平面、即ち x 軸に垂直な平面(yz 平面)となる。

2）異なる 3 点 A, B, C を含む平面πの方程式（**図 10-22**）：平面π上の任意の点を P とする。原点 O に対する A, B, C 及び P の位置ベクトルをそれぞれ $\boldsymbol{a},\boldsymbol{b},\boldsymbol{c}$ 及び $\boldsymbol{r}$ とする。

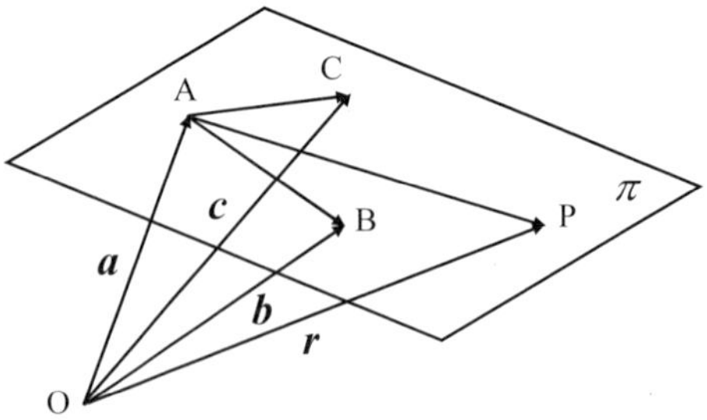

図 10-22

$$\overrightarrow{\mathrm{AB}}=\boldsymbol{b}-\boldsymbol{a},\quad \overrightarrow{\mathrm{AC}}=\boldsymbol{c}-\boldsymbol{a}$$

であるから、s,t を任意のスカラー$(-\infty\leq s,t\leq\infty)$とすれば、

$$\boldsymbol{r}-\boldsymbol{a}=s(\boldsymbol{b}-\boldsymbol{a})+t(\boldsymbol{c}-\boldsymbol{a}) \tag{10.55}$$

あるいは

$$\boldsymbol{r}=\boldsymbol{a}+s(\boldsymbol{b}-\boldsymbol{a})+t(\boldsymbol{c}-\boldsymbol{a})$$

$$\boldsymbol{r}=(1-s-t)\boldsymbol{a}+s\boldsymbol{b}+t\boldsymbol{c} \tag{10.56}$$

あるいは

$$\boldsymbol{r}=\alpha\boldsymbol{a}+\beta\boldsymbol{b}+\gamma\boldsymbol{c} \qquad （ただし\alpha+\beta+\gamma=1である） \tag{10.57}$$

$\boldsymbol{r}=(x,y,z)$, $\boldsymbol{a}=(a_1,a_2,a_3)$, $\boldsymbol{b}=(b_1,b_2,b_3)$, $\boldsymbol{c}=(c_1,c_2,c_3)$として、成分で表示すれば、

$$\left.\begin{aligned} x&=\alpha a_1+\beta b_1+\gamma c_1\\ y&=\alpha a_2+\beta b_2+\gamma c_2\\ z&=\alpha a_3+\beta b_3+\gamma c_3 \end{aligned}\right\} \tag{10.57'}$$

となる。

例題 10.10　法線ベクトルが $\boldsymbol{n}=(2,2,0)$ で点 $\mathrm{A}(1,1,0)$ を通る平面の方程式を求めよ。

解　法線は z 軸に垂直であるから、求める面は z 軸に平行な面となる。式(10.54)より、

$$2x+2y-4=0 \qquad \therefore x+y-2=0$$

故に xy 平面上の射影が $y=-x+2$ となる z 軸に平行な平面である。

例題 10.11　三点 $\mathrm{A}(0,\ 2,\ 2)$, $\mathrm{B}(1,\ 0,\ 3)$, $\mathrm{C}(1,\ 3,\ 0)$ を通る平面の方程式を求めよ。

解　この平面上の任意の点 P の位置ベクトルを $\boldsymbol{r}(x,\ y,\ z)$ として、式(10.57′)を用いると、$x=\beta+\gamma,\ y=2\alpha+3\gamma,\ z=2\alpha+3\beta$ となる。これより次式を得る。

$$x+y+z=4(\alpha+\beta+\gamma)=4$$

故に求める方程式は

$$x+y+z-4=0$$

である。この式を満たす点 (x,y,z) は、求める平面上に存在する。

問 10.15　次の平面の方程式を求めよ。

1）法線ベクトルが $\boldsymbol{n}=(1,1,0)$ で点 $\mathrm{A}(-1,3,0)$ を通る平面

2）法線ベクトルが $\boldsymbol{n}=(1,1,1)$ で点 $\mathrm{A}(0,0,3)$ を通る平面

3）三点 $\mathrm{A}(0,1,2)$, $\mathrm{B}(1,0,2)$, $\mathrm{C}(1,1,0)$ を通る平面

ここで式(10.49)と(10.57)に関連する、有用な定理に付いて述べよう。

一点 O を共通起点とする位置ベクトルをそれぞれ $\boldsymbol{a},\boldsymbol{b},\boldsymbol{c}$ 及び $\boldsymbol{d}$ として、それらの終点

をそれぞれ A,B,C 及び D とする。スカラー量を$\alpha,\beta,\gamma,\delta$とする。

1）二つのベクトル（例えば $\boldsymbol{a},\boldsymbol{b}$ とする）が

$$\alpha\boldsymbol{a}+\beta\boldsymbol{b}=\boldsymbol{0},\quad \alpha+\beta=0 \quad （ただし、\alpha\neq0,\quad \beta\neq0） \tag{10.58}$$

を満足するための必要十分条件は、$\boldsymbol{a}=\boldsymbol{b}$ である。即ち点 A,B は一致する（起点が共通でなければ、点 A,B は一致しない）。

2）三つのベクトル（例えば $\boldsymbol{a},\boldsymbol{b},\boldsymbol{c}$ とする）が

$$\alpha\boldsymbol{a}+\beta\boldsymbol{b}+\gamma\boldsymbol{c}=\boldsymbol{0},\quad \alpha+\beta+\gamma=0 \tag{10.59}$$

（ただし、α,β,γ は同時には 0 にならない），

を満足するための必要十分条件は、点 A,B,C が同一直線上にあることである。

3）四つのベクトル $\boldsymbol{a},\boldsymbol{b},\boldsymbol{c},\boldsymbol{d}$ が

$$\alpha\boldsymbol{a}+\beta\boldsymbol{b}+\gamma\boldsymbol{c}+\delta\boldsymbol{d}=\boldsymbol{0},\quad \alpha+\beta+\gamma+\delta=0 \tag{10.60}$$

（ただし、$\alpha,\beta,\gamma,\delta$ は同時には 0 にならない），

を満足するための必要十分条件は、点 A,B,C,D が同一平面上にあることである。

ここで 2）を証明しよう。$\alpha=-(\beta+\gamma)$ であるから、

$$-(\beta+\gamma)\boldsymbol{a}+\beta\boldsymbol{b}+\gamma\boldsymbol{c}=\boldsymbol{0}$$

となる。即ち、

$$\beta(\boldsymbol{b}-\boldsymbol{a})=\gamma(\boldsymbol{a}-\boldsymbol{c})$$

を得る。$\beta\neq0$ として次式を得る。

$$\boldsymbol{b}-\boldsymbol{a}=\frac{\gamma}{\beta}(\boldsymbol{a}-\boldsymbol{c}) \tag{10.61}$$

これは二つのベクトル $\boldsymbol{b}-\boldsymbol{a}$ と $\boldsymbol{a}-\boldsymbol{c}$ が共線（一つの直線に平行）であることを意味する。即ち同一起点からベクトル $\boldsymbol{a},\boldsymbol{b},\boldsymbol{c}$ を引き、その終点を A,B,C とすれば、

$$\boldsymbol{b}-\boldsymbol{a}=\overrightarrow{\mathrm{AB}},\quad \boldsymbol{a}-\boldsymbol{c}=\overrightarrow{\mathrm{CA}}$$

となる（**図 10-23**）。$\overrightarrow{\mathrm{AB}}$ と $\overrightarrow{\mathrm{CA}}$ は共線であり、かつ点 A を共有するから、点 A, B, C は同一直線上にある。また同一起点からひいたベクトル $\boldsymbol{a},\boldsymbol{b},\boldsymbol{c}$ の終点 A,B,C が同一直線上にあれば、$\boldsymbol{b}-\boldsymbol{a}=\overrightarrow{\mathrm{AB}}$ と $\boldsymbol{a}-\boldsymbol{c}=\overrightarrow{\mathrm{CA}}$ は共線であるから、任意のスカラー m を用いて、

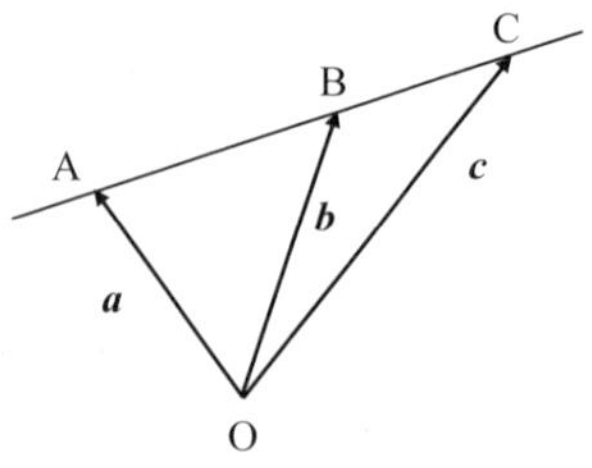

図 10-23

$$\boldsymbol{b}-\boldsymbol{a}=m(\boldsymbol{a}-\boldsymbol{c})$$

と表すことができる。変形すれば

$$(m+1)\boldsymbol{a}-\boldsymbol{b}-m\boldsymbol{c}=0$$

となり、スカラー係数の和は $m+1-1-m=0$ となり、2）は証明されたことになる。

【演習問題】

10.1　次のベクトルの大きさを求めよ。

1）$\boldsymbol{A}=(-2,1,2)$　2）$\boldsymbol{A}=(8,-1,4)$　3）$\boldsymbol{A}=(6,2,-3)$　4）$\boldsymbol{A}=(7,-4,4)$

5）$\boldsymbol{A}=(9,2,-6)$

10.2　次の式を証明せよ。

1）$|\boldsymbol{A}|+|\boldsymbol{B}|\geq|\boldsymbol{A}+\boldsymbol{B}|$　　2）$|\boldsymbol{A}-\boldsymbol{B}|\geq|\boldsymbol{A}|\sim|\boldsymbol{B}|$

10.3　$3\boldsymbol{x}+\boldsymbol{y}=\boldsymbol{a},\ \boldsymbol{x}-3\boldsymbol{y}=\boldsymbol{b}$ として、ベクトル $\boldsymbol{x},\boldsymbol{y}$ を $\boldsymbol{a},\boldsymbol{b}$ で表せ。

10.4　ベクトル $\boldsymbol{a}=-2\boldsymbol{i}+2\boldsymbol{j}+\boldsymbol{k}$ と $\boldsymbol{b}=\boldsymbol{i}+8\boldsymbol{j}+4\boldsymbol{k}$ について、

1）両ベクトルの大きさを求めよ。

2）両ベクトルのなす角を求めよ。

3）両ベクトルに垂直な単位ベクトル $\boldsymbol{c}$ を求めよ。

10.5　ベクトル $\boldsymbol{A},\boldsymbol{B}$ が x 軸（正方向）となす角を α,β として、余弦加法定理を導け。ヒント：$\boldsymbol{A},\boldsymbol{B}$ のスカラー積を使え。

10.6　O を起点とする位置ベクトル $\boldsymbol{A},\boldsymbol{B}$ のなす角を θ とする。$\boldsymbol{A},\boldsymbol{B}$ を二辺とし、他の一辺を $\boldsymbol{C}=\boldsymbol{A}-\boldsymbol{B}$ として、$\boldsymbol{A},\ \boldsymbol{B},\ \boldsymbol{C}$ の作る三角形を用いて、三角関数の余弦定理を導け。

10.7　ベクトル $\boldsymbol{A},\ \boldsymbol{B},\ \boldsymbol{C}$ が共に一平面上にないとき、$\boldsymbol{A}\cdot(\boldsymbol{B}\times\boldsymbol{C})$ は $\boldsymbol{A},\ \boldsymbol{B},\ \boldsymbol{C}$ を三稜とする平行六面体の体積を表すことを示せ。

10.8　次の方向ベクトル $\boldsymbol{b}$ を持ち、点 A を通る直線の式を求めよ。

1）$\boldsymbol{b}=(1,1,0),\ \boldsymbol{A}=(2,3,0)$　　2）$\boldsymbol{b}=(0,1,2),\ \boldsymbol{A}=(0,3,2)$

3）$\boldsymbol{b}=(1,1,1),\ \boldsymbol{A}=(2,2,3)$　　4）$\boldsymbol{b}=(1,2,0),\ \boldsymbol{A}=(2,2,3)$

10.9　次の二点 A, B を通る直線の方程式を求めよ。

1）$\mathrm{A}(-1,1,2),\ \mathrm{B}(1,-2,0)$　　2）$\mathrm{A}(-2,2,3),\ \mathrm{B}(2,4,-2)$

10.10　次の平面の方程式を求めよ。

1）法線ベクトルが $\boldsymbol{n}=(0,1,2)$ で点 $\mathrm{A}(0,2,1)$ を通る平面

2）法線ベクトルが $\boldsymbol{n}=(2,2,2)$ で点 $\mathrm{A}(1,1,1)$ を通る平面

3）三点 $\mathrm{A}(0,3,1),\ \mathrm{B}(-2,2,0),\ \mathrm{C}(1,1,4)$ を通る平面

10.11　ベクトル $\boldsymbol{a}=(-3,2,0),\ \boldsymbol{b}=(-3,0,2)$ に平行で、点 $\mathrm{A}(3,-1,-1)$ を通る平面の方程式を求めよ。

11 章　微分方程式

いんとろ 11　万物流転と諸行無常

先生：自然現象は微分方程式で解析できる場合が多いんだよ。なぜなら自然は決して留まることはなく、常に変化しているからだ。これを万物流転あるいは諸行無常というんだ。少し話はそれるけど、万物流転・永久不滅は、古代ギリシア哲学の根本理念で、これが後世西洋における自然科学の隆盛の基礎になったとも言えるんだよ。また諸行無常は仏教の根本思想だよ。洋の東西で同じような思想が、一方は自然科学に他方は宗教の思想に発展したのは面白いね。えーと、話を戻して、時々刻々の変化は微分量で表され、それらのある時間間隔に亘る和(積分)が、我々が変化として認識できる量になるのであーる。

翔太：瞬間の変化量だから微分で表されるんだな。

りさ：変化するものならどんな量でもいいんですね。

先生：そーだ。例えば世界の人口でも、気温の変化でもまたみんなの記憶の変化でも何でもいいんだ。ある変化している量を A で表せば、その変化速度は $\frac{dA}{dt}$ で表されるだろう。だから万物流転や諸行無常を式にすると

$$\frac{dA}{dt} \neq 0$$

と表すことができるだろう。

まり：うーん、変化速度が零でない、だから変化しているということですね。

先生：そーだよ。例えばみんなの頭の中の記憶を担っている、何かがあるとしよう。その量を A で表そう。普通、記憶は時間の経過とともに薄れていくから、またその薄れていく速度は簡単のために A に比例するとしよう。これを式で書けばどうなるかな。

りさ：うーん、難しいな。だけど減少はマイナスで表されるから、そーか、

$$-\frac{dA}{dt} = kA \qquad \text{(i11.1)}$$

k は比例定数です。

先生：ご名答、よくできたね。方程式の中に微分が含まれているので、これを微分方程式というんだよ。比例定数 k の単位は何だろう。

まり：両辺に A があって、左辺には時間の逆数があるからー。

翔太：そーだ、k は時間の逆数の次元を持っているはずだ。

先生：そーだ、よく解ったなー。この章では微分方程式を解くことを勉強しよう。因みにこの方程式の解は

$$A = A_0 e^{-kt} \qquad \text{(i11.2)}$$

となるよ。A_0 は $t = 0$ のときの A の値で、式(i11.2)は、A（ここでは記憶物質）が時間の経過とともに薄れていく状態を表し、k はその薄れていく速度を表しているんだよ。

11.1 微分方程式を立てよう
――世界の人口増加速度はそのときの人口に比例する――

これから皆さんに微分方程式を立ててもらおう。微分方程式なんて難しくてようできないという人もいるかもしれないが、前節までに微分、積分を学習したのであるか

ら、そう言わずに、これから私のいうことを、その言葉通りに式に変換していけば、そのまま微分方程式になるはずである。まず最も身近で重要な問題である世界の人口の増加速度について考えよう。今年の世界の人口増加は何万人であるという。これは一年間を通算した値である。世界の人口は決して一年を通して一定速度で増加しているのではない。詳細に見れば時々刻々変化しているであろう。時々刻々の変化量、即ち瞬間的なその時点での変化量を一年を通して和をとれば、年間の変化量に等しくなる。時々刻々の変化量は人口が微少時間の間にどれだけ変化するかであるから、微分量となる。人口を P、時間を t で表し、微少時間 dt のうちの人口の増加量を dP で表せば、人口の変化速度は $\frac{dP}{dt}$ で表される。この時々刻々の変化速度は、その時点における世界の人口に比例すると考えよう。これは妥当な考えである。生まれ出る人の数及び大地に帰る人の数は、その時点におけるの人の数に比例するとみなすことは妥当であろう（文化的、文明的な要因で必ずしもそうは行かない点もあるが、長い目で観ればそうなるであろう）。従ってその時点における人口を P として比例定数を k とすれば、この話の内容は次式で表され得る。

$$\frac{dP(t)}{dt} = kP(t) \tag{11.1}$$

ここで人口 P は時間の関数である。式(11.1)のように式中に微分が含まれている方程式を、微分方程式という。式(11.1)を言葉でいえば、「ある時点における人口の変化速度は、その時点における人口に比例する」ということになる。また人口は $k > 0$ であれば増加、$k < 0$ であれば減少していることになる。式(11.1)を

$$P = \int f(t)\,dt + c \tag{11.2}$$

の形にすることを、「微分方程式を解く」という。c は積分定数であるが、この章では任意定数という。

ここでは簡単に解けて、しかし自然科学の分野で重要な、極く基本的な微分方程式の解法について学ぼう。

11.2 変数分離形微分方程式

この形の方程式は容易に解け、極めて重要な微分方程式である。微分方程式が

$$\frac{dy}{dx} = f(x) \tag{11.3}$$

の形であるとき、

$$dy = f(x)\,dx$$

であるから、両辺を積分すれば、

$$y = \int f(x)\,dx + c \tag{11.4}$$

となる。ここで c は任意定数である。任意定数を含む解を一般解といい、任意定数に特定の値を当てはめた解を特殊解あるいは特解という。

微分方程式が

$$\frac{dy}{dx} = f(x)g(y) \tag{11.5}$$

の形のときも変数分離形であり、

$$\frac{dy}{g(y)} = f(x)\,dx$$

となるから、積分できて次式を得る。

$$\int \frac{dy}{g(y)} = \int f(x)\,dx + c \tag{11.6}$$

例題 11.1　式(11.1)

$$\frac{dP}{dt} = kP$$

を解け。

解　この式は変数分離形、式(11.5)と同形であるから

$$\frac{dP}{P} = k\,dt$$

両辺を積分すれば

$$\int \frac{dP}{P} = \int k\,dt$$

$$\therefore\ lnP = kt + c \tag{11.7}$$

となる。ここで任意定数 c は、$t = 0$ の時の人口を P_0 とすれば、式(11.7)に $t = 0$、$P = P_0$ を代入して、

$$lnP_0 = c$$

を得る。従って

$$lnP - lnP_0 = ln\frac{P}{P_0} = kt \tag{11.8}$$

$$\therefore\ P = P_0 e^{kt} \tag{11.9}$$

となる(この式が式(11.1)を満たしていることを確認せよ)。

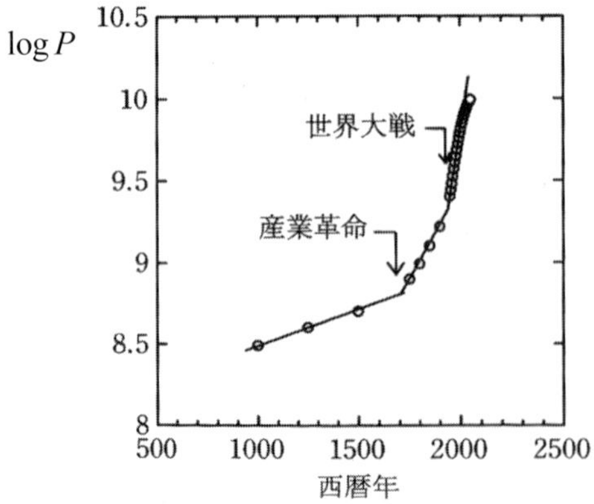

図 11-1
加藤三郎、"岩波講座　地球環境学 10" 岩波書店、1章、p.7、1988 のデータをもとに作製

即ち世界の人口は指数関数的に増加する。式(11.8)は、人口 P の対数と時間 t は直線関係にあることを意味する。k は内的自然増加率といわれ、k が大きいほど人口の増加速度は大きい($k < 0$ では人口は減少する)。**図 11-1** に実際のデータを示す。生物増殖では、k の値はその生物の体重に反比例すると言われている。**図 11-1** の各直線部の k は、西暦の若い方から約 1/1000 年$^{-1}$、1/200 年$^{-1}$、1/60 年$^{-1}$ である。世界で養える人口は、科学と技術の発展による食料の生産量及び衛生状況に基本的に依存しているとみなせるから、1700 年代の産業革命と 1900 年代の世界大戦が、これらの要因の変化時点と考えられる。

問 11. 1　次の微分方程式を解け。(ただし a は定数)

1) $\dfrac{dy}{dx} = a$　2) $\dfrac{dy}{dx} = ax$　3) $\dfrac{dy}{dx} = 2axy$　4) $\dfrac{dy}{dx} = 4x^3 y$　5) $\dfrac{dy}{dx} = \sin x$

6) $\dfrac{dy}{dx} = \dfrac{y+2}{x+1}$　7) $(y-1)dx = xdy$

問 11. 2　ある生物の増殖速度は、その生物のその時点における数 N に比例するとして微分方程式を立て N の時間依存性を求めよ。また、最初の数の二倍になる時間を求めよ。

問 11. 3　反応、A → B において、A の濃度の減少速度は、その時の A の濃度に比例する。これらの関係を式に立て、A の濃度の時間変化を求めよ。また A の濃度が初期濃度の半分になる時間を求めよ。

11.3　同次形微分方程式

次の形の微分方程式を同次形微分方程式といい、簡単な変換によって、変数分離型として解くことができる。この形の方程式では、全ての項が変数 x と y に対して同じ次数である。

$$\frac{dy}{dx}=f\left(\frac{y}{x}\right) \tag{11.10}$$

$u=\frac{y}{x}$　即ち　$y=ux$　とおけば、

$$\frac{dy}{dx}=u+x\frac{du}{dx}$$

であるから、式(11.10)へ代入すれば、

$$\frac{du}{f(u)-u}=\frac{dx}{x} \tag{11.11}$$

となり、変数分離型の微分方程式に変換される。

例題 11. 2　次の微分方程式を解け。

$$\frac{dy}{dx}=\frac{y}{x}-1 \tag{11.12}$$

解　この式は同次形であり、$u=\frac{y}{x}$ とおけば、$\frac{dy}{dx}=u+x\frac{du}{dx}=u-1$、故に

$$du=-\frac{1}{x}dx$$

と、変数分離型に変換できる。これを解けば　$\ln x=-u+c'$

$$\therefore x=ce^{-u}=ce^{-y/x} \qquad (*)$$

を得る。

問 11. 4　例題 11.2 の解(*)を微分し、式(11.12)になることを確認せよ。

11.4　1 階線形微分方程式

従属変数 y 及びその導関数に関して 1 次である次の形の微分方程式

$$\frac{dy}{dx}+p(x)y=q(x) \tag{11.13}$$

を 1 階線形微分方程式という。ここで、$p(x)$, $q(x)$ は x の関数である。この形の方程式は次に述べる定数変化法あるいは積分因子を用いる方法で解くことができる。

11.4.1　定数変化法

まず初めに $q(x)=0$ とおいて、次の微分方程式の解を求めよう。

$$\frac{dy}{dx}+p(x)y=0 \tag{11.13$'$}$$

この式は変数分離形であるから

$$\frac{dy}{y} = -p(x)\,dx$$

となり、c_1を任意定数として次の解を得る。

$$y = c_1 e^{-\int p(x)dx} \tag{11.14}$$

次に任意定数c_1をxの関数とみなして、式(11.14)が式(11.13)を充たすように$c_1(x)$を決めよう。これを定数変化法という。式(11.13)の解を$y = y(x)$とすれば、

$$y(x) = c_1 e^{-\int p(x)dx}$$

故に

$$c_1 = y(x) e^{\int p(x)dx}$$

となり、c_1をxの関数とみなすことに一般性がある。

c_1をxの関数とみなし、式(11.14)をxに関して微分すれば(積の微分法を用いる)、

$$\frac{dy}{dx} = \frac{dc_1(x)}{dx} e^{-\int p(x)dx} - c_1(x)\,p(x)\,e^{-\int p(x)dx} \tag{11.15}$$

式(11.15)を式(11.13)に代入し、式(11.14)を用いれば次式を得る。

$$\frac{dc_1(x)}{dx} e^{-\int p(x)dx} = q(x) \qquad \therefore \frac{dc_1(x)}{dx} = q(x) e^{\int p(x)dx}$$

$$\therefore\ c_1(x) = \int q(x) e^{\int p(x)dx} dx + c \qquad \text{c は任意定数}$$

この$c_1(x)$を式(11.14)に代入すれば

$$y = e^{-\int p(x)dx} \left\{ \int q(x) e^{\int p(x)dx} dx + c \right\} \tag{11.16}$$

となる。

* この定数変化法は相当特殊な解法に見えるが、数学的に正当な方法である。式(11.13)の一般解が式(11.16)で与えられ、それが唯一の解であることが数学的に立証される。これらの微分方程式の解の式、特に式(11.16)等は覚える必要はないが、次の積分因子による方法と併せて、解法を理解しておくことが重要である。

11.4.2　積分因子による方法

式(11.13)の両辺に適当なxの関数$h(x)$を掛ければ、左辺がある関数の微分で表されるとき、このような関数$h(x)$をその方程式の積分因子という。式(11.13)の左辺第一項にdy/dxが、第二項にyが含まれているので、左辺はyを含む関数の微分として表される可能性を強く示唆している。そこでまず式(11.13)の積分因子を探そう。式(11.13)の両辺にxの関数$h(x)$を掛ける。

$$\frac{dy}{dx} h(x) + p(x)h(x)y = q(x)h(x) \tag{11.17}$$

ここで

$$p(x)h(x) = \frac{dh(x)}{dx} \tag{11.18}$$

であれば、

$$左辺 = \frac{d\{y(x)h(x)\}}{dx}$$

と表すことができる。即ち式(11.18)から、

$$\frac{dh(x)}{h(x)} = p(x)dx$$

両辺を積分すれば

$$\ln h(x) = \int p(x)dx$$

ここで積分定数は任意であるから 0 と置いている。

$$\therefore h(x) = e^{\int p(x)dx} \tag{11.19}$$

これが式(11.13)の積分因子(の一つ)である。従って式(11.17)は

$$\frac{d\{y(x)h(x)\}}{dx} = q(x)h(x)$$

となる。両辺を積分して

$$y(x)h(x) = \int q(x)h(x)dx + c$$

$$\therefore \quad y(x) = \frac{1}{h(x)}\left\{\int q(x)h(x)dx + c\right\}$$

式(11.19)を用いれば、

$$y(x) = e^{-\int p(x)dx}\left\{\int q(x)\ e^{\int p(x)dx}dx + c\right\}$$

この式は式(11.16)と同じである。

問 11.5　次の微分方程式を解け。

1) $\frac{dy}{dx} = \frac{y}{x} + 2$　2) $(x+y)dy = (x-y)dx$　3) $\frac{dy}{dx} + ay = b$　4) $\frac{dy}{dx} + ay = bx$

5) $\frac{dy}{dx} - y = e^x$

11.5　物体の落下運動への微分方程式の応用

重力以外の力が作用していない状態にある落下運動を自由落下という。真空中で、初速度 0 で物体をある高さから落下させたときの運動は自由落下である。空気中では空気の粘性抵抗力が働くため厳密には自由落下にはならないが、この場合も自由落下ということもある。ここでは微分方程式を用いて、物体の落下運動について考えよう。

1) 真空中(抵抗のない場合)の自由落下

物体の落下方向に距離 $x(t)$ をとり、落下速度を $v(t)$ とする(**図 11-2** 参照)。物体の質量を m、重力加速度を g とすれば、重力による力 f は次式で与えられる。

$$f = mg \tag{11.20}$$

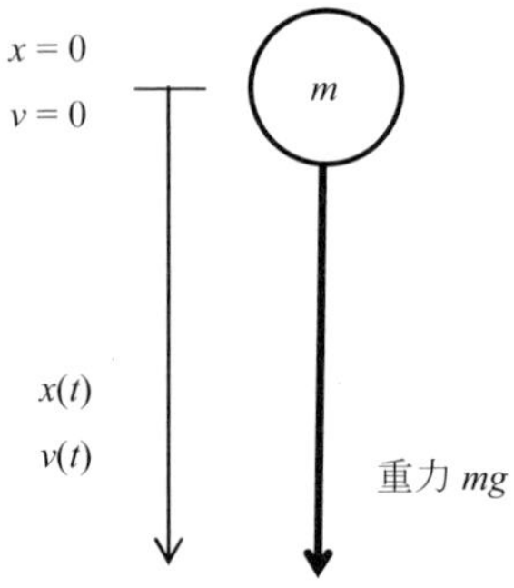

図 11-2

従って空気抵抗を無視すれば重力のみが作用しているので、運動方程式は次式で与えられる。(ある物体に作用する力の総和が質量×加速度に等しくなる)

$$f = m\frac{dv(t)}{dt} = mg \tag{11.21}$$

$$\therefore v(t) = gt + c \qquad c \text{ は積分定数} \tag{11.22}$$

初速度 0 であるから、$v(0) = 0 \quad \therefore c = 0$ 、

$$\therefore v(t) = gt \tag{11.23}$$

即ち落下速度は質量に依存せず、時間に比例して増加する(**図 11-3** 参照)。さらに落下距離 $x(t)$ は

$$\frac{dx(t)}{dt} = gt \tag{11.24}$$

より、

$$x(t) = \frac{1}{2}gt^2 + c' \qquad c' \text{ は任意定数} \tag{11.25}$$

物体の最初の位置を $x(0) = 0$ とすれば、$c' = 0$

$$x(t) = \frac{1}{2}gt^2 \tag{11.26}$$

即ち落下距離は時間の 2 乗に比例する(**図 11-4** 参照)。

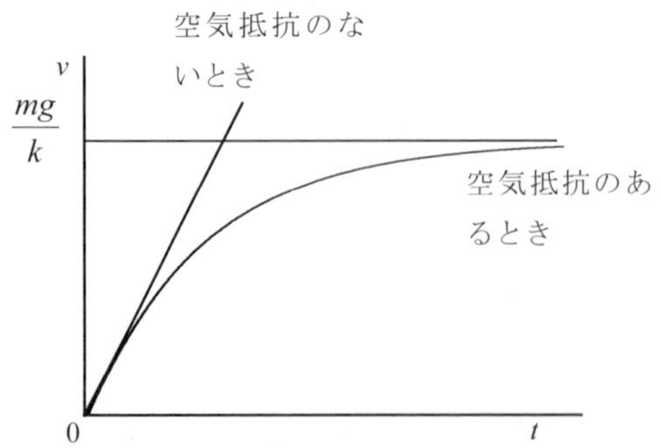

図 11-3

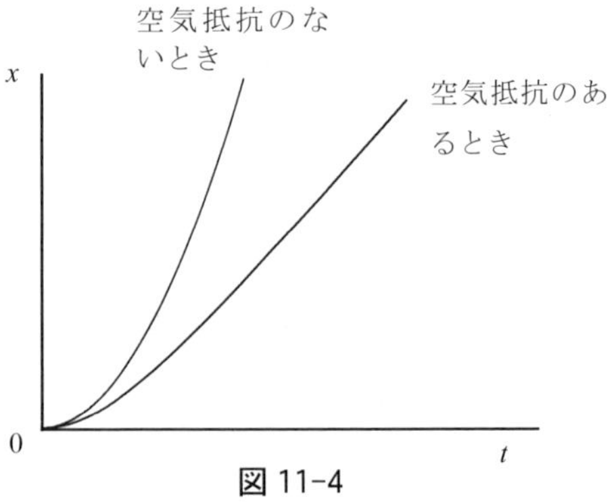

図 11-4

2) 空気抵抗を考慮した場合の落下

空気中を落下するときには、空気抵抗が存在する。空気のような普段は何気なく存

在する物質も、風のあるときには空気の存在が重く感じられるであろう。これは空気の抵抗が無視できないからである。同様に落下する物体の挙動にも、空気抵抗は無視できないほどの影響を及ぼす。一般に空気(より一般的には流体)による抵抗力(粘性力)は、物体の速度に比例し、物体の落下運動を阻止する方向に作用するから(**図 11-5**)、運動方程式は次式で与えられる(ただし空気による浮力は無視する)。

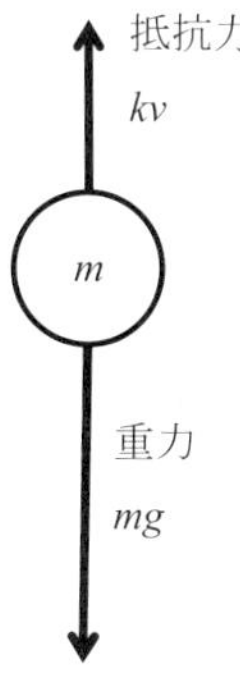

図 11-5

$$m\frac{dv(t)}{dt} = mg - kv(t) \qquad (11.27)$$

ここで k は抵抗力の比例定数である。一般にニュートン流体中を物体が運動するとき、物体が球形のときは、良い近似でストークスの法則が成り立ち、

$$k = 6\pi\eta a \qquad (11.28)$$

となる。ここで η は流体の粘度、a は球の半径である。因みに常温での空気の粘度は約 1.8×10^{-5} Pa s、水の粘度は約 1×10^{-3} Pa s である(空気や水は普通の条件では典型的なニュートン流体として挙動する)。ここで、$\mathrm{Pa} = \mathrm{Nm^{-2}} = \mathrm{kgms^{-2}m^{-2}}$ である。
式(11.27)は変数分離の方法でも、定数変化法でも解くことができる(問 11.5(3)の解法参照)。ここでは変数分離形として解いてみよう。式(11.27)は次のように変形される。

$$\frac{dv(t)}{dt} = \frac{-k}{m}\left(v(t) - \frac{mg}{k}\right)$$

ここで

$$u(t) = v(t) - \frac{mg}{k} \qquad (11.29)$$

とおき、$\dfrac{du}{dv} = 1$ を用いて

$$\frac{1}{u}\frac{du}{dt} = -\frac{k}{m} \qquad (11.30)$$

これは変数分離形の方程式である。これを解けば

$$u = ce^{-\frac{k}{m}t} \qquad (11.31)$$

$t = 0$ で $v = 0$ であるから、式(11.29)、(11.31)より $c = -\dfrac{mg}{k}$ である。従って、

$$v(t) = u(t) + \frac{mg}{k} = \frac{mg}{k}\left(1 - e^{-\frac{k}{m}t}\right) \qquad (11.32)$$

が求める式である。この式によれば、落下速度は時間とともに増加するが、ある時間経過すると一定値(定常速度) $\dfrac{mg}{k}$ に近づくことが解る。即ち、重力と粘性抵抗による力が釣り合い、落下速度は一定になる(**図 11-3** 参照)。

落下距離と時間の関係は、式(11.32)を積分して、

$$x = \frac{mg}{k}\left(t - \frac{m}{k} + \frac{m}{k}e^{-\frac{k}{m}t}\right) \tag{11.33}$$

と求まる。**図 11-4** には x と t の関係の概略を示す。落下距離は、空気抵抗のない場合は時間の二次関数で、空気抵抗のあるときは、ある程度時間が経過すると時間の一乗で増加する。

式(11.32)から、定常速度を v_∞、落下物体を球形として、その密度を ρ とし、ストークスの法則を適用すれば、

$$v_\infty = \frac{mg}{k} = \frac{2a^2\rho}{9\eta}g \tag{11.34}$$

となる。即ち落下物体の半径及び密度がわかれば、定常速度を v_∞ の測定により、流体の粘度を知ることができる(ただし、落下物体の密度 ρ に比べて、流体の密度 ρ_m が無視できない場合は、浮力の効果を考慮し、式(11.34)の ρ を $\rho - \rho_m$ で置き換える必要がある)。

問 11. 6　式(11.27)を変数分離法で解け。

問 11. 7　式(11.32)から式(11.34)を誘導せよ。

11.6　炭酸ガス排出速度も微分方程式で解析

図 11-6 は炭酸ガス(CO_2)年間排出量の経年変化を示す。縦軸は年間の CO_2 排出量(C 炭素量 Gt/年に換算)の対数を示す。この図に依れば、ある年代を区分すれば、炭酸ガス排出速度はそれぞれの年代で次式で表される。

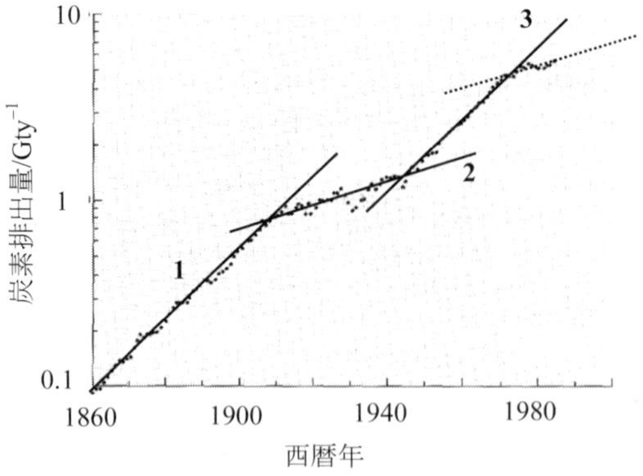

図 11-6　炭酸ガス排出速度の経年変化
縦軸は年間の炭素原子 C 排出量に換算してある。松本孝芳、“バイオサイエンスのための物理化学入門”、丸善、p.210、2005 より転載。基本図は J. E. Andrews, P. Brimblecombe, T. D. Jickells, P. S. Liss, “An Introduction to Environmental Chemistry”, Blackwell Science, 1996 渡辺正訳、“地球環境学入門”、スプリンガー・フェアラーク東京、p.213、1997 より転載。4 本の直線及びそれに基づく解析は著者による

$$\frac{d\ln C}{dt} = k \text{（定数）} \tag{11.35}$$

$$\therefore \frac{dC}{dt} = kC \tag{11.36}$$

即ち、炭酸ガス年間排出量の変化速度は、そのときの炭酸ガス年間排出量に比例する。この時代では、原材料及びエネルギー源は主に化石燃料であるから、炭酸ガス排出量はその時点における科学や技術の下での産業の発展の指標とみなせる。従って炭酸ガス年間排出量は、その時点における産業の発展状況に比例するとみなせる。上の式を解くと、

$$C = Ae^{kt} \tag{11.37}$$

が得られる。ここで A は定数である。

k は速度定数で、その時代における産業の発展速度の指標とみなせる。直線 1 及び 3 では、ほぼ

$$k = \frac{1}{23} \text{年}^{-1}$$

直線 2 では、ほぼ

$$k = \frac{1}{66} \text{年}^{-1}$$

である。直線 2 に対応する時期は二度にわたる世界大戦の時代にあたるから、大戦により産業の生産性が 1/3 程度に阻害されたと考えられる。直線 1 と直線 3 は勾配は等しいが、CO_2 排出量の絶対値は、直線 3 の時期は直線 1 の時期と比べてほぼ 1/3 に低下している。これは、戦争は決して許されることではないが、結果として科学や技術の進展による産業構造の効率化に起因するのであろう。この産業構造の変化の基本は、原料及び燃料等の基礎資源が石炭から石油へ変換したことに起因するのであろう。また注目すべき点は、1900 年代末から 2000 年代にかけて、直線の勾配が低下しているような傾向があることである（図の破線部分）。これは何を表しているのか現時点では不明であるが、脱化石原料により太陽エネルギー等の再生可能なエネルギー源の利用が進み、産業構造の質的な変化に起因している可能性もある。そしてその変化が大きな戦争を経ることなく平和のうちに進展していることは、将来的な明るさを表しているようにも思える。将来の科学及び技術の発展に期待しよう。

【演習問題】

11. 1　次の微分方程式を解け。

1）$\dfrac{dy}{dx}=3y$　2）$\dfrac{dy}{dx}=\dfrac{y}{x}$　3）$\dfrac{dy}{dx}+\dfrac{y}{x+xy}=0$　4）$\dfrac{dy}{dx}=\cos 2x$　5）$dy=\sqrt{1-y^2}\,dx$

11. 2　次の微分方程式を解け。

1）$\dfrac{dy}{dx}=\dfrac{x+2y}{x}$　2）$\dfrac{dy}{dx}=y+x$　3）$\dfrac{dy}{dx}=x\sin x$　4）$\dfrac{dy}{dx}+y=e^x$

5）$\dfrac{dy}{dx}+\dfrac{2}{x}y=\dfrac{e^x}{x^2}$

11. 3　反応、$A \rightarrow B$ において、A の濃度の減少速度は、その時の A の濃度の二乗に比例する。これらの関係を式に立て、A の濃度の時間変化を求めよ。また A の濃度が初期濃度の半分になる時間を求めよ。

11. 4　ある生物の増殖速度は、その時点における生物の数に比例するものとする。1 時間後にその生物の数が 4 倍になったとして、2 時間後及び 3 時間後には最初の数の何倍になるか。

11. 5　放射性元素の崩壊速度は、その時点における放射性元素の量 N に比例する。式を立て N の時間依存性を求めよ。また半減期を求めよ。

11. 6　温度 T の物体の冷却速度は、外部温度との差に比例する。式を立て、温度の時間変化を求めよ。また温度変化の様子を図示せよ。

11. 7　次の微分方程式を解け。$t \rightarrow \infty$における解も求めよ。

$\dfrac{dy}{dt}+ay=be^t$　（ただし a, b は定数、 $a>0$ とする。）

11. 8　雨粒を直径 2 mm の球形とすると、落下速度の定常値を求めよ。落下速度が定常値の 9 割になるときの落下時間と落下距離を求めよ。実際の落下速度は 10 $\mathrm{ms^{-1}}$ 程度とされている。計算値がこの値と異なるときは、その理由について考察せよ。

11. 9　質量 m の物体を初速度 0 から速度 v まで一定の力で加速するに要する仕事(エネルギー)を求めよ。摩擦は無視できるとする。

ヒント：力＝質量×加速度、仕事＝力×距離である。

12章　データ処理・統計的取り扱い

いんとろ12　測定・観察には誤差がつきもの

先生：さー、ここでは実際の測定(観察)によって得られたデータのまとめ方や統計的処理の基礎について学ぼう。微分方程式の章でも述べたように、自然は常に変動しているから、測定(観察)値は常に変動しているんだよ。またいろいろな原因で誤差も含まれるから、それに対する処理も必要になるんだよ。

翔太：どんなに一所懸命注意して測定しても、測定値に誤差は含まれるのですか。

先生：そーだ。誤差の発生原因が偶然に左右され、その原因が明確でない誤差を偶然的誤差というんだ。この偶然的誤差もその根本は自然界の揺らぎに原因があるとみなせる。自然界の揺らぎとは、主に分子や原子のランダムな熱運動に由来する変動だから、人はそれを系統的に制御できないんだよ。だからそれが原因の誤差も人は制御できないんだよ。

まり：だから統計的な処理が必要になるのね。

りさ：そーだね。だから何回も測定して、測定値の平均や標準偏差を取る必要があるんですね。

先生：そーだよ。平均をとるのは、できるだけ真の値(一般には未知数)に近い値を得るためであり、標準偏差は測定値のバラツキの目安となる量だよ。この章では、データ処理や統計処理の基礎を学ぼう。

12.1　有効数字(significant figure)

計算 $4.15 \times 3.142 = 13.0393$ は、前章までのように、数値を数値そのものとして扱う場合は正解である。しかしこれらの数値が何らかの測定値である場合は、若干様子が異なってくる。その理由は、いかなる測定においてもある程度の誤差(不確かさ)が含まれるからである。即ち測定値には必ず何らかの誤差が含まれるので、それらの測定値を用いて計算する場合は、そこに含まれる誤差を考慮する必要がでてくる。

誤差は種々の要因によって生じる。測定方法の不適切さや測定に使用する道具や装置の不備や故障等も測定誤差(系統的誤差)の原因となる。しかしこれらの要因を可能な限り排除しても、自然界の様々な揺らぎによって生じる誤差(偶然的誤差)が存在する。この偶然的誤差に関しては、人は系統的に制御できないので、一般的には統計的に処理される。またその誤差は使用する道具(装置)に依存する。例えば **図 12-1** に示すような物指しで、あるものの長さを計った場合を考えよう。

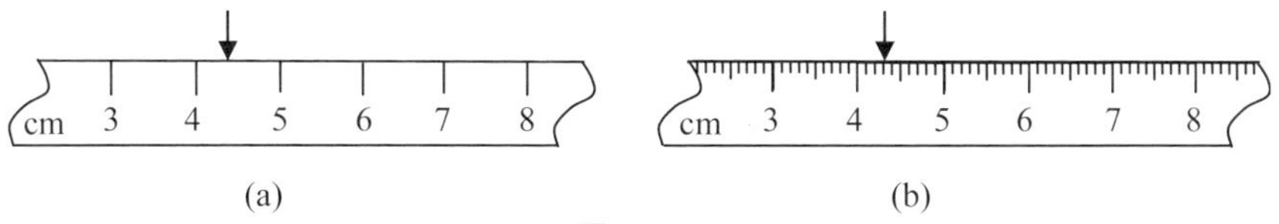

図 12-1

矢印の位置を(a)では4.3(あるいは4.2, 4.4等と読む人も居るであろう)と読めるであろう。(b)では4.32(あるいは4.31, 4.33等)と読めるであろう。いずれも使用する物差しの最小目盛りの1/10を読み取っており、測定値の最後の数字、(a)では少数点以下1桁目の3、(b)では少数点以下2桁目の2が目分量である。即ち、(a)では4までは正確であり、(b)では4.3までは正確であるが、最後の桁の数字には、ある程度の不正確さが含まれることになる。このように、測定値を数字で表す場合、測定値として意味のある数字を有効数字という。有効数字とは確実な桁(位)の数字とそれに続く不確かな1桁(位)の数字を含める。先の例では、(a)の測定の有効数字は2桁、(b)の測定では3桁となる。即ち(b)の測定精度は、(a)のそれより10倍精度がよいことになる。これは使用する測定器具の精度が10倍よいことに起因する。

最近ではデジタル表示の測定装置が多いが、その際も測定値の最後の数字にある程度の不確かさが含まれているとみなせる(ただし使用する装置によって異なる場合もあるので、必ず仕様書等で確認することが必要である)。

有効数字についての注意点を次に挙げよう。

1) 6.02, 60.2, 602ではいずれも有効数字は6, 0, 2の3桁である。

2) 0.82, 0.082, 0.0082では、はじめの幾つかの0は位取りを表すための0であるから有効数字には加えない。したがって有効数字は8, 2の2桁となる。

3) 0.820, 0.8200では、小数点以下末尾につけられた0は、測定精度を表すので、有効数字である。したがって有効数字は、0.820では3桁、0.8200では4桁である。

4) 60200では有効数字が3桁から5桁までの可能性があり明白でない。このような場合、有効数字を明らかにするために次の表記が推奨される。

6.02×10^5, 6.020×10^5, 6.0200×10^5（それぞれ有効数字は、3桁、4桁、5桁である。ただし60200.と表示すれば有効数字は5桁となる）

5) 例えば、3.5gの表示に際し、0.0035kgと表示すればいずれも有効数字2桁であるが、3500mgと表示すれば、有効数字は2桁から4桁まで可能性があり不明瞭になるので、このような記述は避けなければならない。このような場合は、3.5×10^3mgと表示すればよい。

7) 数字を丸めるときは原則として4捨5入により、かつ一段階で行う。例えば2.347を有効数字2桁に丸める場合は、2.3とする。これを小数点以下3桁目を丸め2.35とし、さらに丸め2.4としてはいけない。また精度を特に重んずる場合、あるいは利害が絡む可能性のあるときはJIS(Z8401)に従う。

8) 数値計算では計算途中で丸めずに、最終結果を1回で丸める。ただし途中で桁数が多くなり計算が複雑になるときは、有効数字より 1 桁あるいは 2 桁多く残して計算する。

例題 12. 1　次の数値の有効数字の桁数を記せ。

1）536　2）7.503　3）9.40　4）0.068　5）2.5×10^4　6）2.50×10^4

解　1）3 桁　2）4 桁　3）3 桁　4）2 桁　5）2 桁　6）3 桁

問 12. 1　次の測定値の有効数字の桁数を記せ。

1）31　2）314　3）6022　4）0.027　5）0.00602

6）7600　7）2.50　8）18.900　9）6.3×10^5　10）3.50×10^{-8}

11）6×10^{23}　12）6.02×10^{23}

12.2　四則演算における有効数字の扱い方

1）加法と減法

演算結果を、加減される数値の内で小数点以下の桁数の最小のもの（精度の最も低いもの）に合わせる。

$5.3\underline{9}+0.17\underline{3}+12.\underline{7}=18.\underline{263}$ の場合、最も精度の低い 12.7 に合わせ、18.3 と表示する（下線部は曖昧さを含む数字、以下同）。同様に、$18.374\underline{5}+5.7\underline{2}-1.30\underline{1}=22.7\underline{935}$ であるから、22.79 となる。縦書きにするとその意味は明白になろう。

$$
\begin{array}{rr}
5.3\underline{9} & 18.374\underline{5} \\
0.17\underline{3} & 5.7\underline{2} \\
+12.\underline{7} & -1.30\underline{1} \\
\hline
18.\underline{263} & 22.7\underline{935}
\end{array}
$$

2）乗法と除法

演算結果を、乗除される数値の内で有効数字の最小のものに合わせる。

$51.3\underline{8}\times2.5\underline{3}/1.431\underline{6}=90.\underline{8014}\cdots$ の場合、有効数字の最小のもの、2.53 に合わせ、90.8 と表示する。有効数字を無視して卓上計算機の表示をそのまま、例えば 90.80148086、と記してはいけない。

3）対数の計算

対数は指標（整数部）と仮数（小数部）から成るが、仮数の数字が有効数字である。例えば、5.4×10^2, 5.4×10^3, 5.4×10^4 の常用対数はそれぞれ 2.7324…, 3.7324…, 4.7324…となるが、指標は真数の桁数を表す数字で、有効数字ではない。仮数はいずれも log5.4=0.7324…であり、真数の有効数字 2 桁に合わせ、2.73, 3.73, 4.73 とする。

4）定数や物理定数等が入る計算

一般的に、円周率 π やアボガドロ定数 N_A のような定数は、計算に用いる最大桁の有効数字より 1～2 桁多い有効数字を用いる。例えば半径 r(測定値)2.48m の球の表面積の計算では、

$$4\pi r^2 = 4\times3.142\times(2.48\mathrm{m})^2 = 77.2982\cdots\mathrm{m}^2 = 77.3\mathrm{m}^2$$

となる。$\pi = 3.141592\cdots$ であるが、2.48 の有効数字 3 桁より 1 桁多い 4 桁に丸めている。ここで、最初の定数 4 は有効数字 1 桁の意味ではなく、正確に 4 を意味する。

問 12. 2 有効数字に注意し、次の計算をせよ。

1）15.3+27.64−8.357　2）$\dfrac{85.1\times0.70}{0.2601}$　3）$\log(7.4\times10^2)+\log(2.5\times10^3)$

4）25.37g+64.3mg　5）14.28m+35.7cm　6）半径 2.50 m の円の円周の長さ

12.3 統計的取り扱いの基礎

前述のように、測定値(観測値)は必ず誤差を含み、ある値(真の値、理論値あるいは平均値)の周りにばらつくのが普通である。誤差は正確さ(accuracy)、精度(precision)及び信頼性(reliability)によって特徴付けられる。正確さは測定値と真の値(μとする)間の一致の程度を表し、精度は繰り返し測定したときの、測定値のバラツキの程度である。**図 12-2** にこれらの関係を示す。正確さと精度が合理的に測定者の管理内にあるとき、そのデータは信頼性があるといえる。

ここで注意すべき点がある。これは学生実験等の、実験結果が十分解っている(予想できる)場合は問題にならないが、未知に対する実際の研究データの場合は、**図 12-2** の(a)以外のデータが得られたとき、特に(c)の正確さは余り良くないが、即ち予想値 μ から外れるが精度はよいデータが得られたときは注意が必要である。測定装置の不備、試料の特性、測定方法、解析方法等の不備を十分検討し、尚そのようなデータが得られる場合は、既存の理論や解析法にはない、新しい要因が含まれている可能性があるからである。研究者にとってそのようなデータは、めったに遭遇できない喜ぶべきデータになる可能性がある。

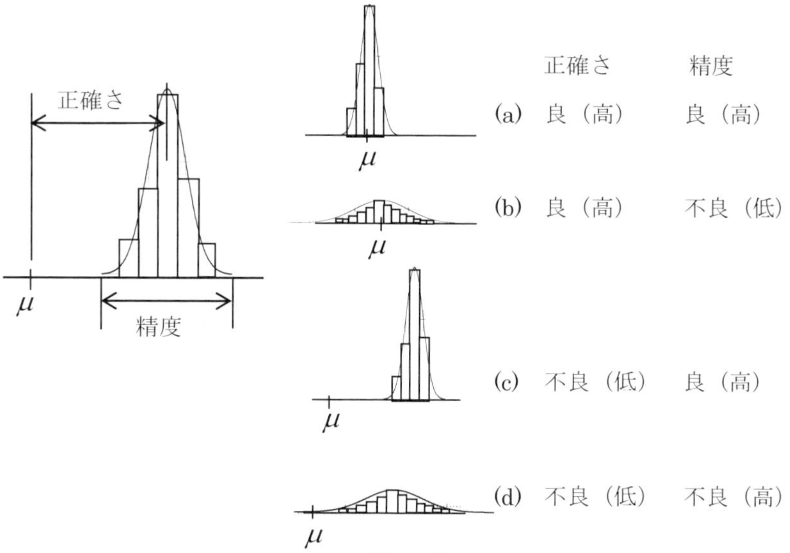

図 12-2

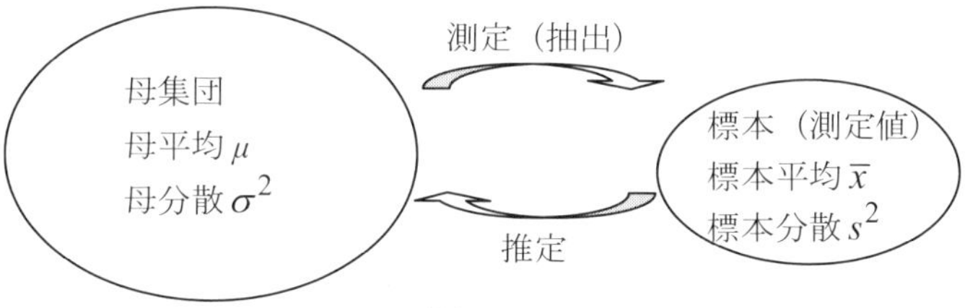

図 12-3

以上の点はさておき、データの解析には統計的処理が必要になる。その際も用いられる主なる指標について簡単に述べよう。例えば、ある測定を n 回行ったときの測定値を、$x_1, x_2, x_3, \cdots, x_n$　とする。これらの測定値は思考的には無限回行える測定(母集団)の内、たまたま限られた回数 n 回測定したときの値であるから、それぞれが独立である n 個の標本値とみなされる。**図 12-3** に示すようにこの標本値から母集団に関する情報を得ること、例えば標本平均 $\bar{x}$ から母平均 μ を、標本分散 s^2 から母分散 σ^2 を推定すること等が測定の当面の目的である。ここで母平均や母分散は、一般的には未知量である。

測定値から次式によって標本平均(算術平均)を定義する。

$$\bar{x} = \frac{x_1 + x_2 + \cdots + x_n}{n} = \frac{1}{n}\sum_i x_i \tag{12.1}$$

平均の求め方は、時と場合によっていろいろ工夫できる。よくする工夫は適当な値 x_0 を用いて、データを次のように変換する(ここで h は簡単な整数あるいは小数)。

$$u_i = \left(x_i - x_0\right)h \tag{12.2}$$

u_iの平均$\overline{u}$を求め、それを$\overline{x}$に変換する。即ち、

$$\overline{u} = \frac{1}{n}\sum_i u_i \tag{12.3}$$

$$\overline{x} = \frac{\overline{u}}{h} + x_0 \tag{12.4}$$

である。

また、データのばらつきの程度(精度、precision)を表す偏差平方和 S は次式で定義される。

$$S = \sum_i \left(x_i - \overline{x}\right)^2 = \sum_i x_i^2 - \frac{\left(\sum x_i\right)^2}{n} = \sum_i x_i^2 - n\overline{x}^2 \tag{12.5}$$

式(11.2)の変換法を用いたときは、

$$S = \frac{1}{h^2}\left(\sum_i u_i^2 - \frac{\left(\sum u_i\right)^2}{n}\right) = \frac{1}{h^2}\left(\sum_i u_i^2 - n\overline{u}^2\right) \tag{12.6}$$

となる。

問 12. 3　式(12.6)を導出せよ。

また偏差平方和の平均値、即ち一つのデータ値当りのばらつきの程度を表す標本分散 s^2 は次式で表される。

$$s^2 = \frac{S}{n}$$

$$\therefore\ s^2 = \frac{1}{n}\sum_i \left(x_i - \overline{x}\right)^2 = \frac{1}{n}\sum_i x_i^2 - \overline{x}^2 \tag{12.7}$$

測定値に度数f_{i}(頻度)がついているときは、$n = \sum_i f_i$ として、

$$\overline{x} = \frac{1}{n}\sum_i x_i f_i \tag{12.8}$$

$$S = \sum_i \left(x_i - \overline{x}\right)^2 f_i = \sum_i x_i^2 f_i - \frac{\left(\sum x_i f_i\right)^2}{n} \tag{12.5′}$$

$$\therefore s^2 = \frac{1}{n}\sum_i \left(x_i - \overline{x}\right)^2 f_i = \frac{1}{n}\sum_i x_i^2 f_i - \overline{x}^2 \tag{12.9}$$

あるいは式(12.2)の変換法を用いた場合は、

$$\overline{u} = \frac{1}{n}\sum_i u_i f_i \tag{12.10}$$

として、式(12.4)はそのまま成り立つ。また偏差平方和 S は次式で与えられる。

$$S = \frac{1}{h^2}\left(\sum_i u_i^2 f_i - \frac{\left(\sum u_i f_i\right)^2}{n}\right) = \frac{1}{h^2}\left(\sum_i u_i^2 f_i - n\bar{u}^2\right) \tag{12.11}$$

データ数が多い場合は、それらを幾つかの階級に分け、各階級の中央値を階級値 x_i として、また各階級に含まれるデータ数を度数 f_i として、式(12.8)から平均を求めることが多い。この場合は用いる階級値が実際のデータ値と一致しないので、求まる平均値や分散は実際のデータを用いた計算値と若干異なることになる。また、標本分散 s^2 の代わりに次式で定義される不偏分散 U^2 を用いる場合が多い(n が十分大きければ両者は一致する)。

$$U^2 = \frac{1}{n-1}\sum_i \left(x_i - \bar{x}\right)^2 = \frac{n}{n-1}s^2 \tag{12.12}$$ *

その理由は、標本平均の平均は母集団の平均(母平均 μ)に一致するが、標本分散の平均 $E\left(s^2\right)$ は母集団の分散(母分散 σ^2)を必ずしも表さず、両者は次の関係にあるからである。

$$E\left(s^2\right) = \frac{n-1}{n}\sigma^2 \tag{12.13}$$

あるいは

$$\sigma^2 = \frac{n}{n-1}E\left(s^2\right) \tag{12.13'}$$

であり、式(12.12)と比べれば、不偏分散 U^2 は σ^2 の代わりとして用いられるということになる(付録 A12.1, A12.2 参照)。

* 式(12.12)の分母の n–1 は、自由度と呼ばれる。自由度とは本来ある点の位置を決めるために必要な独立変数の数である。例えば 3 次元空間においては、ある点の位置を決めるために 3 個の座標が必要になる。従って自由度は 3 となる。式(12.12)では、n 個のデータ x_i を全て決めるためには、この場合既に $\bar{x}$ が既知であるので、n–1 個の x_i を決めればよいことになる。従って自由度は n–1 となる。

s^2 や U^2 は元のデータの二乗の単位を持つから、データのばらつきを表すには、データと同じ単位を持つ次の標本標準偏差 s あるいは不偏分散の平方根 U を用いることが多い。

$$s = \sqrt{s^2},\quad U = \sqrt{U^2}$$

例題 12.2　次の測定値から標本平均、標本分散、標本標準偏差、不偏分散及びその平方根を求めよ。

解 測定値 x_i/g ：20.2, 19.8, 21.1, 19.6, 19.3, 20.9, 21.1, 18.9, 20.7, 19.3

測定値	u_i	u_i^2
20.2	2	4
19.8	–2	4
21.1	11	121
19.6	–4	16
19.3	–7	49
20.9	9	81
21.1	11	121
18.9	–11	121
20.7	7	49
19.3	–7	49
	9	615

データより直接計算してもよいが、左の表を作り、式(11.2)と式(11.6)を使うとより簡便である。$x_0 = 20.0$、$h = 10$ とする。

$$u_i = (x_i - 20.0) \times 10$$

$$\overline{x} = \frac{\overline{u}}{h} + x_0 = \frac{0.9}{10} + 20.0 = 20.09\,\mathrm{g}$$

$$S = \frac{1}{h^2}\left(\sum_i u_i^2 - \frac{\left(\sum u_i\right)^2}{n}\right) = 6.07\mathrm{g}^2$$

$$s^2 = \frac{S}{10} = 0.607\,\mathrm{g}^2 \quad \therefore s = 0.779\mathrm{g}$$

$$U^2 = \frac{n}{n-1} s^2 = 0.674 g^2 \quad \therefore U{=}0.821\mathrm{g}$$

例題 12. 3 次は 50 名の学生の数学試験の得点を、点数順に並べたデータである。階級に分け平均と標準偏差及び不偏分散の平方根を求めよ。

34, 42, 47, 54, 55, 56, 56, 57, 58, 58, 61, 62, 63, 64, 64, 65, 65, 65, 66, 67,

67, 68, 69, 71, 72, 73, 74, 74, 75, 75, 76, 76, 76, 77, 77, 77, 78, 78, 79, 79,

82, 83, 85, 85, 85, 87, 87, 88, 92, 96

解 次の表を作る。

階級	x_i	f_i	u_i ($h = 0.1$)	$u_i f_i$	$u_i^2 f_i$
31–40	35.5	1	–4	–4	16
41–50	45.5	2	–3	–6	18
51–60	55.5	7	–2	–14	28
61–70	65.5	13	–1	–13	13
71–80	75.5	17	0	0	0
81–90	85.5	8	1	8	8
91–100	95.5	2	2	4	8
		50		–25	91

$$\overline{u} = \frac{1}{n}\sum_i u_i f_i = \frac{-25}{50} \quad \therefore\ \overline{x} = \frac{\overline{u}}{h} + x_0 = 10\overline{u} + 75.5 = 70.5, \quad \therefore \overline{x} = 70.5$$

式(12.11)から、$s^2{=}\dfrac{S}{n}{=}157$ $\therefore s = 12.5$ $\therefore U = 12.7$

データより直接求めた平均は 70.4 となる。

現在はコンピューター及びいろいろな解析ソフトの普及で、このような計算をする機会は少ないであろう。しかし計算結果の確認は必ず必要であろうし、計算手順の基

礎を把握しておくことは、その計算の意味あるいは求める量の意味とその適用範囲等を理解するためにも重要であろう。

問 12. 4　次の測定値から標本平均、標本分散、標本標準偏差、不偏分散及びその平方根を求めよ。

測定値 x_i / ml ：15.8, 16.2, 16.7, 15.3, 16.4, 15.6, 16.5, 16.1, 16.3, 15.7

12.4　正規分布

前述のように、如何に注意深く準備し測定(観測)しても、あらゆる測定(観測)には偶然的誤差が伴う。この偶然的誤差は次に述べる正規分布(normal distribution, ガウス分布、誤差分布とも言う)に従うとみなされる。平均 μ 、分散 σ^2 を持つ正規分布は式(12.14)で与えられる。μ は真の値ともみなせるが、一般には真の値は未知である。

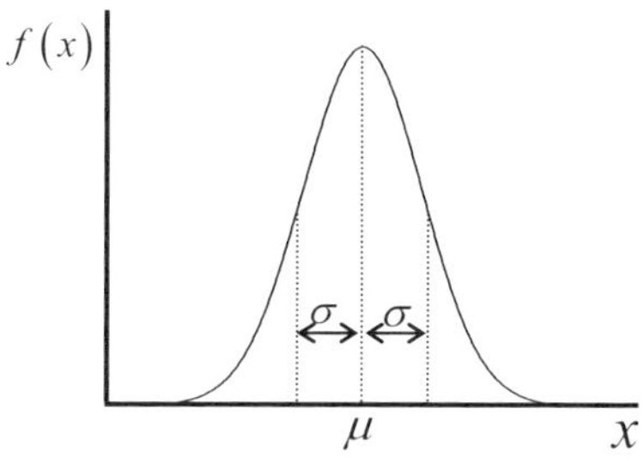

図 12-4

式(12.14)で表される正規分布を $N\left(\mu,\sigma^2\right)$ と表示する。ただし $\sigma>0$ とする。

$$f\left(x\right)=\frac{1}{\sqrt{2\pi}\sigma}e^{-\left(x-\mu\right)^2/2\sigma^2} \tag{12.14}$$

ここで

$$\int_{-\infty}^{\infty}f\left(x\right)dx=1 \tag{12.15}$$

である。$f\left(x\right)$は x における確率密度関数といい、x における頻度を表す。即ち、変数 x が $x\sim x+dx$ にある確率(分率)が $f\left(x\right)dx$ である。正規分布の分布曲線は **図 12-4** で表される。x の平均 $\overline{x}\left(=\mu\right)$ は次式で与えられる。

$$\overline{x}=\int_{-\infty}^{\infty}xf\left(x\right)dx \tag{12.16}$$

この式は式(12.8)と同義である。$f\left(x\right)dx$ は $\dfrac{f_i}{n}$ に相当し、連続分布であるから、$\sum$ が $\int$ に変化する。

$f\left(x\right)$は平均 μ に対し対称であり $x=\mu\pm\sigma$ の間に含まれる $f\left(x\right)$の割合は 0.6827 である。同様に $\mu\pm2\sigma$、$\mu\pm3\sigma$ に含まれる割合はそれぞれ 0.9545、0.9973 である。

例題 12. 4　式(12.14)で表される正規分布における x の平均が μ になることを示せ。

ただし $-\infty<x<\infty$ とする。また **表 A-1** のガウス関数の積分値を用いよ(この積分は

$x^2 = t$ とおけば、ラプラス変換に帰着する)。

表 A-1　ガウス関数の積分

$I_n = \int_0^\infty x^n e^{-ax^2} \mathrm{d}x$ の値

n	0	1	2
I_n	$\frac{1}{2}\left(\frac{\pi}{a}\right)^{1/2}$	$\frac{1}{2a}$	$\frac{1}{4}\left(\frac{\pi}{a^3}\right)^{1/2}$

解　置換積分法を用いる。$t = x - \mu$ と置く。$dt = dx$ である。

$$\bar{x} = \frac{1}{\sqrt{2\pi}\sigma}\int_{-\infty}^{\infty}(t+\mu)e^{-t^2/2\sigma^2}dt$$

$$\therefore \bar{x} = \frac{1}{\sqrt{2\pi}\sigma}\left(\int_{-\infty}^{\infty} te^{-t^2/2\sigma^2}dt + \int_{-\infty}^{\infty}\mu e^{-t^2/2\sigma^2}dt\right)$$

右辺第一項は奇関数の積分なので積分値は0となる。第二項の積分にガウス関数の積分$(n = 0)$を適用すれば次式を得る。ただし積分範囲が$-\infty < x < \infty$であるので、表A–1の積分値を2倍することに注意せよ。

$$\bar{x} = \frac{1}{\sqrt{2\pi}\sigma}\int_{-\infty}^{\infty}\mu e^{-t^2/2\sigma^2}dt = \mu$$

問 12. 5　式(12.15)を証明せよ。

付　録

A12.1 平均値・分散の基本性質

$x_1, x_2, x_3, \cdots, x_n$ の平均を $E(x)$、分散を $V(x)$ で表す。

即ち、$E(x) = \dfrac{x_1 + x_2 + \cdots + x_n}{n} = \dfrac{1}{n}\sum_i x_i$

$$V(x) = \frac{1}{n}\sum_i (x_i - \bar{x})^2 = \frac{1}{n}\sum_i x_i^2 - \bar{x}^2 = \overline{(x^2)} - \bar{x}^2$$

である。このとき次の関係が成り立つ。$[E(x)]^2 = E(x)^2$ と記す。

$$E(ax+b) = aE(x) + b \qquad \text{(A1)}$$

$$V(x) = E(x^2) - E(x)^2 \qquad \text{(A2)}$$

$$V(ax+b) = a^2V(x) \qquad \text{(A3)}$$

証明：A(1)；$E(ax+b) = \dfrac{\sum(ax_i + b)}{n} = aE(x) + b$

A(2)；$V(x) = \dfrac{1}{n}\sum x_i{}^2 - \bar{x}^2 = E(x^2) - E(x)^2$

A(3)；

$$V(ax+b)=E\left((ax+b)^2\right)-E(ax+b)^2=E\left((ax+b)^2\right)-\left(aE(x)+b\right)^2$$
$$=E\left(a^2x^2+2abx+b^2\right)-\left[a^2E(x)^2+2abE(x)+b^2\right]$$
$$=a^2E\left(x^2\right)-a^2E(x)^2=a^2V(x)$$

A12.2　標本平均の平均・分散

上の関係を使えば、次が示される。

平均μ、分散σ^2の分布に従う母集団から抽出したn個の標本、$x_1, x_2, x_3,\cdots, x_n$の標本平均$\bar{x}$の平均$E(\bar{x})$及び標本平均の分散$V(\bar{x})$について、次の関係が成立する。ここで、標本抽出を何度も行い、それらが独立とすれば、$x_1, x_2, x_3,\cdots, x_n$はそれぞれ母集団と同じ分布をもつ確率変数の一つの実現値とみなすことができる。

1）標本平均の平均$E(\bar{x})$は母平均μと一致する。$\therefore E(\bar{x})=\mu$

2）標本平均の分散$V(\bar{x})$は母分散σ^2と次の関係にある。

$$V(\bar{x})=\frac{\sigma^2}{n} \qquad \text{(A4)}$$

証明：$E(\bar{x})=E\left(\dfrac{x_1+x_2+\cdots+x_n}{n}\right)=\dfrac{1}{n}\sum_i E(x_i)=\dfrac{1}{n}n\mu=\mu$　(A5)

$$V(\bar{x})=V\left(\frac{x_1}{n}+\frac{x_2}{n}+\cdots+\frac{x_n}{n}\right)$$
$$=\frac{1}{n^2}V(x_1)+\frac{1}{n^2}V(x_2)+\cdots+\frac{1}{n^2}V(x_n)$$
$$=\frac{1}{n^2}\sigma^2+\frac{1}{n^2}\sigma^2+\cdots+\frac{1}{n^2}\sigma^2=\frac{1}{n^2}n\sigma^2=\frac{\sigma^2}{n}$$

以上から、平均μ、分散σ^2の任意の母集団から抽出した n 個の標本の標本分散 s^2 の平均$E\left(s^2\right)$は

$$E\left(s^2\right)=\frac{n-1}{n}\sigma^2$$

証明：$E\left(s^2\right)=E\left(\dfrac{1}{n}\sum x_i^2-\bar{x}^2\right)=\dfrac{1}{n}\sum E\left(x_i^2\right)-E\left(\bar{x}^2\right)$

$$=\frac{1}{n}\sum\left[V(x_i)+E(x_i)^2\right]-\left[V(\bar{x})+E(\bar{x})^2\right]$$
$$=\frac{1}{n}\left(n\sigma^2+n\mu^2\right)-\left(\frac{\sigma^2}{n}+\mu^2\right)=\frac{n-1}{n}\sigma^2$$

【演習問題】

12.1　有効数字に留意して、次の計算をせよ。下記に示す定数、その他の数値を参考にすること。

1）半径 9.50 m の球の体積を求めよ。

2）水 23 g 中の水分子の数を求めよ。（水のモル質量を 18 g/mol とせよ）

3）太陽光が地球表面に到達するに要する時間を有効数字 2 桁、分単位で求めよ。

4）1 光年を有効数字 3 桁で km 単位で求めよ。（365 日/1 年、24 時間/1 日とせよ）

5）20℃の水 18.0 g の体積を求めよ。

6）食塩 15.0 g を 150.0 g の水に溶解したときの食塩濃度を重量%で示せ。

7）食塩 15.0 g を水に溶解させて 150.0 g の水溶液としたときの食塩濃度を重量%で示せ。

$\pi = 3.14159265\cdots$, アボガドロ定数＝$6.022045\times10^{23}\,\mathrm{mol^{-1}}$ 太陽—地球間平均距離=1.49598×10^{8} km、光速度＝$2.99792458\times10^{8}\,\mathrm{ms^{-1}}$ 水の密度（20℃）＝$0.998206\,\mathrm{gcm^{-3}}$

12.2　$\frac{1}{n}\sum\left(x_i-\bar{x}\right)f_i=0$ を証明せよ。

12.3　式(12.11)

$$S=\frac{1}{h^2}\left(\sum_i u_i^2 f_i-\frac{\left(\sum u_i f_i\right)^2}{n}\right)$$

を導出せよ。

12.4　次はある団体（男子 50 名）の体重測定結果を順に並べたデータ（単位 kg）である。階級に分け平均と標準偏差及び不偏分散の平方根を求めよ。

38.8, 43.5, 44.3, 47.6, 51.4, 53.2, 54.2, 54.8, 55.3, 56.6 58.2, 58.2 59.3, 60.2, 61.5, 62.2, 62.2, 64.8, 65.3, 66.2, 66.3, 67.3, 68.2, 68.7, 68.9, 69.5, 69.5, 71.3, 71.3, 72.7, 74.3, 75.1, 75.1, 76.2, 76.3, 76.4, 76.5, 76.9, 77.5, 77.5, 78.3, 80.5, 81.2, 81.2, 82.6, 83.5, 83.6, 87.6, 91.2, 95.2

12.5　x_i の平均を $\bar{x}$ とすると、$u_i=ax_i+b$ の平均は、$a\bar{x}+b$ となることを示せ。

12.6　式(12.14)で表される正規分布における分散 $V(x)$ が σ^2 になることを示せ。ただし $-\infty<x<\infty$ とし、ガウス関数の積分値を用いよ。

解　答

1章

問 1.1　1）9　2）$-1/24$　3）$1/28$　4）$-27/23$　5）$7-6\sqrt{3}$　6）$\dfrac{5+\sqrt{21}}{2}$

問 1.2　$\sqrt{3}$が有理数であるとすれば、正の整数a及びbを用いて、$\sqrt{3}=\dfrac{a}{b}$と既約分数で表すことができる。

$\therefore 3b^2=a^2$となり、a^2は 3 の倍数である。従って 2 乗して 3 の倍数になる正の整数は 3 の倍数しかないから*、$a=3c$とおける。

$\therefore 3b^2=(3c)^2=9c^2$、　　$\therefore b^2=3c^2$

よってb^2は 3 の倍数となり、従ってbは 3 の倍数となる。従って$\dfrac{a}{b}$が既約分数であることに反する。よって$\sqrt{3}$は有理数でなく無理数である。

*の証明：$a=3n+1$　(nは自然数)とすれば、$a^2=9n^2+6n+1=3(3n^2+2n)+1$となり、$a^2$は 3 の倍数ではない。同様に$a=3n+2$と置くことによって、$a^2$は 3 の倍数ではないことも示される。

問 1.3　命題　逆、真○偽×で表す。対偶、裏は命題と逆に同じ。

1）○×　2）○×　3）○×　4）○○

5）○○　6）×○　7）○×　8）○×

問 1.4　1）10（$=2^3+2$）　2）110（$=2^6+2^5+2^3+2^2+2$）　3）140（$=2^7+2^3+2^2$）

4）11110（$=2^4+2^3+2^2+2$）　5）1000000（$=2^6$），6）11001000（$=2^7+2^6+2^3$）

問 1.5　1）1111−111＝1000　2）100000000−10000000＝10000000

3）10100÷11=110…10　4）1100100÷10101=100…10000

問 1.6　1）0,1,2,10,11,12,20,21,22,100,101　2）202, 1010

問 1.7　1）$x=\dfrac{3}{2},\ y=1$　2）$x=\dfrac{13}{7},\ y=\dfrac{-9}{14}$　3）$x=2,\ y=3,\ z=1$

問 1.8　解と係数の関係から、$\alpha+\beta=-3$、$\alpha\beta=-2$である。

$\alpha^2+\beta^2=(\alpha+\beta)^2-2\alpha\beta=(-3)^2-2(-2)=13$

$\alpha^3+\beta^3=(\alpha+\beta)^3-3\alpha\beta(\alpha+\beta)=(-3)^3-3(-2)(-3)=-45$

問 1.9　1）$4x^2+4xy+y^2$　2）$a^2+b^2+4c^2-2ab-4bc+4ac$　3）$a^2-ab+\dfrac{1}{4}b^2$

4）$a^3-6a^2b+12ab^2-8b^3$

問 1.10　1）$(x-3)^2$　2）$(x+3)(x-2)$　3）$(4x+3)(2x-1)$　4）$(x-1)^3$

5）$(2x+3y)(2x-3y)$

1章　演習問題

1.1　命題　逆、真○偽×で表す。対偶、裏は命題と逆に同じ。

1）○×　2）×○　3）○×　4）○○　5）○×　6）×○　7）○×　8）××

1.2　**図解 1-a** を参照して、直径 $a+b$ の円を描き

ΔABH と ΔBCH は相似

$\therefore \dfrac{x}{a} = \dfrac{b}{x} \qquad \therefore x^2 = ab$

$\therefore x = \sqrt{ab}$　x が 2)の解の正方形の一辺となり、

$b = 1$ とすれば、問 1)の解となる。

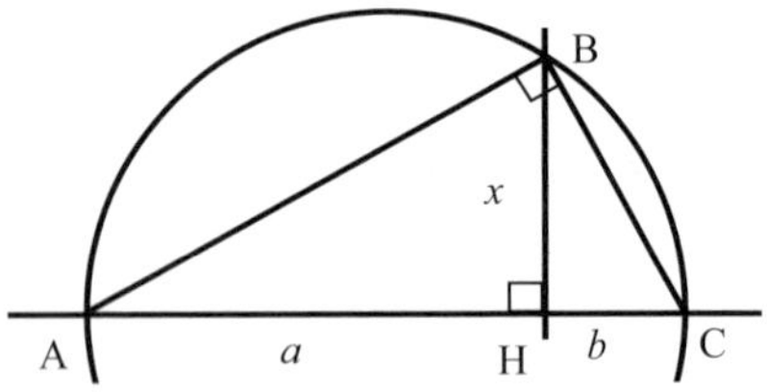

図解 1-a

1.3　1）$(x-3)^2$　2）$(2x-3)(x+6)$　3）$(4x-3)(3x+2)$　4）$(x-1)(x^2+x+1)$

5）$(x-3)^3$　6）$(x-y)(x^2+xy+y^2)$　7）$(x^2+y^2)(x+y)(x-y)$

8）$(x^2+1)^2 - x^2 = (x^2+x+1)(x^2-x+1)$

1.4　1）$\dfrac{2y}{(x-y)(x+y)}$　2）$\dfrac{-1}{(x+1)(x+3)}$　3）$\dfrac{x+y}{x}$　4）$\dfrac{5}{(x-3)(x-2)(x+2)}$

5）$\dfrac{2x^2}{(x+3y)(x+y)(x-y)}$　6）1

1.5　1）$\dfrac{-1}{2}, \dfrac{3}{2}$　2）$\dfrac{1 \pm \sqrt{2}i}{2}$　3）0, 1, 3　4）$3, \dfrac{-3 \pm 3\sqrt{3}i}{2}$

5）$0, -1, \dfrac{1 \pm \sqrt{3}i}{2}$

1.6　1）$x = 5, y = 2$　2）$x = -2, y = 1, z = 4$　3）$x = 0, y = 2$ 及び $x = 2, y = 0$

4）$x = \dfrac{3 \pm i}{2}, y = \dfrac{3 \mp i}{2}$（複合同順）　5）$x = 3, y = -1$

1.7　1）b>4, b<–4　2）$b = \pm 4$,　3）$x = \dfrac{-1 \pm \sqrt{3}i}{4}$

1.8　$a = \pm 2\sqrt{2}, x = \pm\sqrt{2}, y = \pm\sqrt{2}$（複合同順）、原点を中止とする半径 2 の円に接する直線 $y = -x \pm 2\sqrt{2}$ 、及びその接点の x,y 座標

1.9　1）両辺を 2 乗して、左辺–右辺=$(a-b)^2 \geq 0$

2）左辺–右辺=$(ad-bc)^2 \geq 0$

2章

問 2.1　（**図解 2-1** 参照）

1）$y=(x-1)(x+3)$① 2）　$y=(x-3)(-2x+3)$②　3）③　4）④

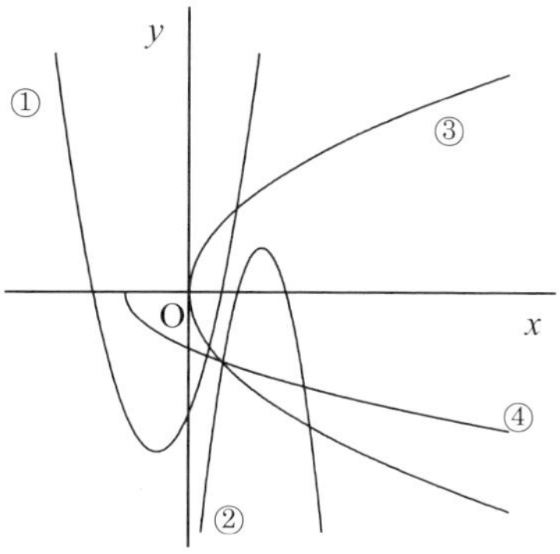

図解 2-1

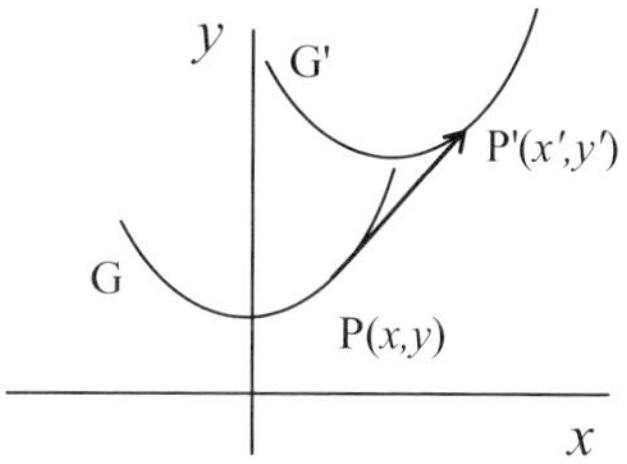

図解 2-2

問 2. 2　（**図解 2-2** 参照）

$y=f(x)$の曲線を G とする。G 上の任意の点$P(x, y)$とし、x 軸方向に p, y 軸方向に q 平行移動した G′上の点を$P'(x', y')$とすると、

$x'=x+p,\ \ y'=y+q$

$\therefore x=x'-p,\ y=y'-q$

点 P は G 上にあるから、$y=f(x)$ は $y'-q=f(x'-p)$ となる。

∴曲線 G′は $y'=f(x'-p)+q$ となる。従って一般には $y=f(x-p)+q$ で表される。

問 2. 3　$y=ax^2$ からの平行移動を考えればよい。そのためには、$y=a(x+p)^2+q$ の形にすればよい。

$$y=ax^2+bx+c$$
$$=a\left(x^2+\frac{b}{a}x\right)+c=a\left(x+\frac{b}{2a}\right)^2-\frac{b^2}{4a}+c$$
$$=a\left(x+\frac{b}{2a}\right)^2-\frac{b^2-4ac}{4a}$$

∴軸の式は、$x=-\dfrac{b}{2a}$　　　頂点の座標は$\left(-\dfrac{b}{2a}, -\dfrac{b^2-4ac}{4a}\right)$

問 2. 4　1）(0, 0) 4　2）(2, −3) 3

3）(3, 0) 3　4）(2, −4) 2

問 2. 5　1）長半径 4、短半径 2、中心 (0, 0)（横長の楕円）

2）1, $\sqrt{3}$, (0, 0)（縦長の楕円）

3）5, 3, (2, −3)

問 2. 6　（**図解 2-6** 参照）

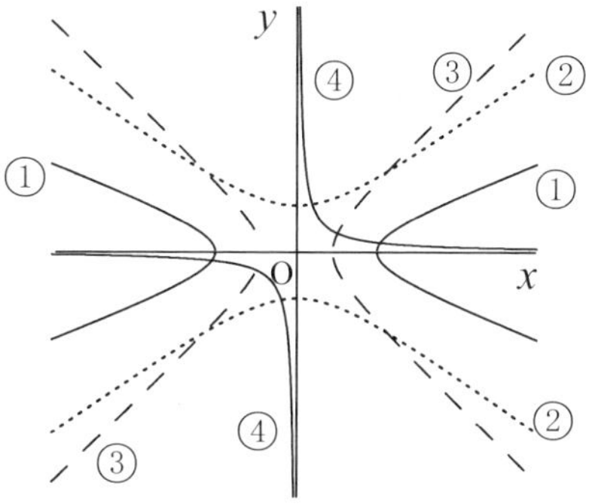

図 2-6

1）x 軸を軸とし、$(5,0)$, $(-5,0)$, $y=\pm\frac{2}{5}x$

2）y 軸を軸とし、$(0,3)$, $(0,-3)$, $y=\pm\frac{3}{4}x$

3）x 軸を軸とし、$\left(\sqrt{5},0\right),\left(-\sqrt{5},0\right)$, $y=\pm x$

4）x 軸、y 軸ともに交点無し。$y=0, x=0$

問 2.7　1）$-3<x<1$　2）$x<1, x>3$

問 2.8　$(1,-1)$

問 2.9

1）$y=-(x-1)(x-3)(x+2)$ と因数分解できる。x 軸との交点：$x=1,3,-2$

2）$x=0$（4 重解）

3）$y=\left(x^2-1\right)\left(x^2-4\right)=(x-1)(x+1)(x-2)(x+2)$ と因数分解できる。$x=\pm1,\pm2$

4）$y=-x^3(x+3)(x-3)$、$x=0,\pm3$

問 2.10　1）奇、2）偶、3）奇、4）奇、5）偶、6）偶

2 章　演習問題

2.1　1）$y=2x-3$　2）$y=\frac{-1}{2}x+2$　3）5

2.2　1）$y=(2x+3)(x-1)$　2）$y=(-3x+1)(2x-1)$

3）$(y-1)^2=2(x+2)$、$y^2=2x$ を y 軸に平行に 1、x 軸に平行に-2 移動

4）$y=\sqrt{x}$ を y 軸に平行に 2、x 軸に平行に-1 移動

2.3　1）$\frac{x^2}{2^2}+\frac{y^2}{\sqrt{2}^2}=1$　長半径 2、短半径 $\sqrt{2}$、中心 $(0,0)$ の楕円、

2）$\frac{x^2}{2^2}+\frac{y^2}{3^2}=1$　長半径 3、短半径 2、中心 $(0,0)$ の楕円、

3）$\frac{(x-2)^2}{2^2}+\frac{(y+1)^2}{3^2}=1$、2) の楕円を y 軸に平行に-1、x 軸に平行に 2 移動した楕円、中心 $(2,-1)$

4）$\frac{x^2}{2^2}-\frac{y^2}{3^2}=-1$ の双曲線、漸近線：$y=\pm\frac{3}{2}x$

5）$\frac{(x+1)^2}{2^2}-\frac{(y-1)^2}{3^2}=-1$、4) の双曲線を y 軸に平行に 1、x 軸に平行に-1 移動、漸近線：$y-1=\pm\frac{3}{2}(x+1)$

6）$(y-3)(x+2)=1$ となる。$xy=1$ の双曲線を y 軸に平行に 3、x 軸に平行に−2 移動、漸近線：$y=3, x=-2$

2.4　$(x-p)^2+(y-q)^2=r^2$　　$r=4,$　頂点$(4,-3)$

2.5　$\begin{cases} x=p+r\cos\theta \\ y=q+r\sin\theta \end{cases}$

2.6　$xy=-\dfrac{a^2}{2}$

2.7　$x=\dfrac{1}{2}x'-\dfrac{\sqrt{3}}{2}y'$　　$y=\dfrac{\sqrt{3}}{2}x'+\dfrac{1}{2}y'$ とおき、元の式へ代入

$x'^2+\dfrac{y'^2}{4}=1$　長軸 2、短軸 1 の縦長の楕円

2.8　二つの関数を $f(x)$, $g(x)$ とする。

1）$f(x)=f(-x)$, $g(-x)=-g(x)$ として、$f(-x)g(-x)=-f(x)g(x)$、故に $f(x)g(x)$ は奇関数

2）$f(-x)=-f(x)$, $g(-x)=-g(x)$ として、$f(-x)g(-x)=f(x)g(x)$、故に $f(x)g(x)$ は偶関数

3 章

問 3.1　1）$\pi/2$　2）$\pi/3$　3）$\pi/4$　4）$4\pi/3$　5）$-2\pi/3$　6）60°　7）-45°　8）360°　9）30°　10）270°

問 3.2　式(3.1)～式(3.3)をそのまま代入せよ。

問 3.3

α	$\sin\alpha$	$\cos\alpha$	$\tan\alpha$
1）$\pi/6$	$1/2$	$\sqrt{3}/2$	$1/\sqrt{3}$
2）$-\pi/6$	$-1/2$	$\sqrt{3}/2$	$-1/\sqrt{3}$
3）$\pi/2$	1	0	$\pm\infty$
4）$2\pi/3$	$\sqrt{3}/2$	$-1/2$	$-\sqrt{3}$
5）$3\pi/4$	$1/\sqrt{2}$	$-1/\sqrt{2}$	-1
6）$20\pi/3$	$\sqrt{3}/2$	$-1/2$	$-\sqrt{3}$
7）$-29\pi/6$	$-1/2$	$-\sqrt{3}/2$	$1/\sqrt{3}$
8）$-31\pi/6$	$1/2$	$-\sqrt{3}/2$	$-1/\sqrt{3}$

問 3.4　A から下ろした垂線の足を H とする。$S=\dfrac{1}{2}\mathrm{BC}\times\mathrm{AH}=\dfrac{1}{2}ac\sin B$　他は同様

問 3.5　1）$\pi/4$　2）$\pi/3$　3）$\pi/6$　4）$\pi/3$　5）$-\pi/3$

問 3.6　$\angle\mathrm{B}=5\pi/12=75^\circ$　$\angle\mathrm{A}=60^\circ$　$\angle\mathrm{C}=45^\circ$

正弦定理より

$$\frac{6}{\sin 60^\circ}=\frac{b}{\sin 75^\circ}=\frac{c}{\sin 45^\circ}$$

加法定理を用いて、 $\sin 75^\circ=\sin(30^\circ+45^\circ)=\dfrac{\sqrt{2}+\sqrt{6}}{4}$

$$\therefore b=\frac{6\times\sin 75^\circ}{\sin 60^\circ}=3\sqrt{2}+\sqrt{6},\ c=2\sqrt{6}$$

問 3. 7　余弦定理より

$$b^2=a^2+c^2-2ac\cos B=2+\left(1+\sqrt{3}\right)^2-2\sqrt{2}\left(1+\sqrt{3}\right)\cos 45^\circ=4 \quad \therefore b=2$$

正弦定理より、 $\dfrac{2}{\sin 45^\circ}=\dfrac{\sqrt{2}}{\sin A}$ 　$\therefore \sin A=\dfrac{1}{2},\ \angle A=30^\circ, \therefore \angle C=105^\circ$

問 3. 8　加法定理により、 $\sin 2\alpha=2\sin\alpha\cos\alpha$

問 3. 9　**図解 3-9** において、$\angle$BAC $=$ $\angle$BDC $=$ $\angle$R, 円 O は四角形 ABCD の外接円で、直径 2 とする。

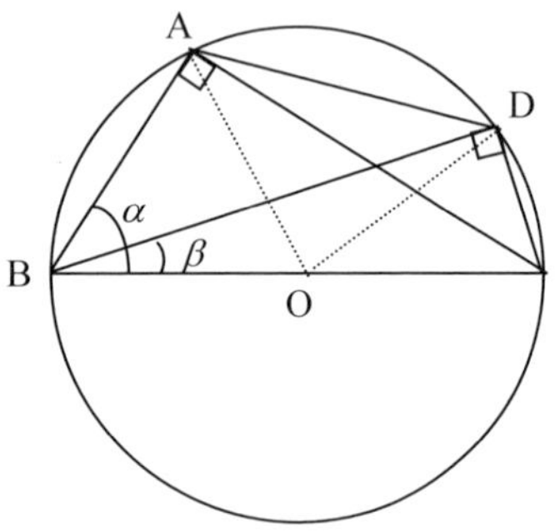

図 3-9

BC $=2$,　AB $=2\cos\alpha$,　CD $=2\sin\beta$、

AC $=2\sin\alpha$,　BD $=2\cos\beta$

また$\angle$AOD は$\angle$ABD $=\alpha-\beta$ の中心角であるから、

$\angle$AOD $=2(\alpha-\beta)$　$\triangle$AOD は二等辺三角形

$$\therefore \frac{\mathrm{AD}}{2}=\sin(\alpha-\beta)$$

$\therefore$AD $=2\sin(\alpha-\beta)$

よって、プトレマイオスの定理から

$2\cos\alpha\, 2\sin\beta+4\sin(\alpha-\beta)=2\sin\alpha\, 2\cos\beta$

$\therefore \sin(\alpha-\beta)=\sin\alpha\cos\beta-\cos\alpha\sin\beta$

3 章　演習問題

3. 1　1） $\sqrt{3}/2, -1/2, -\sqrt{3}$　　2） $-1/2, -\sqrt{3}/2, 1/\sqrt{3}$　　3） $-1/\sqrt{2}, -1/\sqrt{2}, 1$

4） $-1/2, \sqrt{3}/2, -1/\sqrt{3}$　5） $-\sqrt{3}/2, -1/2, \sqrt{3}$　　6） $0, -1, 0$

3. 2　1) $\dfrac{2\pi}{3}$　　2) $\dfrac{5\pi}{12}$　　3) $\dfrac{-\pi}{6}$

3. 3　$\alpha=\sin^{-1}x$、$\beta=\cos^{-1}x$　とすれば、

$x=\sin\alpha=\cos\beta$　　$\cos\beta=\sin\left(\dfrac{\pi}{2}-\beta\right)$

である。α,β は主値であるから、それぞれただ一つ決まる。

故に $\alpha=\dfrac{\pi}{2}-\beta$、$\therefore \alpha+\beta=\dfrac{\pi}{2}$

3. 4

$$\tan(\alpha \pm \beta) = \frac{\sin(\alpha \pm \beta)}{\cos(\alpha \pm \beta)} = \frac{\sin\alpha\cos\beta \pm \cos\alpha\sin\beta}{\cos\alpha\cos\beta \mp \sin\alpha\sin\beta} = \frac{(\sin\alpha\cos\beta \pm \cos\alpha\sin\beta)/\cos\alpha\cos\beta}{(\cos\alpha\cos\beta \mp \sin\alpha\sin\beta)/\cos\alpha\cos\beta}$$

$$= \frac{\tan\alpha \pm \tan\beta}{1 \mp \tan\alpha\tan\beta}$$

3.5　1) $7\pi/12 = \pi/3 + \pi/4$ として、加法定理を使う。

$(1+\sqrt{3})/2\sqrt{2}$, $(1-\sqrt{3})/2\sqrt{2}$, $(1+\sqrt{3})/(1-\sqrt{3})$

2) $5\pi/12 = \pi/6 + \pi/4$, $(1+\sqrt{3})/2\sqrt{2}$, $(\sqrt{3}-1)/2\sqrt{2}$, $(1+\sqrt{3})/(\sqrt{3}-1)$

3) $\pi/12 = \pi/3 - \pi/4$, $(\sqrt{3}-1)/2\sqrt{2}$, $(1+\sqrt{3})/2\sqrt{2}$, $(\sqrt{3}-1)/(\sqrt{3}+1)$

3.6　$\cos 2\alpha = \cos^2\alpha - \sin^2\alpha = 1 - 2\sin^2\alpha = 2\cos^2\alpha - 1$　　$\because \cos^2\alpha + \sin^2\alpha = 1$

$$\tan 2\alpha = \frac{2\tan\alpha}{1-\tan^2\alpha}$$

3.7　$\sin 3\alpha = \sin(2\alpha+\alpha) = \sin 2\alpha\cos\alpha + \cos 2\alpha\sin\alpha$

$= 2\sin\alpha\cos\alpha\cos\alpha + (\cos^2\alpha - \sin^2\alpha)\sin\alpha = 2\sin\alpha\cos^2\alpha + \sin\alpha\cos^2\alpha - \sin^3\alpha$

$= 3\sin\alpha\cos^2\alpha - \sin^3\alpha = 3\sin\alpha(1-\sin^2\alpha) - \sin^3\alpha = 3\sin\alpha - 4\sin^3\alpha$

$\cos 3\alpha = \cos(2\alpha+\alpha) = \cos 2\alpha\cos\alpha - \sin 2\alpha\sin\alpha$

$= (\cos^2\alpha - \sin^2\alpha)\cos\alpha - 2\sin\alpha\cos\alpha\sin\alpha = \cos^3\alpha - 3\sin^2\alpha\cos\alpha$

$= \cos^3\alpha - 3(1-\cos^2\alpha)\cos\alpha = 4\cos^3\alpha - 3\cos\alpha$

$$\tan 3\alpha = \frac{\sin 3\alpha}{\cos 3\alpha} = \frac{3\sin\alpha\cos^2\alpha - \sin^3\alpha}{\cos^3\alpha - 3\sin^2\alpha\cos\alpha} = \frac{\dfrac{3\sin\alpha\cos^2\alpha}{\cos^3\alpha} - \dfrac{\sin^3\alpha}{\cos^3\alpha}}{\dfrac{\cos^3\alpha}{\cos^3\alpha} - \dfrac{3\sin^2\alpha\cos\alpha}{\cos^3\alpha}}$$

$$= \frac{\dfrac{3\sin\alpha}{\cos\alpha} - \dfrac{\sin^3\alpha}{\cos^3\alpha}}{1 - \dfrac{3\sin^2\alpha}{\cos^2\alpha}} = \frac{3\tan\alpha - \tan^3\alpha}{1 - 3\tan^2\alpha}$$　ただし $\sin\alpha$, $\cos\alpha$, $\tan\alpha$ は 0 でないとする。

3.8　$\cos(\alpha+\beta) + \cos(\alpha-\beta) = 2\cos\alpha\cos\beta$

$A = \alpha + \beta$, $B = \alpha - \beta$ とおくと $\alpha = \dfrac{A+B}{2}$, $\beta = \dfrac{A-B}{2}$ であり、式(3.15c)を得る。

$\cos(\alpha+\beta) - \cos(\alpha-\beta) = -2\sin\alpha\sin\beta$

$A = \alpha + \beta$, $B = \alpha - \beta$ とおくと $\alpha = \dfrac{A+B}{2}$, $\beta = \dfrac{A-B}{2}$ であり、式(3.15d)を得る。

3.9　$\cos A = \dfrac{b^2+c^2-a^2}{2bc}$ を $\sin^2 A = 1 - \cos^2 A$ へ代入する。

$$\sin^2 A = 1 - \left(\frac{b^2+c^2-a^2}{2bc}\right)^2$$

$$=\left(1-\frac{b^2+c^2-a^2}{2bc}\right)\left(1+\frac{b^2+c^2-a^2}{2bc}\right)=\frac{1}{4b^2c^2}\left\{2bc-\left(b^2+c^2-a^2\right)\right\}\left(2bc+b^2+c^2-a^2\right)$$

$$=\frac{1}{4b^2c^2}\left\{a^2-(b-c)^2\right\}\left\{(b+c)^2-a^2\right\}$$

$$=\frac{1}{4b^2c^2}(a-b+c)(a+b-c)(b+c-a)(b+c+a)$$

ここで $l=(a+b+c)/2$ とおき、$b+c-a=2(l-a)$, $a+c-b=2(l-b)$、$a+b-c=2(l-c)$ を代入すれば、

$$\sin^2 A=\frac{4}{b^2c^2}l(l-a)(l-b)(l-c)$$

を得る。$\angle A$ は三角形の内角だから 0 と π の間にある。よって $\sin A>0$

$$\therefore\ \sin A=\frac{2}{bc}\sqrt{l(l-a)(l-b)(l-c)}$$

$$\therefore S=\frac{1}{2}bc\sin A=\sqrt{l(l-a)(l-b)(l-c)}$$

3.10　1）直角三角形であるから、△ABC の面積 $S=\frac{1}{2}bc\sin A=6$ より、$\sin A=\frac{3}{5}$

2）ヘロンの公式を用いて、$S=\sqrt{9\cdot 2\cdot 3\cdot 4}=\frac{1}{2}6\cdot 7\sin A$ より、$\sin A=\frac{2\sqrt{6}}{7}$

4章

問 4.1　1）$\left(a^{m/n}a^{k/l}\right)^{nl}=a^{ml}a^{kn}$, $\therefore a^{m/n}a^{k/l}=\left(a^{ml+kn}\right)^{1/nl}=a^{(m/n+k/l)}$

2）$(ab)^{m/n}=\sqrt[n]{(ab)^m}=\sqrt[n]{a^m b^m}=a^{m/n}b^{m/n}$

問 4.2　1）4　2）4　3）2　4）1/2　5）$\sqrt{2}$

問 4.3　1）$a^{5/6}$　2）a^{-1}　3）$a^{-3/5}$　4）a^4b^5　5）$a^2b^{5/4}$

問 4.4　**図解 4-4** 参照

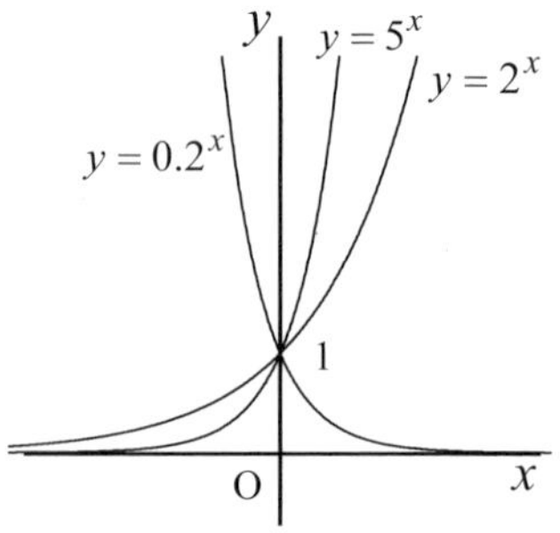

図解 4-4

問 4.5　式(4.4)の証明：$x=\log_a p$　$y=\log_a q$　とおくと、

$p=a^x$, $q=a^y$

$\frac{p}{q}=a^{x-y}$

$\therefore\ x-y=\log_a\frac{p}{q}=\log_a p-\log_a q$

式(4.5)の証明：$x=\log_a p$　とおくと、

$p=a^x$　　$\therefore p^q=a^{qx}$

$\therefore\ qx = \log_a p^q = q\log_a p$

問 4. 6　$\log_p q = y$ とおく。

$q = p^y$　両辺を a を底とする対数をとる。

$\log_a q = \log_a p^y = y\log_a p \quad \therefore y = \log_p q = \dfrac{\log_a q}{\log_a p}$

問 4. 7　1）$4 = \log_2 16$　2）$4 = \log_3 81$　3）$y = 2^8$　4）$d = c^{ab}$

問 4. 8　1）0.7781　2）0.6990　3）−0.8293　4）1.4651　5）−2

問 4. 9　$60 \cdot 10^8 < 2^n$　33 乗　　$600 \cdot 10^{12} < 2^n$　50 乗

問 4. 10、4. 11　**図解 4-10** 参照

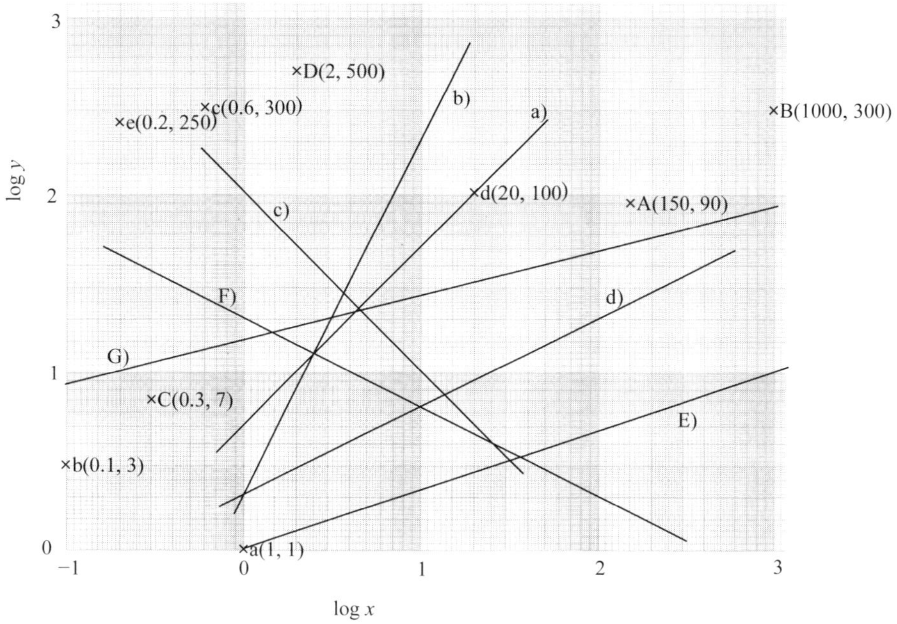

図解 4-10

4 章　演習問題

4. 1　1）$6\times10^{24}, 12\times10^{24}, 6\times10^{24}$　2）10^{16}m, 1.5×10^{26}m

4. 2　1）32　2）729　3）1/1000　4）$\sqrt[4]{5}$　5）1

4. 3　1）64　2）512　3）2^8　4）2^{16}

4. 4　1）$a^3b^{3/2}$　2）$a^{-1/3}b^{-1/6}$　3）$\sqrt{abc}$

4. 5　1）$\sqrt[3]{5} = 5^{1/3}$, $\sqrt[4]{25} = 5^{1/2}$, $\sqrt[7]{125} = 5^{3/7}$、$y = 5^x$ は単調増加関数で $\dfrac{1}{3} < \dfrac{3}{7} < \dfrac{1}{2}$、だから、$\sqrt[3]{5} < \sqrt[7]{125} < \sqrt[4]{25}$

2）$0.5 = 2^{-1}$ とせよ。$(0.5)^{1/2} < (0.5)^{-1/3} < \sqrt{2} < \sqrt[3]{4}$

4. 6　1）$2^x = X$ とおいて $X = 2$ を得る。$x = 1$

2）$3^x = X$ とおいて $X = -2, 9$ を得る。$X > 0$ だから、$X = 9$　故に $x = 2$

4. 7　1）2　2）2　3）−3　4）−4　5）1

4. 8　1）3　2）2　3）3　4）3　5）0　6）2　7）6　8）0

4. 9　図解 4−10 参照

5 章

問 5. 1　1）$7+3i$　2）$-1-3i$　3）$6+22i$　4）$\dfrac{6+17i}{25}$　5）$2i$　6）$-2i$

問 5. 2　$z\overline{z} = (a+bi)(a-bi) = a^2 + b^2 = |z|^2$

問 5. 3　1）$z = 1\left(\cos\dfrac{\pi}{2} + i\sin\dfrac{\pi}{2}\right)$　2）$z = \sqrt{2}\left(\cos\dfrac{\pi}{4} + i\sin\dfrac{\pi}{4}\right)$

3）$z = 2\left(\cos\dfrac{\pi}{3} + i\sin\dfrac{\pi}{3}\right)$　4）$z = 2\left(\cos\dfrac{-\pi}{6} + i\sin\dfrac{-\pi}{6}\right)$

5）$z = \sqrt{2}\left(\cos\dfrac{3\pi}{4} + i\sin\dfrac{3\pi}{4}\right)$

問 5. 4　1）16　2）$64\left(1+\sqrt{3}i\right)$　3）$\dfrac{\left(1+\sqrt{3}i\right)}{256}$　4）$\dfrac{i}{8}$　5）$144\sqrt{3}\left(-\sqrt{3}+i\right)$

5 章　演習問題

5. 1　1）$8-i$　2）$4-2i$　3）$21-i$　4）$16-30i$　5）$\dfrac{-6+17i}{13}$

5. 2　1）$6+8i$　2）i　3）$-7+9i$　4）$-5+5i$　5）$-3+i$

5. 3　$z = a+bi$、$\overline{z} = a-bi$ とすれば、$z+\overline{z} = 2a$、$z-\overline{z} = 2bi$ である。

5. 4　$n = -m$ $(m > 0)$ として

$$(\cos\alpha + i\sin\alpha)^n = (\cos\alpha + i\sin\alpha)^{-m} = \frac{1}{(\cos\alpha + i\sin\alpha)^m} = \frac{1}{(\cos m\alpha + i\sin m\alpha)}$$

$$= \frac{\cos m\alpha - i\sin m\alpha}{\cos^2 m\alpha + \sin^2 m\alpha} = (\cos m\alpha - i\sin m\alpha) = (\cos(-m\alpha) + i\sin(-m\alpha)) = (\cos n\alpha + i\sin n\alpha)$$

5. 5　1）$-32i$　2）$-512\left(1+\sqrt{3}i\right)$　3）$\dfrac{-i}{8}$　4）$-\dfrac{\left(1+\sqrt{3}i\right)}{512}$　5）$-8\left(1+\sqrt{3}i\right)$

5. 6　求める 3 乗根を z とすれば、

$z = \cos\dfrac{2k\pi}{3} + i\sin\dfrac{2k\pi}{3}$　$(k = 0, 1, 2)$　　$z = 1$、$\dfrac{-1+\sqrt{3}i}{2}$, $\dfrac{-1-\sqrt{3}i}{2}$

6 章

問 i6. 1　$\Delta S_{mix} = k\ln W = k\ln\dfrac{n!}{p!\ q!} = k(\ln n! - \ln p! - \ln q!)$

$= k(n\ln n - n - p\ln p + p - q\ln q + q) = k(n\ln n - p\ln p - q\ln q)$

$$= k\left(p\ln\frac{n}{p} + q\ln\frac{n}{q} \right) = -k\left(p\ln x_A + q\ln x_B \right)$$

問 6.1　${}_7P_3 = \dfrac{7!}{(7-3)!} = 7\cdot 6\cdot 5 = 210$　210 通り

問 6.2　${}_5C_3 = \dfrac{5!}{(5-3)!\ 3!} = 10$

問 6.3　${}_7C_4 = \dfrac{7!}{3!4!} = 35$

問 6.4

$$右辺 = \frac{(n-1)!}{(n-r)!\,(r-1)!} + \frac{(n-1)!}{(n-r-1)!\,r!} = (n-1)!\left[\frac{1}{(n-r)!\,(r-1)!} + \frac{1}{(n-r-1)!\,r!}\right]$$

$$= (n-1)!\left[\frac{(n-r-1)!\,r! + (n-r)!\,(r-1)!}{(n-r)!\,(r-1)!(n-r-1)!\,r!}\right]$$

$$= (n-1)!\left[\frac{(n-r-1)!\,(r-1)!\,r + (n-r)!\,(r-1)!}{(n-r)!\,(r-1)!\,(n-r-1)!\,r!}\right] = (n-1)!\left[\frac{(n-r-1)!\,r + (n-r)!}{r!\,(n-r)!\,(n-r-1)!}\right]$$

$$=^{*} (n-1)!\left[\frac{(n-r-1)!\,(n-r+r)}{(n-r)!\,(n-r-1)!\,r!}\right] = \frac{n(n-1)!}{(n-r)!\,r!} = \frac{n!}{(n-r)!\,r!} = {}_nC_r$$

$^{*}(n-r)! = (n-r)(n-r-1)!$ を使っている。

問 6.5　1）${}_8C_4 = 70$　　2）${}_{10}C_3 = 120$

問 6.6　a^3bc の係数は、$\dfrac{5!}{3!\ 1!\ 1!} = 20$、$a^2bc^2$ の係数は、$\dfrac{5!}{2!\ 1!\ 2!} = 30$

問 6.7　1）　一般項 $a_n = 2+3(n-1) = 3n-1$、　$S_{10} = 155$

2）$a_n = \dfrac{1}{2}\left(\dfrac{1}{2}\right)^{n-1} = \left(\dfrac{1}{2}\right)^n$,　$S_6 = \dfrac{63}{64}$

3）$a_n = 2n - 1 + ni,$　$S_8 = 4(16 + 9i)$

6 章　演習問題

6.1　1）5 個から 3 個取り出す順列であるから、${}_5P_3 = \dfrac{5!}{(5-3)!} = \dfrac{5!}{2!} = 5\cdot 4\cdot 3 = 60$

60 通りある。

2）2 と 4 を一組と考えて、並べ方の総数は ${}_4P_4$、2 と 4 の組み合わせ方は ${}_2P_2$ 通りあるから、${}_4P_4 \times {}_2P_2 = 4! \times 2! = 48$ 通りある。

6.2　1）${}_5P_3 = 60$　　2）$2\cdot {}_4P_2 = 24$　3）$3\cdot {}_4P_2 = 36$

6.3　1）${}_5C_3 = \dfrac{5!}{(5-3)!\,3!} = 10$　10 通り。　2）${}_2C_1\cdot {}_3C_2 = 6$　6 通り。

6.4　1）84　　2）${}_5C_1\cdot {}_4C_2 = 30$　3）男子のみの選び方は ${}_5C_3 = 10$、$\therefore 84 - 10 = 74$

6.5　1）a^2bc の係数 $\frac{4!}{2!\,1!\,1!}=12$　　$abcd$ の係数 24

2）xy^2z^2 の係数　$\frac{5!}{2!2!}9\cdot 4=1080$,　xy^3z の係数　-1080

3）一般項 $={}_6C_r\left(x^2\right)^{6-r}\left(-\frac{1}{4x}\right)^r$ より $r=3$,　$\frac{-5}{16}$

6.6　$(k+1)^3-k^3=3k^2+3k+1$ を用いる。

$k=1$　$2^3-1^3=3\cdot 1+3\cdot 1+1$

$k=2$　$3^3-2^3=3\cdot 2^2+3\cdot 2+1$

$k=3$　$4^3-3^3=3\cdot 3^2+3\cdot 3+1$

$k=k-1$　$k^3-(k-1)^3=3(k-1)^2+3(k-1)+1$

$k=k$　$(k+1)^3-k^3=3k^2+3k+1$

$k=n$ までこれら全てを足すと、$(n+1)^3-1=3\sum_1^n k^2+3\sum_1^n k+n$

$$\sum_1^n k^2=\frac{(n+1)^3-1}{3}-\frac{n(n+1)}{2}-\frac{n}{3}=\frac{n(n+1)(2n+1)}{6}$$

6.7　1）初項 20、公差−4 の等差数列　$a_n=-4n+24$,　$S_{10}=20$

2）初項−3、公比−2 の等比数列　$a_n=-3(-2)^{n-1}$,　$S_{10}=1023$

6.8　1）与えられた数列の階差数列は初項 1、公差 2 の等差数列である。

$b_k=1+2(k-1)=2k-1$　　$a_n=a_1+\sum_{k=1}^{n-1}(2k-1)=2+(n-1)n-(n-1)=n^2-2n+3$

$$S_n=\sum_1^n\left(k^2-2k+3\right)=\sum_1^n k^2-2\sum_1^n k+3n=\frac{n(n+1)(2n+1)}{6}-n(n+1)+3n$$

$$=\frac{n\left(2n^2-3n+13\right)}{6}$$

2）与えられた数列の階差数列は、初項 2、公差−2 の等差数列となる。

$b_k=-2k+4$　　$a_n=2+\sum_{k=1}^{n-1}(-2k+4)=-n^2+5n-2$

$$S_n=\sum_1^n\left(-n^2+5n-2\right)=\frac{-n\left(n^2-6n-1\right)}{3}$$

3）与えられた数列の階差数列は、初項 1、公比 2 の等比数列となる。

$b_k=2^{k-1}$　　$a_n=-5+\left(2^{n-1}-1\right)=2^{n-1}-6$

$$S_n=\sum_1^n\left(2^{n-1}-6\right)=2^n-6n-1$$

7 章

問 7.1　（**図解 7-1** 参照）

1）$\lim_{x\to 0} f(x)=1$　連続関数

2）$\lim_{x\to +0} f(x)=0$、$\lim_{x\to -0} f(x)=0$

極限値 $=0$

また、$f(0)=0$ であるので、連続の条件を充たす。故に連続関数である。

3）$\lim_{x\to +0} f(x)=1$、$\lim_{x\to -0} f(x)=1$

となり、極限値は 1 と求まるが $f(0)=0\neq 1$ であるので、連続関数ではない。

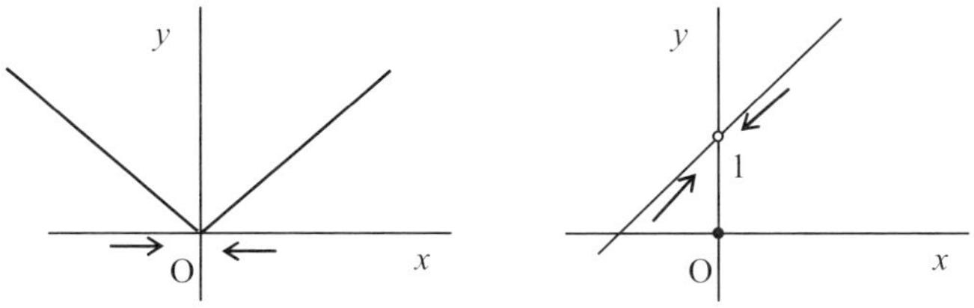

図解 7-1

問 7. 2　1）-3　2）6　3）∞　4）5/4　5）-1　6）0　7）1

問 7. 3　1）$\lim_{x\to 0}\frac{\sin^2 x}{x} = \lim_{x\to 0}\frac{\sin x}{x}\sin x = 1\times 0 = 0$　（以下 lim は省く）

2）$\frac{\tan x}{x}=\frac{\sin x}{x}\frac{1}{\cos x}=1\times 1=1$　3）1

4）与式 $=\frac{(1-\cos x)(1+\cos x)}{x^2(1+\cos x)}=\frac{\sin^2 x}{x^2(1+\cos x)}=\frac{1}{2}\left(\frac{\sin x}{x}\right)^2=\frac{1}{2}$

5）与式 $= x\times\frac{1-\cos x}{x^2}=0\times\frac{1}{2}=0$

7 章　演習問題

7. 1　1）0　2）4　3）3　4）$-\infty$　5）∞

7. 2　1）$\frac{1}{4}$　2）2　3）$5x^4$　4）4　5）2　6）-2　7）1　8）1

9）∞　10）0　11）0　12）$-\infty$

7. 3　1）$\lim_{x\to a}\frac{(x-a)(x+a)}{x-a}=\lim_{x\to a}(x+a)=2a$

2）$x^m-1=(x-1)\left(x^{m-1}+x^{m-2}+\cdots+1\right)$ であるから、与式＝m

7. 4　いずれも正しい。1）0.999…は、初項 0.9、公比 0.1 の等比級数の和である。

$0.999\cdots = 0.9+0.9\ 10^{-1}+0.9\ 10^{-2}+\cdots = \lim_{n\to\infty}\frac{0.9\left(1-0.1^n\right)}{1-0.1}=1$

2）同様に、初項 0.3、公比 0.1 の等比級数の和で

$0.333\cdots = \frac{0.3}{1-0.1}=\frac{1}{3}$

7. 5 1） $1+2+3+\cdots+n=\frac{1}{2}n(n+1)$ であるから、与式$=\lim_{n\to\infty}\frac{1}{2}\left(1+\frac{1}{n}\right)=\frac{1}{2}$

2） 与式$=\lim_{n\to\infty}2\left(1-\left(\frac{1}{2}\right)^{n-1}\right)=2$

3） $\frac{1}{n(n+1)}=\frac{1}{n}-\frac{1}{n+1}$ を使って、与式$=\lim_{n\to\infty}\left(1-\frac{1}{n+1}\right)=1$

4） $\frac{n}{(n+1)!}=\frac{1}{n!}-\frac{1}{(n+1)!}$ を使って、与式$=\lim_{n\to\infty}\left(1-\frac{1}{(n+1)!}\right)=1$

7. 6 $S_n=a\frac{1-r^n}{1-r}$ であるから、1） $\lim_{n\to\infty}S_n=\frac{a}{1-r}$　　2） $S_n=an$　$\therefore\infty$

7. 7 （**図解 7–7**）半径 1 の円における中心角 x の扇形 OAB において、角 x の二等分線と AC の交点を D とする。△ODB と△ODA は合同、∴BD=AD、BD は AD 同様、弧 AB の外接線である。AB<AD+BD であり、弧 AB は弧を限りなく分割していったときの弦の極限値（上限）であり、また AB < 弧 AB であるから、弧 AB ≤ AD+BD とおける。いかに細かく分割して行っても必ず AB<AD+BD の関係が成立つ（内接多角形の周<外接多角形の周である）。ここで、弧 AB = AD+BD と仮定すると、中心角の二等分により、元の外接線よりも短い外接線を必ず引くことができるから、この仮定に反する。故に弧 AB<AD+BD である。また DC は直角三角形の斜辺、故に BD<DC であるから、AD+BD<AC、以上から BH<弧 AB<AC　$\therefore \sin x < x < \tan x$ となり、面積を用いた証明と同様の議論が成立つ。

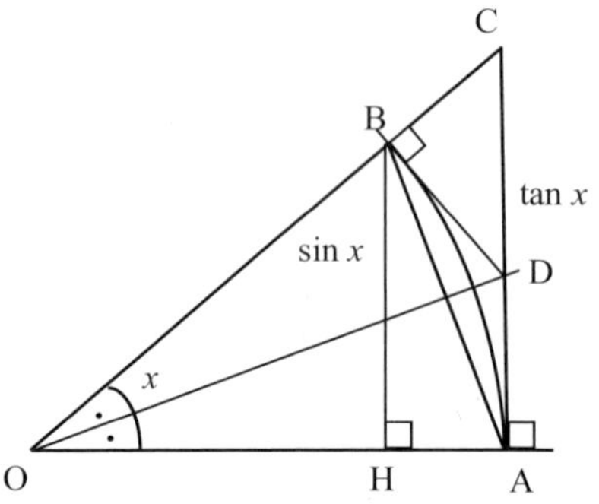

図解 7–7

8 章

問 8. 1 1） $f'(2)=\lim_{h\to 0}\frac{(2+h)^2-2^2}{h}=\lim_{h\to 0}\frac{4h+h^2}{h}=\lim_{h\to 0}(4+h)=4$

2）6　　3）3　　4）2

問 8. 2

1） $y'=\lim_{h\to 0}\frac{5(x+h)-5x}{h}=5$

2） $y'=\lim_{h\to 0}\frac{\{(x+h)^2+2\}-(x^2+2)}{h}=\lim_{h\to 0}\frac{2hx+h^2}{h}=2x$

3） $y'=\lim_{h\to 0}\frac{(x+h)^3-x^3}{h}=\lim_{h\to 0}\frac{3x^2h+3xh^2+h^3}{h}=3x^2$

4)　$y' = \lim_{h\to 0}\dfrac{\{(x+h)+1\}^2-(x+1)^2}{h} = \lim_{h\to 0}\dfrac{2h(x+1)+h^2}{h} = 2(x+1)$

問 8.3　1)　$y'=\dfrac{1}{2\sqrt{x}}$　2)　$y'=\dfrac{3}{2}\sqrt{x}$　3)　$y'=5x\sqrt{x}$　4)　$y'=-x^{-3}$

5)　$y'=-5x^4+12x^3-9x^2+22x$　6)　$y'=\dfrac{x(x+4)}{(x+2)^2}$　7)　$y'=\dfrac{2(x^2+x+4)}{(2x+1)^2}$

問 8.4　1)　$y'=2(2x^2-x+1)(4x-1)$　2)　$y'=18x(3x^2+4)^2$

3)　$y'=\dfrac{1}{\sqrt{2x-3}}$　4)　$y'=\dfrac{-2(8x+1)}{(4x^2+x)^3}$　5) $2x$　6) $2(x+1)$

問 8.5　1)　$y'=3e^{3x}$　2)　$y'=\dfrac{1}{x}$　$u=2x$ とおく。　3)　$y'=\ln x+1$

4)　$y'=-\sin x$　5)　$y'=2\sin x\cos x$

6)　$y'=-6\cos^2 2x\sin 2x$　$u=\cos 2x,\ v=2x$ とおく。

問 8.6

1) $f(x)=-x^3+3x+2=(x+1)^2(-x+2)$　$x=-1,2$

$f'(x)=-3x^2+3$　$x=\pm 1$ で極値をとる。

$f''(x)=-6x$　$f''(-1)=6>0,$ で下に凸で極小

$f''(1)=-6<0,$ で極大

$f''(0)=0,$ 変曲点

2)

$f(x)=2x^3+3x^2-2x=x(2x^2+3x-2)$

$x=0,\ -2,\ \dfrac{1}{2}$

$f'(x)=6x^2+6x-2=0$　$x=\dfrac{-3\pm\sqrt{21}}{6}$ で極値

$f''(x)=12x+6$　$x=-0.5$ で変曲点

3) $f(x)=-x^3+1$　$x=1$

$f'(x)=-3x^2=0$　$x=0$

$f''(x)=-6x$　$x=0$ で変曲点

$f''(x<0)>0$ で下に凸、$f''(x>0)<0$ で上に凸

問 8.7　1)　$\sin x = x-\dfrac{1}{3!}x^3+\dfrac{1}{5!}x^5-\dfrac{1}{7!}x^7+\dfrac{1}{9!}x^9+\cdots$

であるから

$f(x)=\dfrac{\sin x}{x}=1-\dfrac{1}{3!}x^2+\dfrac{1}{5!}x^4-\dfrac{1}{7!}x^6+\dfrac{1}{9!}x^8+\cdots$　$\therefore f(0)=1$

2)　$e^x=1+x+\dfrac{1}{2!}x^2+\dfrac{1}{3!}x^3+\cdots+\dfrac{1}{n!}x^n+\cdots$

であるから

$$\lim_{x\to 0}\frac{e^x-1}{x}=1+\frac{1}{2!}x+\frac{1}{3!}x^2+\cdots+\frac{1}{n!}x^{n-1}+\cdots=1$$

問 8. 8

1） $e^{ix}=\cos x+i\sin x$

$e^{-ix}=\cos x-i\sin x$

これらの式を加えれば

$$\cos x=\frac{e^{ix}+e^{-ix}}{2}$$

2）同様にこれらの式を引けば

$$\sin x=\frac{e^{ix}-e^{-ix}}{2i}$$ を得る。

3）オイラーの公式より、$e^{i\pi}=\cos\pi+i\sin\pi=-1$

8 章　演習問題

8. 1　1） $2x(3x+4)$　2） $\dfrac{1}{(x+1)^2}$　3) $(3x+2)^{-2/3}$　4) $\dfrac{2x}{x^2+1}$　5) $\dfrac{3x+2}{x^3+2x+1}$

6） $\dfrac{1}{\ln 10(x+1)}$　7） $\dfrac{3x^2}{\ln 10(x^3+1)}$　8) $\dfrac{2x}{(3x^2+4)^{2/3}}$

8. 2　1) $4x\cos(2x^2+1)$　2） $-9x^2\sin(3x^3+2)$　3） $2\tan x\sec^2 x$

4） $y=-3\sin x\cos^2 x$　5） $y=b\cos(a+bx)$　6） $-3\sin^3 x$

7） $2xe^{(x^2+1)}$　8） $\dfrac{2x}{2x^2+1}$

8. 3　1）逆関数 $x=\cos y$　$y=\cos^{-1}x$　$0\le y\le\pi$

$\dfrac{dx}{dy}=-\sin y$　$\therefore\dfrac{dy}{dx}=\dfrac{d\cos^{-1}x}{dx}=\dfrac{-1}{\sin y}$　$\sin y\neq 0$　故に $0<y<\pi$

$\sin^2 y=1-x^2$　y の範囲から $\sin y>0$ であるから

$\sin y=\sqrt{1-x^2}$　$\therefore\dfrac{dy}{dx}=\dfrac{-1}{\sqrt{1-x^2}}$　ただし $-1<x<1$ である。

2）逆関数 $x=\tan y=\dfrac{\sin y}{\cos y}$　$y=\tan^{-1}x$　$-\dfrac{\pi}{2}\le y\le\dfrac{\pi}{2}$

$\dfrac{dx}{dy}=\dfrac{\sin^2 y+\cos^2 y}{\cos^2 y}=\dfrac{1}{\cos^2 y}$　ここで $\cos y\neq 0$　$\therefore -\dfrac{\pi}{2}<y<\dfrac{\pi}{2}$　$\therefore\dfrac{dy}{dx}=\cos^2 y$

$x^2 = \dfrac{\sin^2 y}{\cos^2 y} = \dfrac{1-\cos^2 y}{\cos^2 y}$ より、$\dfrac{dy}{dx} = \cos^2 y = \dfrac{1}{1+x^2}$　　ただし $-\infty < x < \infty$ である。

3）逆関数 $x = e^{2y}$，$y = \dfrac{1}{2}\ln x$　$\therefore \dfrac{dy}{dx} = \dfrac{1}{2x}$（$y = \dfrac{1}{2}\ln x$ の微分になっていることに注意）

8.4　$y = x^n = x^{a/b}$ とおく。n は有理数、a, b は正の整数

$y^b = x^a$　両辺を微分する。

$$\frac{dy^b}{dx} = by^{b-1}\frac{dy}{dx} = ax^{a-1}$$

$$\therefore \frac{dy}{dx} = \frac{ax^{a-1}}{by^{b-1}} = \frac{a}{b}\frac{yx^{a-1}}{y^b} = \frac{a}{b}x^{\frac{a}{b}-1} = nx^{n-1}$$

8.5　$\left.\dfrac{dy}{dx}\right|_{t=\pi} = \left.\dfrac{dy/dt}{dx/dt}\right|_{t=\pi} = \left.\dfrac{\sin t + t\cos t}{\cos t - t\sin t}\right|_{t=\pi} = \pi$

8.6　（図解 8-6 参照）

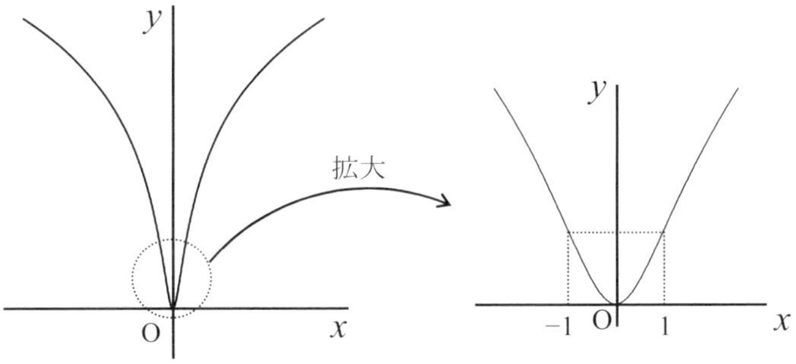

図解 8-6①

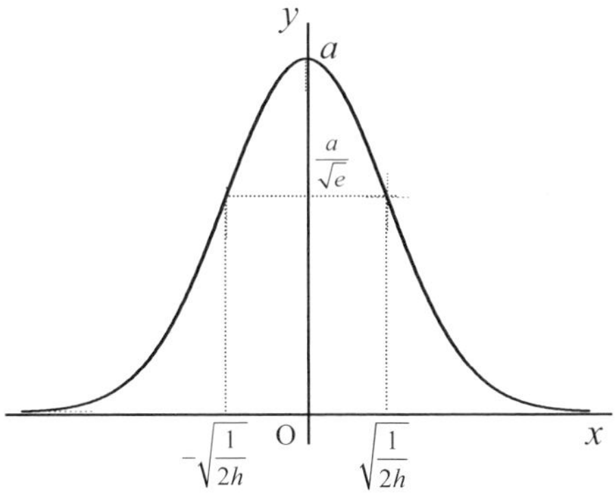

図解 8-6②

1）$y' = \dfrac{x}{x^2+1}$，$\therefore \dfrac{1}{2}$　$y'' = \dfrac{1-x^2}{x^2+1}$，変曲点 $\left(\pm 1, \ln\sqrt{2}\right)$

2）$y' = -2ahxe^{-hx^2}$，$\therefore -2ahe^{-h}$　変曲点 $\left(\pm\sqrt{\dfrac{1}{2h}}, \dfrac{a}{\sqrt{e}}\right)$

8. 7　x^3 の係数が正であるから、接線の勾配が常に 0 以上であればよい。

$y' = 6x^2 + 6ax + 6 \geq 0$　$\therefore$ 判別式 $D = a^2 - 4 \leq 0$、　$-2 \leq a \leq 2$

8. 8　1）元の式になる。$f(x) = 2x^5 - 4x^4 - x^3 + 6x^2 + 3$

2）$\tan x = x + \frac{1}{3}x^3 + \left(\frac{2}{15}x^5 + \cdots\right)$

8. 9　1）正方形　2）辺の長さが等しい正方形、$\frac{l^2}{8}$　3）半径の等しい円、$\frac{l^2}{2\pi}$

9 章

問 9. 1　微分してそれぞれの関数になる関数を見つければよい。

1）$\int k dx = kx + c$　2）$\int x^4 dx = \frac{1}{5}x^5 + c$　3）$\int \cos x\, dx = \sin x + c$

問 9. 2　$\int f(x) dx = \frac{x^3}{3} + \frac{x^2}{2} + 2x + c$

$\frac{d}{dx}\int f(x) dx = \frac{d}{dx}\left(\frac{x^3}{3} + \frac{x^2}{2} + 2x + c\right) dx = x^2 + x + 2 = f(x)$　式 (9.4) の確認

$\int f'(x)\, dx = \int (2x+1)\, dx = x^2 + x + c' = f(x)$　ただし定数は保存されない。

式 (9.5) の確認

問 9. 3　1）$x = g(x),\ \sin x = f'(x)$ とおいて、部分積分法を適用、定数は省略

$-x\cos x + \sin x$

2）同様に、$x\sin x + \cos x$　3）$x = g(x),\ e^x = f'(x)$ とおいて、$xe^x - e^x$

4）$x^2 = g(x),\ \sin x = f'(x)$ と置き、2) を用いる。$2x\sin x - (x^2 - 2)\cos x$

5）同様に、$2x\cos x + (x^2 - 2)\sin x$

問 9. 4　定数項は省く

1）$\frac{x^4}{4} + \frac{2x^3}{3} + x$　2）$\frac{2}{5}x^5 - \frac{x^4}{4} + x^2 - x$　3）$\ln x$　4）$\frac{(3x-2)^4}{12}$

5）$u = 2x - 3$ とおく。$\frac{(2x-3)^{3/2}}{3}$　6）$u = x^2 - 2$ とおく。$\frac{(x^2-2)^{3/2}}{3}$

問 9. 5　1）$-\frac{7}{4}$　2）$-\frac{8}{3}$　3）$\frac{2-\sqrt{2}}{2}$　4）$e - 1$

5）$x = a\sin\theta$ とおくと、与式 $= \frac{a^2}{2}\left(\theta + \frac{1}{2}\sin 2\theta\right)_0^{\pi/2} = \frac{\pi a^2}{4}$

これは半径 a の円の四半分の面積である。

問 9. 6　1）adx　2）扇形の面積 $= \frac{1}{2}a^2 dx,$　円の面積 $= \frac{1}{2}\int_0^{2\pi} a^2 dx = \pi a^2$

問 9. 7　微小扇形面積素片の二辺は、$ad\theta$ 及び $a\sin\theta d\varphi$ となる。$\therefore dS = a^2 \sin\theta\, d\theta d\varphi$

表面積 $S=\int_0^{2\pi}d\varphi\int_0^{\pi}a^2\sin\theta d\theta=2\pi a^2\left[-\cos\theta\right]_0^{\pi}=4\pi a^2$

体積 $V=\int_0^{a}4\pi x^2dx=\dfrac{4\pi a^3}{3}$

問 9.8　$V=\pi\int_{-a}^{a}y^2dx=\pi\int_{-a}^{a}\left(a^2-x^2\right)dx=\pi\left[a^2x-\dfrac{x^3}{3}\right]_{-a}^{a}=\dfrac{4\pi a^3}{3}$

9章　演習問題

9.1　1）$\dfrac{1}{3}x^3$　2）$\dfrac{2\sqrt{2}}{3}x^{3/2}$　3）$\dfrac{1}{18}(3x+2)^6$　4）$\dfrac{1}{2}\left(x-\dfrac{1}{2}\sin 2x\right)$

5）$\dfrac{1}{2}\left(x+\dfrac{1}{2}\sin 2x\right)$

9.2　1）$\sqrt{x^2-4}$　2）$u=\sin x, \dfrac{1}{4}\sin^4 x$　3）$u=1+\sin x$ とおく。$\ln\left(1+\sin x\right)$

4）$u=3-x^2$，$x^3dx=x^2xdx=-\dfrac{1}{2}(3-u)du$，$-\left(2+\dfrac{1}{3}x^2\right)\sqrt{3-x^2}$

5）$x=a\tan\theta$ とおく。$x^2+a^2=a^2(\tan^2\theta+1)=\dfrac{a^2}{\cos^2\theta}$，　$\dfrac{dx}{d\theta}=\dfrac{a}{\cos^2\theta}$

$\therefore\ \int f(x)dx=\dfrac{1}{a}\int d\theta=\dfrac{\theta}{a}=\dfrac{1}{a}\tan^{-1}\dfrac{x}{a}$

6) $x=a\sin\theta$ とおく。$\int f(x)dx=a^2\int\cos^2\theta\,d\theta$

$=\dfrac{a^2}{2}\int(1+\cos2\theta)d\theta=\dfrac{a^2}{2}\left(\theta+\dfrac{1}{2}\sin2\theta\right)=\dfrac{a^2}{2}(\theta+\sin\theta\cos\theta)=\dfrac{a^2}{2}(\sin^{-1}\dfrac{x}{a}+\dfrac{x}{a}\dfrac{\sqrt{a^2-x^2}}{a})$

9.3　1）-4　2）$\dfrac{2}{15}\left(8\sqrt{2}-7\right)$　3）$x=a\sin\theta$ とおく。$\dfrac{a\pi}{2}$　4）$\dfrac{1}{2}$

5）$u=\sin x$ とおく。$\dfrac{1}{3}$　6）$1-\dfrac{2}{e}$　7）$9\ln 3-\dfrac{26}{9}$

9.4　1）$\int_{-0.5}^{2}\left(-2x^2+3x+2\right)=5\dfrac{5}{24}$　2）$\cos\left(x+\dfrac{\pi}{2}\right)=-\sin x$　4

3）$\int_0^{3\pi/2}\left(\sin x-\cos x+1\right)dx+\int_{3\pi/2}^{2\pi}\left(\cos x-1-\sin x\right)dx=4+\pi$

9.5　全ての円は相似であるから、任意の円の対応する線分の比は一定である。

(別解)微分曲線の長さ dl は

$$dl^2=dy^2+dx^2=\left[1+\left(\frac{dy}{dx}\right)^2\right]dx^2$$

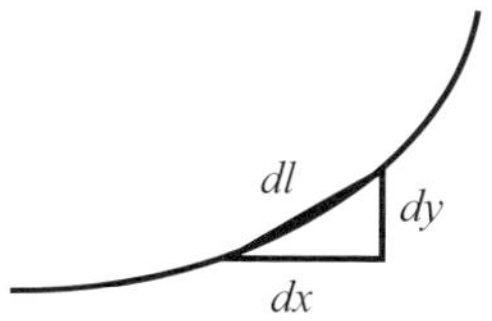

図解 9-5

で与えられる(**図解 9-5**)。従って、区間 $[a,b]$ における曲線の長さ l は次式で求まる。

$$l=\int_a^b\sqrt{\left[1+\left(\frac{dy}{dx}\right)^2\right]}dx$$

この式を円に適用すれば、半径 r の四半分円の周の長さ L は

$$L=\int_0^r\sqrt{\left[1+\frac{x^2}{r^2-x^2}\right]}dx=\int_0^r\sqrt{\left[\frac{r^2}{r^2-x^2}\right]}dx=r\int_0^1\sqrt{\left[\frac{1}{1-u^2}\right]}du \qquad x=ru \text{ とおいた。}$$

となる。最後の積分は、半径 1 の円の四半分円の周長に等しい。よって円周は半径に比例する。因みにその積分値は

$L=r\left[\sin^{-1}u\right]_0^1=\dfrac{\pi}{2}r$　となる。

9. 6　$V=\int_0^2\pi x^2\,dy=\pi\int_0^2 ydy=2\pi \qquad \pi\int_0^a ydy=2\pi\times 0.7 \qquad a=\sqrt{2.8}\approx 1.67$

9. 7　1）$V=\int_0^\pi \pi\sin^2 x\,dx=\dfrac{\pi}{2}\int_0^\pi(1-\cos 2x)\,dx=\dfrac{\pi^2}{2}$

2）$V=\int_0^\pi 2\pi x\sin x\,dx=2\pi^2$

9. 8　1）$4\int_0^a\left(\dfrac{b}{a}\sqrt{a^2-x^2}\right)=ab\pi$　（問 9.5　5) を使う）

2）$V=2\int_0^a \pi y^2\,dx=2\pi\dfrac{b^2}{a^2}\int_0^a\left(a^2-x^2\right)dx=\dfrac{4}{3}\pi ab^2$　　3）$\dfrac{4}{3}\pi a^2 b$

10 章

問 10. 1　スカラー：2)、3)、5)、8)、10)　ベクトル：1)、4)、6)、7)、9)

問 10. 2　（**図解 10-2** 参照）各辺に比例関係が成り立つ。

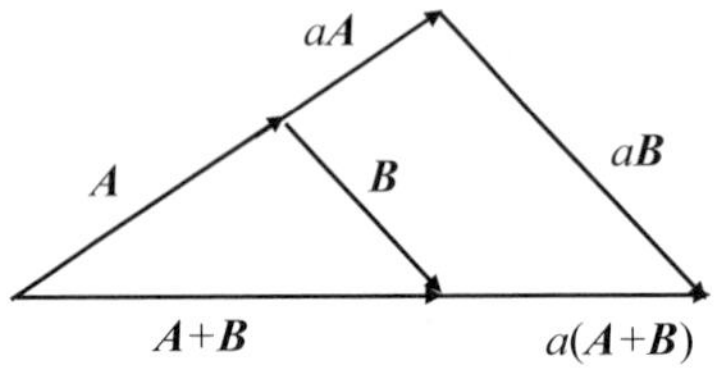

図解 10-2

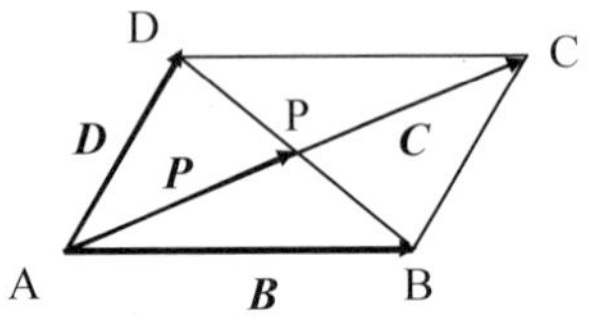

図解 10-3

問 10. 3　（**図解 10-3** 参照）平行四辺形 ABCD の一頂点 A を起点し、他の頂点 B、C、D の位置ベクトルを、それぞれ $\boldsymbol{B}$、$\boldsymbol{C}$、$\boldsymbol{D}$ とする。対角線 BD の中点を P とすれば、位置ベクトル $\boldsymbol{P}$ は

$\boldsymbol{P}=\dfrac{\boldsymbol{B}+\boldsymbol{D}}{2}$　である。

然るに他の対角線について、$\overline{\mathrm{AC}}=\boldsymbol{C}=\boldsymbol{B}+\boldsymbol{D}$ であるから、$\boldsymbol{P}$ は $\boldsymbol{C}$ と方向が一致し、大きさは半分である。従って AC、BD は互いに他を二等分する。

問 10. 4　（**図解 10-4** 参照）電車内から見た大地の相対速度は $-\boldsymbol{v}_2$ である。従って、電車内から見た雨粒の速度 $\boldsymbol{v}$ は、$\boldsymbol{v}=\boldsymbol{v}_1-\boldsymbol{v}_2$ となる。電車内から見ると雨は斜め後方へ流れていくことになる。

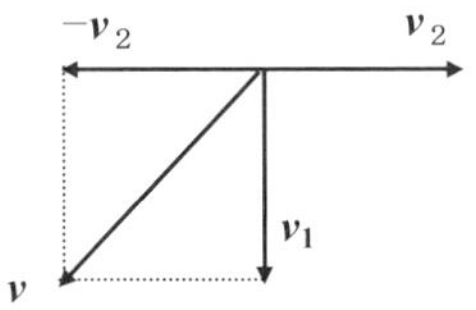

図解 10-4

問 10. 5　1） $(6,-3,9), 3\sqrt{14}$　　2） $(5,-4,2), 3\sqrt{5}$

3） $(0,3,11), \sqrt{130}$

4） $(1,1,7), \sqrt{51}$　　5） $(3,0,10), \sqrt{109}$

問 10. 6　$\overrightarrow{\mathrm{AB}} = \boldsymbol{B} - \boldsymbol{A}$

1）$(-1,-2,-1)$　$\left|\overrightarrow{\mathrm{AB}}\right| = \sqrt{6}$，$-1/\sqrt{6}, -2/\sqrt{6}, -1/\sqrt{6}$

2）$(-3,3,2)$　$\left|\overrightarrow{\mathrm{AB}}\right| = \sqrt{22}$，$-3/\sqrt{22}, 3/\sqrt{22}, 2/\sqrt{22}$

3）$(2,-2,1)$　$\left|\overrightarrow{\mathrm{AB}}\right| = 3$，$2/3, -2/3, 1/3$

問 10. 7

$$(\boldsymbol{A}+\boldsymbol{B})\cdot\boldsymbol{C} = (A_x + B_x, A_y + B_y, A_z + B_z)\cdot(C_x, C_y, C_z)$$
$$= (A_x + B_x)C_x + (A_y + B_y)C_y + (A_z + B_z)C_z$$
$$= (A_xC_x + A_yC_y + A_zC_z) + (B_xC_x + B_yC_y + B_zC_z)$$
$$= \boldsymbol{A}\cdot\boldsymbol{C} + \boldsymbol{B}\cdot\boldsymbol{C}$$

問 10. 8　1） $\boldsymbol{A}\cdot\boldsymbol{B} = 8-6-2 = 0$ より直角　　2） $\cos\theta = \frac{1}{2}$ より、$\theta = \frac{\pi}{3}$

問 10. 9　平行四辺形 ABCD において、対角線 AC と BD が直交するなら、

$\overrightarrow{\mathrm{AC}}\cdot\overrightarrow{\mathrm{BD}} = 0$，然るに $\overrightarrow{\mathrm{AC}} = \overrightarrow{\mathrm{AB}} + \overrightarrow{\mathrm{BC}} = \overrightarrow{\mathrm{AB}} + \overrightarrow{\mathrm{AD}}$,　$\overrightarrow{\mathrm{BD}} = \overrightarrow{\mathrm{AD}} - \overrightarrow{\mathrm{AB}}$ であるから、

$(\overrightarrow{\mathrm{AB}} + \overrightarrow{\mathrm{AD}})\cdot(\overrightarrow{\mathrm{AD}} - \overrightarrow{\mathrm{AB}}) = |\mathrm{AD}|^2 - |\mathrm{AB}|^2 = 0$、　$\therefore \mathrm{AB} = \mathrm{AD}$

問 10. 10　1） $\boldsymbol{i}+\boldsymbol{j}+\boldsymbol{k}$　　2） $\boldsymbol{i}+7\boldsymbol{j}+\boldsymbol{k}$　　3） $-5\boldsymbol{i}+2\boldsymbol{j}+3\boldsymbol{k}$

問 10. 11　y 成分： $A_z(B_x + C_x) - A_x(B_z + C_z) = (A_zB_x - A_xB_z) + (A_zC_x - A_xC_z)$

z 成分： $A_x(B_y + C_y) - A_y(B_x + C_x) = (A_xB_y - A_yB_x) + (A_xC_y - A_yC_x)$

問 10. 12　1） $y = (x+3)(x-1)$　　2） $y = (x+1)(x-5)$　　3） $y = (x-1)^3 + 1$

4） $x^2 + y^2 = 1$

問 10. 13　1） $y = 2x - 1$　　2） $\frac{x-1}{2} = \frac{y-2}{1} = \frac{z-2}{-4}$

問 10. 14　1）yz 平面に平行　　2）xz 平面に垂直（y 軸に平行）

問 10. 15　1） $y = -x + 2$　　2） $x + y + z - 3 = 0$　　3） $2x + 2y + z - 4 = 0$

10 章　演習問題

10. 1　1）3,　2）9,　3）7,　4）9,　5）11

10. 2　$|\boldsymbol{A}|, |\boldsymbol{B}|$ を二辺とする三角形の他の一辺は $|\boldsymbol{A}+\boldsymbol{B}|$、また $|\boldsymbol{A}-\boldsymbol{B}| + |\boldsymbol{B}| \geq |\boldsymbol{A}|$ である。

（三角形の二辺の和は他の一辺より大きい）

10. 3　$\boldsymbol{x} = \frac{3\boldsymbol{a}+\boldsymbol{b}}{10}, \boldsymbol{y} = \frac{\boldsymbol{a}-3\boldsymbol{b}}{10}$

10.4　1）$a=3, b=9$　2）$\theta=\cos^{-1}\dfrac{2}{3}$　3）$\boldsymbol{c}=\left(0,\dfrac{\pm1}{\sqrt{5}},\dfrac{\mp2}{\sqrt{5}}\right)$（複合同順）

10.5　$\boldsymbol{A}\cdot\boldsymbol{B}=AB\cos(\alpha-\beta)$　$\boldsymbol{A}\cdot\boldsymbol{B}=A_xB_x+A_yB_y=AB\cos\alpha\cos\beta+AB\sin\alpha\sin\beta$

10.6　（図解 10-6 参照）$\boldsymbol{C}\cdot\boldsymbol{C}=(\boldsymbol{A}-\boldsymbol{B})\cdot(\boldsymbol{A}-\boldsymbol{B})=\boldsymbol{A}\cdot\boldsymbol{A}-2\boldsymbol{A}\cdot\boldsymbol{B}+\boldsymbol{B}\cdot\boldsymbol{B}$

$\therefore\ C^2=A^2+B^2-2AB\cos\theta$

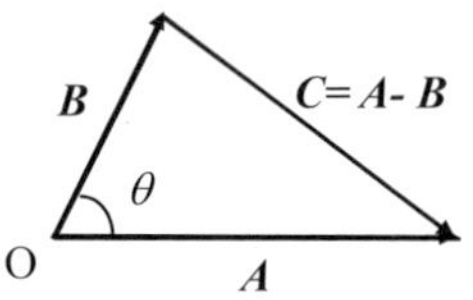

図解 10-6

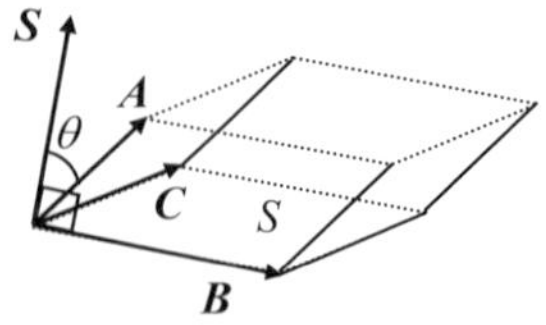

図解 10-7

10.7　（図解 10-7 参照）$\boldsymbol{B}\times\boldsymbol{C}=\boldsymbol{S}$ とすれば、$\boldsymbol{S}$ は $\boldsymbol{BC}$ 面に垂直で、大きさは $\boldsymbol{B},\boldsymbol{C}$ を隣接する二辺とする平行四辺形の面積になる。ベクトル $\boldsymbol{A}$ と $\boldsymbol{S}$ のなす角を θ とすれば、$\boldsymbol{A}\cdot\boldsymbol{S}=AS\cos\theta$ となる。$A\cos\theta$ は $\boldsymbol{BC}$ 面からの当該平行六面体の高さであるから、$\boldsymbol{A}\cdot(\boldsymbol{B}\times\boldsymbol{C})$ はその体積に等しい。

10.8　1）$y=x+1, z=0$　xy 面に平行（z 軸に⊥）な面内　2）$z=2y-4, x=0$、yz 面に平行（x 軸に⊥）な面内　3）$x-2=y-2=z-3$　4）$y=2x-2, z=3$

10.9　1）$\dfrac{x-1}{2}=\dfrac{y+2}{-3}=\dfrac{z}{-2}$　2）$\dfrac{x+2}{4}=\dfrac{y-2}{2}=\dfrac{z-3}{-5}$

10.10　1）$y+2z-4=0$　2）$x+y+z-3=0$　3）$-x+y+z-4=0$

10.11　法線ベクトルの一つは $\boldsymbol{n}=(4,6,6)$ となる。$2x+3y+3z=0$

11 章

問 11.1　1）$y=ax+c$　2）$y=\dfrac{1}{2}ax^2+c$　3）$\ln y=ax^2+c$，$y=c'e^{ax^2}$

4）$y=c\exp\left(x^4\right)$　5）$y=-\cos x+c$　6）$y+2=c(x+1)$　7）$y=cx+1$

問 11.2　$\dfrac{dN}{dt}=kN$　$N=N_0e^{kt}$　$t_2=\dfrac{\ln 2}{k}$（初期値に依存しないことに注意）

問 11.3　x を A の濃度とする。x_0 を A の初濃度とする。

$-\dfrac{dx}{dt}=kx$　$x=x_0e^{-kt}$　$t_{1/2}=\dfrac{\ln 2}{k}$　A の初濃度に依存しない。

問 11.4　$\ln x=c-\dfrac{y}{x}$,　$y=-x\ln x+cx$,　$\dfrac{dy}{dx}=-\ln x-1+c=\dfrac{y}{x}-1$

問 11.5　1）$u=y/x$ とおく。$y'=u'x+u=u+2$，$y=x\left(\ln x^2+c\right)$

2）$u=y/x$ とおく。$x^2-2xy-y^2=c$

3) i) 変数分離形として： $\dfrac{dy}{dx}=b-ay=-a\left(\dfrac{-b}{a}+y\right)$

$\dfrac{dy}{\left(y-\dfrac{b}{a}\right)dx}=-a$　　$u=y-\dfrac{b}{a}$　と置く。$\dfrac{du}{dx}=\dfrac{dy}{dx}$　であるから

$\dfrac{1}{u}\dfrac{du}{dx}=-a$　　$\therefore \int\dfrac{1}{u}du=-a\int dx$

$ln\,u=-ax+c$　　$\therefore u=c'e^{-ax}$

$\therefore y=c'e^{-ax}+\dfrac{b}{a}$

ii) 定数変化法による解法：

$\dfrac{dy}{dx}+ay=0$　とおいて　$y=ce^{-ax}$ を得る。次に $c=c(x)$ として、元の式に代入して、$c=\dfrac{b}{a}e^{ax}+c$ を得る。　$\therefore y=\dfrac{b}{a}+c'e^{-ax}$

4) 右辺=0 とおき、$y=ce^{-ax}$ を得る。次に $c=c(x)$ として、元の式に代入して、$c=\dfrac{b}{a}\left(x-\dfrac{1}{a}\right)e^{ax}+c'$ を得る。　$\therefore y=\dfrac{b}{a}\left(x-\dfrac{1}{a}\right)+c'e^{-ax}$

5) $y=(x+c)e^{x}$

問 11.6　$m\dfrac{dv(t)}{dt}+kv(t)=mg=0$ とおいて、変数分離形にして解く。

$$v=ce^{-\frac{k}{m}t}\qquad(1)$$

を得る。c を時間の関数とみなして微分すると、

$$\frac{dv}{dt}=\frac{dc}{dt}e^{-\frac{k}{m}t}-c\frac{k}{m}e^{-\frac{k}{m}t}$$

を得る。これを元の式

$$\frac{dv(t)}{dt}=g-\frac{k}{m}v(t)$$

に等しいとおいて

$$\frac{dc}{dt}e^{-\frac{k}{m}t}=g,\qquad \therefore c=\frac{mg}{k}e^{\frac{k}{m}t}+c'$$

式(1)に代入し、$t=0$ で $v=0$ として $c'=\dfrac{-mg}{k}$ を用い、式(11.32)を得る。

問 11.7　$\dfrac{m}{\rho}=\dfrac{4}{3}\pi a^{3}$ を用い、(ρ は密度)

$$v(t)=\frac{2a^{2}\rho g}{9\eta}\left(1-e^{-\frac{9\eta}{2a^{2}\rho}t}\right)\qquad \therefore\ t\to\infty\ で、右辺(\,)内の第2項\to 0$$

11章　演習問題

11. 1　1）$y = ce^{3x}$　2）$y = cx$　3）$\ln xy + y = c$　4）$y = \frac{1}{2}\sin 2x + c$

5）$\int \frac{1}{\sqrt{1-x^2}}dx = \sin^{-1}x + c$を使う。$\sin^{-1}y = x + c$、$y = \sin(x+c)$

11. 2　1）$y = cx^2 - x$　2）$y = ce^x - x - 1$　3）$y = -x\cos x + \sin x + c$

4）$y = \frac{1}{2}e^x + ce^{-x}$　5）右辺=0 とおき、$y = cx^{-2}$を得る。次に$c = c(x)$として、元の式に代入して、$c = e^x + c'$を得る。　$\therefore y = e^x x^{-2} + c' x^{-2}$

11. 3　$-\frac{dx}{dt} = kx^2$　$x = \frac{x_0}{1 + kx_0 t}$　$t_{1/2} = \frac{1}{kx_0}$

11. 4　$\frac{dN}{dt} = kN$として、1 時間後$N_1 = N_0 e^k = 4N_0, \therefore e^k = 4$

2 時間後$N_2 = N_0 e^{2k} = 4^2 N_0 = 16N_0$、　3 時間後$N_3 = N_0 e^{3k} = 4^3 N_0 = 64N_0$

16 倍、64 倍

11. 5　N_0を放射性元素の最初の量とする。

$$-\frac{dN}{dt} = kN,\quad N = N_0 e^{-kt},\quad t_{1/2} = \frac{ln 2}{k}$$

半減期は放射性元素の最初の量に依存しない。

11. 6　物体の初期温度をT_0、外部の温度をT_eとする（**図解 11-6**）。

$$-\frac{dT}{dt} = k(T - T_e)\qquad \therefore\ T - T_e = e^{(-kt+c)}$$

$$T = (T_0 - T_e)e^{-kt} + T_e$$

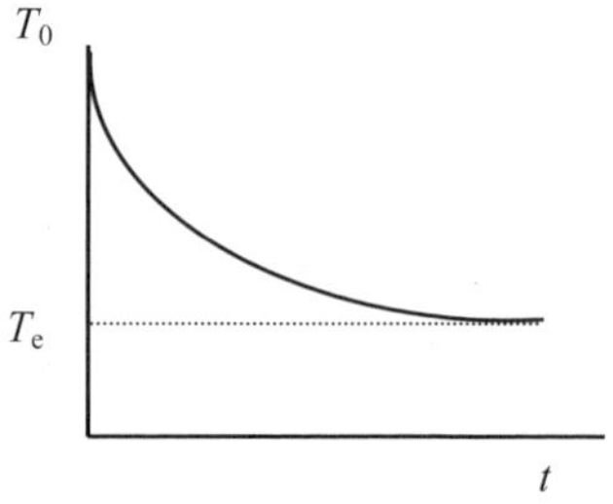

図解 11-6

11. 7　定数変化法により

$$y = \frac{be^t}{1+a} + ce^{-at},\ t \to \infty では、\ y = \frac{be^t}{1+a}$$

11. 8　$v = 121\left(1 - e^{-0.081t}\right)$ より、$v(\infty) = 121m/s$　$x = 2100m$、時間は 28.4sec である。実測値と差があるのは、定常値になるほど落下距離が長くないか、雨粒の形が真球でなく、底面積の広い饅頭型になっているため、空気抵抗がより大きくなること等が理由と考えられる。

11. 9　$dv = \alpha dt, v = \alpha t, dx = vdt, \therefore x = \frac{1}{2}\alpha t^2$　$\therefore w = fs = m\alpha s = \frac{1}{2}mv^2$　（これを運動エネルギーという）

12 章

問 12. 1　1）2　2）3　3）4　4）2　5）3　6）2～4　7）3　8)5

9）2　10）3　11）1　12）3

問 12. 2　1）34.6　2）2.3×10^2　3）6.27　4）25.43g　5）14.64m　6）15.7m

問 12. 3

$$S=\sum\left(\frac{u_i}{h}+x_0-\frac{\overline{u}}{h}-x_0\right)^2=\frac{1}{h^2}\sum\left(u_i^2-2\overline{u}u_i+\overline{u}^2\right)=\frac{1}{h^2}\sum\left(u_i^2-n\overline{u}^2\right)=\frac{1}{h^2}\left(\sum u_i^2-n\overline{u}^2\right)$$

問 12. 4　例題 11.2 と同様に表を作る。x_0=16、h=10 とすれば、$\overline{u}=0.60$ となる。

$$\therefore\ \overline{x}=\frac{0.6}{10}+16=16.06\qquad \therefore \overline{x}=16.1\text{ml}$$

$s^2=0.1784\,\text{ml}^2$,　$s=0.4221\text{ml}$,　$U^2=0.1982\text{ml}^2$,　$U=0.445\text{ml}$

問 12. 5　$t=x-\mu$ と置き、ガウス関数の積分（$n=0$）を適用する。

$$\frac{1}{\sqrt{2\pi}\sigma}\int_{-\infty}^{\infty}e^{-t^2/2\sigma^2}dt=1$$

12 章　演習問題

12. 1　1）$3.59\times10^3\text{m}^3$　2）7.7×10^{23} 個　3）8.3 分　4）9.45×10^{12}km

5）18.0cm^3　6）9.09%　7）10.0%

12. 2　$\frac{1}{n}\sum(x_i-\overline{x})f_i=\frac{1}{n}\sum x_if_i-\overline{x}=\overline{x}-\overline{x}$ となり、左辺＝0 となる。

12. 3　$\overline{x}=\frac{\overline{u}}{h}+x_0$ を使う。

$$S=\sum(x_i-\overline{x})^2f_i=\frac{1}{h^2}\sum(u_i-\overline{u})^2f_i=\frac{1}{h^2}\left(\sum u_i^2f_i-2\overline{u}\sum u_if_i+\overline{u}^2\sum f_i\right)$$

$$=\frac{1}{h^2}\left(\sum u_i^2f_i-n\overline{u}^2\right)$$

12. 4　**表 12-4** のような表を作る。

表 12-4

階級	x_i	f_i	u_i（$h=0.1$）	u_if_i	$u_i^2f_i$
30.1–40.0	35.05	1	−3	−3	9
40.1–50.0	45.05	3	−2	−6	12
50.1–60.0	55.05	9	−1	−9	9
60.1–70.0	65.05	14	0	0	0
70.1–80.0	75.05	14	1	14	14
80.1–90.0	85.05	7	2	14	28
90.1–100.0	95.05	2	3	6	18
		50		16	90

$$\bar{u}=\frac{1}{n}\sum u_i f_i=\frac{16}{50}$$

$\therefore\ \bar{x}=\dfrac{\bar{u}}{h}+x_0=10\bar{u}+65.05=68.25,\quad \therefore \bar{x}=68.3\text{kg}$（四捨五入による）

式(12.11)から、$s^2=\dfrac{S}{n}=169.76\text{kg}^2\quad \therefore s=13.0\text{kg}\qquad \therefore U=13.2\text{kg}$

データより直接求めた平均は 68.4kg となる。

12. 5　$\bar{u}=\dfrac{1}{n}\sum(ax_i+b)=\dfrac{1}{n}\left(\sum ax_i+nb\right)=a\bar{x}+b$

12. 6　$t=x-\mu$ と置く。

$$\overline{\left(x^2\right)}=\int_{-\infty}^{\infty}x^2 f(x)dx=\frac{1}{\sqrt{2\pi}\sigma}\int_{-\infty}^{\infty}\left(t^2+2\mu t+\mu^2\right)e^{-t^2/2\sigma^2}dt$$

ガウス関数の積分($n=2,0$)を適用すれば次式を得る。

$$\overline{\left(x^2\right)}=\sigma^2+\mu^2$$

$$\therefore V(x)=\overline{\left(x^2\right)}-\bar{x}^2=\overline{\left(x^2\right)}-\mu^2=\sigma^2$$

公式集

1　重要な定数

円周率　$\pi = 3.1415926535\,8979323846\,2643383279\,50288\cdots$

自然対数の底（ネピアの数）　$e = 2.7182818284\,5904523536\,0287471352\,66249\cdots$

2　恒等式

$$(a \pm b)^2 = a^2 \pm 2ab + b^2, \quad (a \pm b)^3 = a^3 \pm 3a^2b + 3ab^2 \pm b^3,$$

$$a^2 - b^2 = (a-b)(a+b), \quad a^3 \pm b^3 = (a \pm b)(a^2 \mp ab + b^2)$$

$$a^n - b^n = (a-b)\left(a^{n-1} + a^{n-2}b + a^{n-3}b^2 + \cdots + a^{n-r}b^{r-1} + \cdots + ab^{n-2} + b^{n-1}\right)$$

二項定理

$$(a+b)^n = {}_n\mathrm{C}_0 a^n + {}_n\mathrm{C}_1 a^{n-1}b + {}_n\mathrm{C}_2 a^{n-2}b^2 + \cdots + {}_n\mathrm{C}_r a^{n-r}b^r + \cdots$$

$$+ {}_n\mathrm{C}_{n\text{-}1} ab^{n-1} + {}_n\mathrm{C}_n b^n$$

$${}_n\mathrm{C}_r = \frac{{}_n\mathrm{P}_r}{r!} = \frac{n!}{(n-r)!\ r!}, \qquad {}_n\mathrm{P}_r = \frac{n!}{(n-r)!},$$

$$n! = n(n-1)(n-2)\cdots 3\cdot 2\cdot 1, \qquad 0! = 1$$

3　二次方程式

解の公式、$ax^2 + bx + c = 0$　$(a,\ b,\ c$　実数, $a \neq 0)$ の解

$$x = \frac{-b \pm \sqrt{b^2 - 4ac}}{2a} \qquad ax^2 + 2b'x + c = 0 \text{ の解} \quad x = \frac{-b' \pm \sqrt{b'^2 - ac}}{a}$$

解と係数の関係、解 α, β　　$\alpha + \beta = \dfrac{-b}{a}, \quad \alpha\beta = \dfrac{c}{a}$

4　三角関数

定義　$\sin\alpha = \dfrac{y}{r}, \quad \cos\alpha = \dfrac{x}{r}, \quad \tan\alpha = \dfrac{\sin\alpha}{\cos\alpha} = \dfrac{y}{x}$

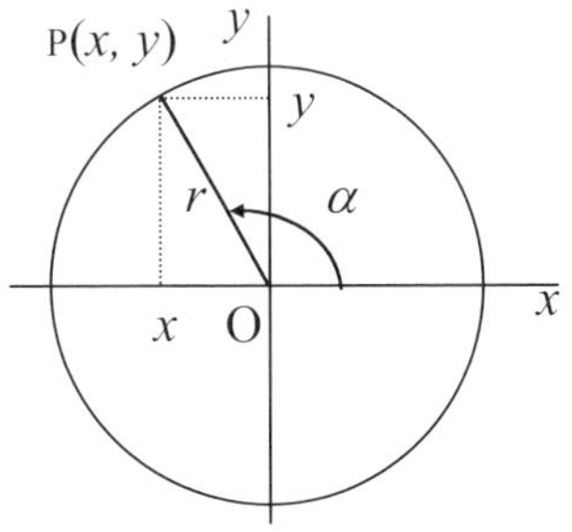

三角関数の関係

$$\sin^2\alpha + \cos^2\alpha = 1, \quad 1 + \tan^2\alpha = \frac{1}{\cos^2\alpha}$$

加法定理

$$\sin(\alpha \pm \beta) = \sin\alpha\cos\beta \pm \cos\alpha\sin\beta$$

$$\cos(\alpha \pm \beta) = \cos\alpha\cos\beta \mp \sin\alpha\sin\beta$$

$$\tan(\alpha \pm \beta) = \frac{\tan\alpha \pm \tan\beta}{1 \mp \tan\alpha\tan\beta}$$

倍角、半角の公式

$$\sin 2\alpha = 2\sin\alpha\cos\alpha,\quad \cos 2\alpha = \cos^2\alpha - \sin^2\alpha = 1 - 2\sin^2\alpha = 2\cos^2\alpha - 1$$

$$\tan 2\alpha = \frac{2\tan\alpha}{1-\tan^2\alpha}$$

$$\sin^2\alpha = \frac{1}{2}(-\cos 2\alpha + 1),\quad \cos^2\alpha = \frac{1}{2}(\cos 2\alpha + 1)$$

三角形と三角関数の関係

正弦定理 $\dfrac{a}{\sin A} = \dfrac{b}{\sin B} = \dfrac{c}{\sin C} = 2R$ （R は△ABC の外接円の半径）

余弦定理

$$\begin{cases} a^2 = b^2 + c^2 - 2bc\cos A \\ b^2 = a^2 + c^2 - 2ac\cos B \\ c^2 = b^2 + a^2 - 2ba\cos C \end{cases}$$

三角形の面積 S $S = \dfrac{1}{2}bc\sin A = \dfrac{1}{2}ca\sin B = \dfrac{1}{2}ab\sin C$

$S = \sqrt{l(l-a)(l-b)(l-c)}$ （三辺の長さ $a, b, c,\ l = \dfrac{a+b+c}{2}$）（ヘロンの公式）

座標軸の回転

原点の回りに θ 回転（反時計回り）させたとき、回転前の座標 (x, y)、回転後の座標 (x', y')

$$\begin{cases} x = x'\cos\theta - y'\sin\theta \\ y = x'\sin\theta + y'\cos\theta \end{cases}$$

5 指数関数

$$y = a^x, (a > 0)$$

$$a^{-p} = \frac{1}{a^p},\quad a^0 = 1,\quad a^{p/q} = \sqrt[q]{a^p}$$

指数法則 $(a > 0,\ b > 0)$

1）$a^p a^q = a^{p+q}$　2）$(a^p)^q = a^{pq}$　3）$(ab)^p = a^p b^p$

4) $\dfrac{a^p}{a^q} = a^{p-q}$　5) $\left(\dfrac{a}{b}\right)^p = \dfrac{a^p}{b^p}$

6 対数関数： $y=\log_a x\,(a>0,\ a\neq 1,\ x>0)$

対数の性質　$\log_a a=1$，$\log_a 1=0$，$\log_a pq=\log_a p+\log_a q$，$\log_a \dfrac{p}{q}=\log_a p-\log_a q$，

$\log_a p^q=q\log_a p$

底の変換　$\log_p q=\dfrac{\log_a q}{\log_a p}$

自然対数と常用対数の関係　$\ln x=\log_e x=\dfrac{\log_{10}x}{\log_{10}e}\fallingdotseq 2.303\log_{10}x$

7 虚数・複素数

虚数単位　$i^2=-1,\ \ i=\sqrt{-1}$　　共役複素数　$a+bi,\ \ a-bi$

ド・モアブルの定理　$(\cos\alpha+i\sin\alpha)^n=(\cos n\alpha+i\sin n\alpha)\quad(n=0,\pm1,\pm2\cdots)$

8 級数の和

$$S_n=a+(a+d)+\cdots+(a+(n-2)d)+(a+(n-1)d)=\frac{n}{2}(2a+(n-1)d)$$

$$S_n=a+ar+ar^2+ar^3+\ldots\ldots+ar^{n-2}+ar^{n-1}=a\frac{1-r^n}{1-r},\quad(r\neq 1)$$

9 微分積分

微分係数　$f'(a)=\lim\limits_{h\to 0}\dfrac{f(a+h)-f(a)}{h}$，　導関数　$f'(x)=\lim\limits_{h\to 0}\dfrac{f(x+h)-f(x)}{h}$

微分の公式　$\therefore\{cf(x)\}'=cf'(x)$

$$\{f(x)\pm g(x)\}'=f'(x)\pm g'(x)$$

$$\{f(x)g(x)\}'=f'(x)g(x)+f(x)\ \ g'(x)$$

$$\left\{\frac{f(x)}{g(x)}\right\}'=\frac{f'(x)\ \ g(x)-f(x)\ \ g'(x)}{\{\ g(x)\ \}^2}$$

合成関数の微分　$y=f(u)$，$u=g(x)$のとき　$\dfrac{dy}{dx}=\dfrac{dy}{du}\dfrac{du}{dx}=f'(u)g'(x)$

逆関数$x=f(y)$の微分　$\therefore\dfrac{dy}{dx}=\dfrac{1}{\dfrac{dx}{dy}}=\dfrac{1}{f'(y)}$

基本的な関数の微分

$$(x^\alpha)'=\alpha x^{\alpha-1},\ \sin' x=\cos x,\ \cos' x=-\sin x,\ \tan' x=\frac{1}{\cos^2 x},\ (e^x)'=e^x$$

$$(\ln x)'=\frac{1}{x}$$

逆三角関数の微分（主値を表すとする）

$$\frac{d\sin^{-1}x}{dx}=\frac{1}{\sqrt{1-x^2}},\quad\frac{d\cos^{-1}x}{dx}=\frac{-1}{\sqrt{1-x^2}},\quad\frac{d\tan^{-1}x}{dx}=\frac{1}{1+x^2}$$

積分の公式　$\int kf(x)dx = k\int f(x)dx$

$$\int (f(x) \pm g(x))dx = \int f(x)dx \pm \int g(x)dx$$

$$\int f'(x)g(x)dx = f(x)g(x) - \int f(x)g'(x)dx$$

10　ベクトル

ベクトル $\boldsymbol{A} = (A_x, A_y, A_z)$ の大きさ　$A = |\boldsymbol{A}| = \sqrt{{A_x}^2 + {A_y}^2 + {A_z}^2}$

スカラー積　$\boldsymbol{A} \cdot \boldsymbol{B} = AB\cos\theta$,　$\boldsymbol{A} \cdot \boldsymbol{B} = 0 \quad \left(\theta = \dfrac{\pi}{2}\right)$

ベクトル積

$$\boldsymbol{A} \times \boldsymbol{B} = \begin{vmatrix} \boldsymbol{i} & \boldsymbol{j} & \boldsymbol{k} \\ A_x & A_y & A_z \\ B_x & B_y & B_z \end{vmatrix}$$

その大きさ $|\boldsymbol{A} \times \boldsymbol{B}| = AB\sin\theta$

11　微分方程式

1 階線形微分方程式　$\dfrac{dy}{dx} + p(x)y = q(x)$ の解

$$y = e^{-\int p(x)dx}\left\{\int q(x)e^{\int p(x)dx}dx + c\right\}$$

12　統計処理

平均（算術平均）　$\overline{x} = \dfrac{x_1 + x_2 + \cdots + x_n}{n} = \dfrac{1}{n}\sum_i x_i$,　$\overline{x} = \dfrac{1}{n}\sum_i x_i f_i$

分散　$s^2 = \dfrac{1}{n}\sum_i (x_i - \overline{x})^2 = \dfrac{1}{n}\sum_i x_i^2 - \overline{x}^2$,　$s^2 = \dfrac{1}{n}\sum_i (x_i - \overline{x})^2 f_i = \dfrac{1}{n}\sum_i x_i^2 f_i - \overline{x}^2$

標準偏差　$s = \sqrt{s^2}$

正規分布 $\mathrm{N}(\mu, \sigma^2)$ の確率密度関数　$f(x) = \dfrac{1}{\sqrt{2\pi}\sigma}e^{-(x-\mu)^2/2\sigma^2}$

索　引

た

な

は

ま

や

ら

著者紹介：

Matsumoto　Takayoshi
松　本　孝　芳

京都大学名誉教授、 工学博士

専門：高分子科学、レオロジー、生物繊維学

《略　歴》

1942年　埼玉県に生まれる
京都大学大学院工学研究科高分子化学専攻修了
京都大学工学部、工学研究科、助手、助教授、
同大学大学院農学研究科教授を経て現在に至る。

《著　書》

分散系のレオロジー（高分子刊行会）、コロイド科学のための
レオロジー（丸善）、バイオサイエンスのための物理化学入門
（丸善）、古事記のフローラ（海青社）、その他分担執筆多数

英文タイトル

Road to Exciting Maths
by Takayoshi MATSUMOTO

みんなのすうがく
みんなの数学
ホップ・ステップ・ジャーンプ

発行日 ———— 2011年4月5日　初版第1刷
定　価 ———— カバーに表示してあります
著　者 ———— 松　本　孝　芳
発行者 ———— 宮　内　　久

海青社
Kaiseisha Press

〒520-0112　大津市日吉台2丁目16-4
Tel.（077）577-2677　Fax.（077）577-2688
http://www.kaiseisha-press.ne.jp
郵便振替　01090-1-17991

● ISBN978-4-86099-277-4 C1041
● 乱丁落丁はお取り替えいたします　● Printed in JAPAN

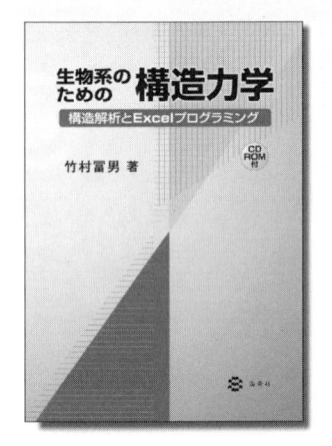